边用边学

3ds max 建筑设计

史宇宏 编著　全国信息技术应用培训教育工程工作组　审定

人民邮电出版社

北京

图书在版编目（CIP）数据

边用边学3ds max建筑设计 / 史宇宏编著. -- 北京
: 人民邮电出版社，2010.4
（教育部实用型信息技术人才培养系列教材）
ISBN 978-7-115-22217-6

Ⅰ．①边… Ⅱ．①史… Ⅲ．①建筑设计：计算机辅助
设计—应用软件，3DS MAX Ⅳ．①TU201.4

中国版本图书馆CIP数据核字(2010)第013058号

内 容 提 要

本书以 3ds max 2009 中文版、V-Ray1.5、Photoshop CS3 中文版为平台，从实用角度出发，采用任务驱动的写作模式，循序渐进地讲解了 3ds max 2009、V-Ray1.5 以及 Photoshop CS3 在建筑设计中的应用技巧和方法。

本书共 10 章，第 1 章主要介绍了建筑设计基础知识、3ds max 2009 建筑设计的方法与流程、3ds max 2009 基础操作等知识。第 2 章～第 8 章通过多个工程案例的具体实施，详细介绍了 3ds max 2009 建筑设计中模型的创建、材质的制作、灯光的设置、渲染输出、后期处理以及建筑动画的制作等相关知识和操作技巧。第 9 章～第 10 章通过一个高层室外建筑工程案例和两个室内装饰装潢设计的案例，详细介绍了大型建筑设计工程案例的设计思路、操作技巧与表现方法，教会读者在面对实际建筑工程项目时如何运用恰当的方法进行相关设计，真实再现设计师的设计意图和建筑物的特点。

本书不仅可以作为各类院校、企业以及社会培训机构的培训教材，还可以作为从事三维建筑设计工作的技术人员的学习参考书。

教育部实用型信息技术人才培养系列教材

边用边学 3ds max 建筑设计

◆ 编　　著　史宇宏
　　审　　定　全国信息技术应用培训教育工程工作组
　　责任编辑　李 莎
◆ 人民邮电出版社出版发行　　北京市崇文区夕照寺街 14 号
　　邮编　100061　　电子函件　315@ptpress.com.cn
　　网址　http://www.ptpress.com.cn
　　北京顺义振华印刷厂印刷
◆ 开本：787×1092　1/16
　　印张：22
　　字数：576 千字　　　　　　　　　2010 年 4 月第 1 版
　　印数：1—4 000 册　　　　　　　　2010 年 4 月北京第 1 次印刷

ISBN 978-7-115-22217-6
定价：38.00 元
读者服务热线：**(010)67132692**　印装质量热线：**(010)67129223**
反盗版热线：**(010)67171154**

教育部实用型信息技术人才培养系列教材编辑委员会

（暨全国信息技术应用培训教育工程专家组）

主任委员　　侯炳辉（清华大学　教授）

委　　员　　（以姓氏笔划为序）

　　　　　　　　方美琪　　（中国人民大学　教授）

　　　　　　　　甘仞初　　（北京理工大学　教授）

　　　　　　　　孙立军　　（北京电影学院动画学院　院长）

　　　　　　　　刘　灵　　（中国传媒大学广告学院　副院长）

　　　　　　　　许　平　　（中央美术学院设计学院　副院长）

　　　　　　　　张　骏　　（中国传媒大学动画学院　副院长）

　　　　　　　　陈　明　　（中国石油大学　教授）

　　　　　　　　陈　禹　　（中国人民大学　教授）

　　　　　　　　杨永川　　（中国人民公安大学　教授）

　　　　　　　　彭　澎　　（云南财经大学现代艺术设计学院　教授）

　　　　　　　　蒋宗礼　　（北京工业大学　教授）

　　　　　　　　赖茂生　　（北京大学　教授）

执行主编　　薛玉梅（全国信息技术应用培训教育工程负责人

　　　　　　　　教育部教育管理信息中心开发处处长　高级工程师）

执行副主编　于　泓　　（教育部教育管理信息中心）

　　　　　　　　王彦峰　　（教育部教育管理信息中心）

　　　　　　　　薛　佳　　（教育部教育管理信息中心）

出 版 说 明

信息化是当今世界经济和社会发展的大趋势，也是我国产业优化升级和实现工业化、现代化的关键环节。信息产业作为一个新兴的高科技产业，需要大量高素质复合型技术人才。目前，我国信息技术人才的数量和质量远远不能满足经济建设和信息产业发展的需要，人才的缺乏已经成为制约我国信息产业发展和国民经济建设的瓶颈。信息技术培训是解决这一问题的有效途径。如何利用现代化教育手段让更多的人接受到信息技术培训是摆在我们面前的一项重大课题。

教育部非常重视我国信息技术人才的培养工作，通过对现有教育体制和课程进行信息化改造、支持高校创办示范性软件学院、推广信息技术培训和认证考试等方式，促进信息技术人才的培养工作。经过多年的努力，培养了一批又一批合格的实用型信息技术人才。

全国信息技术应用培训教育工程（ITAT 教育工程）是教育部于 2000 年 5 月启动的一项面向全社会进行实用型信息技术人才培养的教育工程。ITAT 教育工程得到了教育部有关领导的肯定，也得到了社会各界人士的关心和支持。通过遍布全国各地的培训基地，ITAT 教育工程建立了覆盖全国的教育培训网络，对我国的信息技术人才培养事业起到了极大的推动作用。

ITAT 教育工程被专家誉为"有教无类"的平民学校，以就业为导向，以大、中专院校学生为主要培训目标，也可以满足职业培训、社区教育的需要。培训课程能够满足广大公众对信息技术应用技能的需求，对普及信息技术应用起到了积极的作用。据不完全统计，在过去 8 年中共有 150 余万人次参加了 ITAT 教育工程提供的各类信息技术培训，其中有近 60 万人次获得了教育部教育管理信息中心颁发的认证证书。工程为普及信息技术、缓解信息化建设中面临的人才短缺问题做出了一定的贡献。

ITAT 教育工程聘请来自清华大学、北京大学、人民大学、中央美术学院、北京电影学院、中国传媒大学等单位的信息技术领域的专家组成专家组，规划教学大纲，制订实施方案，指导工程健康、快速地发展。ITAT 教育工程以实用型信息技术培训为主要内容，课程实用性强，覆盖面广，更新速度快。目前工程已开设培训课程 20 余类，共计 50 余门，并将根据信息技术的发展，继续开设新的课程。

本套教材由清华大学出版社、人民邮电出版社、机械工业出版社、北京希望电子出版社等出版发行。根据教材出版计划，全套教材共计 60 余种，内容将汇集信息技术应用各方面的知识。今后将根据信息技术的发展不断修改、完善、扩充，始终保持追踪信息技术发展的前沿。

ITAT 教育工程的宗旨是：树立民族 IT 培训品牌，努力使之成为全国规模最大、系统性最强、质量最好，而且最经济实用的国家级信息技术培训工程，培养出千千万万个实用型信息技术人才，为实现我国信息产业的跨越式发展做出贡献。

全国信息技术应用培训教育工程负责人
系列教材执行主编　薛玉梅

前　言

3ds max 具有强大的三维建模功能，Vray 则具有超乎想象的渲染效果，而 Photoshop 则是图像处理专家，这三者在建筑设计领域可谓是"黄金搭档"。本书以 3ds max 2009 中文版为主，Vray 1.5 中文版和 Photoshop CS3 中文版为辅，采用"边用边学，实例导学"的写作模式，通过对多个实际工程案例的具体实施，详细介绍了 3ds max 2009 中文版、Vray 1.5 中文版和 Photoshop CS3 中文版在建筑设计中的应用方法和操作技巧。

1．写作特点

（1）注重实践，强调应用

有不少读者常常抱怨学过 3ds max 却不能够独立设计与制作出作品。这是因为目前的大部分相关图书只注重理论知识的讲解而忽视了应用能力的培养。众所周知，建筑设计是一门实践性很强的学科，只有通过不断地实践才能真正掌握其设计方法，才能获得更多的直接经验，才能设计并制作出真正好的、有用的作品。

对于初学者而言，不能期待一两天就能成为设计大师，而是应该踏踏实实地打好基础。而模仿他人的作品就是一个很好的学习方法，因为"作为人行为模式之一，模仿是学习的结果"，所以在学习的过程中通过模仿各种成功作品的设计技巧，可快速地提高设计水平与制作能力。

基于此，本书通过细致剖析各类经典的建筑设计案例，如创建室内餐厅、住宅楼的模型，制作别墅、住宅楼等的材质与贴图、场景灯光、渲染输出等，制作景观喷泉动画、住宅小区漫游动画等，以及完成高层写字楼室外设计、别墅室内设计等，逐步引导读者掌握如何综合运用 3ds max、Vray 和 Photoshop 进行建筑设计。

（2）知识体系完善，专业性强

本书几乎涵盖了 3ds max/Vray/Photoshop 建筑设计的方方面面，包括建筑模型设计、建筑装饰设计、建筑照明设计、建筑场景漫游、建筑常见的渲染与输出、建筑环境设计等。既能让具有一定建筑设计经验的读者迅速熟悉运用 3ds max/Vray/Photoshop 进行建筑设计的方法，也能让具有一定的 3ds max/Vray/Photoshop 操作基础的读者了解建筑设计的理论知识，并能使完全没有用过 3ds max/Vray/Photoshop 的读者能够体验 3ds max 建筑设计的精髓。

同时，本书是由资深工程师与具有丰富教学经验的教师共同精心编写的，融会了多年的实战经验和设计技巧。可以说，阅读本书相当于在工作一线实习和进行职前训练。

（3）通俗易懂，易于上手

本书在介绍如何综合运用 3ds max、Vray 和 Photoshop 进行建筑设计时，先通过小实例引导读者了解各种软件中实用工具的操作步骤，再深入地讲解这些小工具的知识，以使读者更易于理解各种工具在实际工作中的作用及其应用方法。对于初学者以及具有一定基础的读者而言，只要按照书中的步骤一步步学习，就能够在较短的时间内掌握运用各种实用工具进行建筑设计的要领。

2．本书体例结构

本书每一章的基本结构为"本章导读+基础知识+应用实践+知识链接+自我检测"，旨在帮助读者夯实理论基础，锻炼应用能力，并强化巩固所学知识与技能，从而取得温故知新、举一反三的学习效果。

- 本章导读：简要介绍知识点，明确所要学习的内容，便于读者明确学习目标，分清主次，以及重点与难点。
- 基础知识：通过小实例讲解 3ds max/Vray/Photoshop 软件中相关工具的应用方法，以帮助读者深入理解各个知识点。
- 应用实践：通过综合实例引导读者提高灵活运用所学知识的能力，并熟悉建筑设计的流程，掌握 3ds max/Vray/Photoshop 建筑设计的方法。
- 自我检测：精心设计习题与上机练习，读者可据此检验自己的掌握程度并强化巩固所学知识。

3．配套教学资料

本书提供以下配套教学资料：

- 书中所有的素材、源文件与效果文件；
- PowerPoint 课件；
- 书中重点章节的视频演示。

本书讲解由浅入深，内容丰富，实例新颖，实用性强，既可作为各类院校和培训班的建筑设计相关专业的教材，也适合想自学 3ds max/Vray/Photoshop 建筑设计的人员学习。

本书主要由史宇宏、陈玉蓉、史小虎执笔编写，参与本书编写的人员还有张传记、张伟、姜华华、林永、赵明富、张伟、卢春洁等人，在此感谢所有关心和支持我们的同行们。

尽管我们精益求精，疏漏之处在所难免，恳请广大读者批评指正。我们的联系邮箱是 lisha@ptpress.com.cn，欢迎读者来信交流。

编　者

2010 年 2 月

目　　录

第1章
建筑设计基础——3ds max 2009 与建筑设计概述

建筑设计与一座城市的发展有着密不可分的联系。通过一座城市的建筑，我们就可以对该城市的发展有一个基本了解，可以说建筑与一座城市既相互依托又相互影响。

一座城市的建筑离不开建筑设计师，可以毫不夸张地说建筑设计师是一座城市的灵魂工程师。建筑设计师设计的建筑物所表现的建筑内涵，不仅是建筑设计师文化内涵的展现，同时也是一座城市文化底蕴的展现。作为一名建筑设计师，在对一座城市进行相关建筑项目设计时，首先要明确该建筑与这座城市的关系，同时要熟知建筑设计的原则，只有这样，才能设计出符合城市发展特征、符合时代需求、符合科技发展、符合环境需求以及符合人们心理需求的生活空间。

作为建筑设计中方案设计的一部分，3ds max 三维设计软件有着举足轻重的作用。它集三维建模、材质制作、灯光设置和三维场景渲染与一身，可以真实地再现设计师的设计意图、建筑物的结构形式和构造特点，为建筑设计项目的审核、施工等提供了直观的依据，一直深受广大建筑设计人员的青睐。

本书将从实用角度出发，通过对多个 3ds max 建筑设计工程项目的详细讲解，帮助读者学习使用 3ds max 2009 进行建筑设计的具体方法和相关技巧。

▌1.1▌ 建筑设计简介

单就一座建筑物而言，其建筑设计过程通常分 3 个阶段，即方案设计阶段，技术设计阶段以及施工图绘制阶段。

1. 方案设计阶段

方案设计阶段是建筑设计的关键，在进行方案设计时首先要了解设计要求，同时还要获得必要的设计数据，然后绘制出建筑物的主要平面图、剖面图和立面图，同时标出建筑物的主要尺寸、面积、高度、门窗位置和相关设备位置等，有必要时甚至要画出建筑物的效果图，以充分表达出设计意图、建筑物的结构形式和构造特点等。在这一阶段，设计师和业主（即建筑物的所有者）接触比较多，应听取业主的要求和建议，对方案进行修改，确定方案后，就可以进入技术设计阶段。

3ds max 建筑设计其实就是建筑设计中方案设计的一部分。

2. 技术设计阶段

技术设计阶段主要是和其他建筑工种互相提供资料，根据设计方案提出要求，协调与各工种（如结构、水电、暖通、电气等）之间的关系，为后续编制施工图打好基础。对建筑设计而言，这一阶段其实就是要求建筑工种标明与其他技术工种有关的详细数据，并编制出建筑部分的技术说明等。一般情况下，对于不太复杂的建筑工程项目，这一阶段基本可以省略掉。

3. 施工图绘制阶段

施工图绘制阶段是建筑设计中劳动量最大的，也是完成建筑设计成果的最后一步，其主要功能就是绘制出满足施工要求的施工图纸，确定全部的工程尺寸、用料、造价等，也就是要完成建筑设计中建筑施工的全套图纸。

施工图绘制一般使用 Auto CAD 软件进行绘制。当建筑施工所需的所有图纸绘制完成后，还要进行审核，盖注册建筑师图章和设计院图章，设计人员和审核人员等相关人员签字等，最后再配合其他结构施工图、水电施工图、电气施工图等，这样整套建筑设计图纸就算完成了。这套建筑图具有法律效力，所有相关人员都要为这套设计图以及所建设的工程项目承担相应的法律责任。

1.2 3ds max 建筑设计的方法与流程

3ds max 建筑设计的方法和流程大致可以分为：分析图纸、创建三维建筑模型、制作建筑模型材质、设置建筑场景相机和灯光、渲染输出建筑三维场景以及建筑三维场景的后期处理等基本过程，下面简要介绍各工作阶段的主要任务。

1. 分析建筑设计图纸

在 3ds max 建筑设计中，设计师首先要获得较详细的 CAD 工程设计图纸，包括平面图（总平面图、顶平面图以及楼层平面图）、立面图（正立面图、侧立面图和背立面图），以及一些必要的剖面分析图等，当获得这些图纸后，设计师要仔细分析这些图纸，了解建筑模型的结构，做到胸有成竹，这样在制作阶段就会事半功倍。

2. 制作三维模型

这是 3ds max 建筑设计中工作量较大的工作。当读懂建筑设计图纸后，可以依据图纸提供的尺寸、建筑结构等在 3ds max 中制作三维模型。最方便的做法是将这些 CAD 图纸导入到 3ds max 软件中，依据导入的图形进行建模，这样不仅可以提高制图速度，同时可以使设计更加精准。将 CAD 建筑图纸导入 3ds max 软件中，如图 1-1 所示。

在 3ds max 中制作建筑模型的方法多种多样，设计者可以根据具体情况选择合适的建模方法，总的原则是以快速、简单、模型点与面数少为最佳。对于基础模型，如墙体、地面等可以直接使用 3ds max 系统提供的标准几何体或扩展几何体直接创建，而对于较复杂的建筑模型，可以先建立基础模型，然后使用修改命令进行调整，也可以通过二维修改、放样、布尔运算等方法来实现。

实际上，多数建筑模型的创建都比较容易，几乎都可以使用同一种方法来完成。因此，在实际工作中一定要寻找一种最佳的建模方式，这样，制作的建筑模型才有利于赋予材质、渲染场景以及后期环境设计和制作建筑动画。图 1-2 所示为制作的建筑三维模型。

图 1-1　导入的 CAD 建筑设计图

图 1-2　制作的建筑三维模型

3. 为模型制作材质

在千变万化的世界中，每种物体都有自己的属性和质感。在建筑设计中，如果说模型是建筑物的

骨架，那么材质就是建筑物的皮肤，只有赋予模型真实的皮肤，建筑物才能更加鲜活，具有生命力和感染力。在 3ds max 建筑设计中，建筑物表面质感的表现主要依靠材质。3ds max 系统提供了多种材质的着色方式用于表现不同表面质感的对象，我们可以通过制作材质，配合位图贴图，真实再现建筑物表面的特征。图 1-3 所示为制作材质后的建筑模型效果。

4. 创建场景照明系统

如果没有光，再真实的建筑模型我们也看不到。因此，创建照明系统在建筑设计中同样非常重要。但在开始制作建筑模型期间，一般不需要考虑场景照明的问题，系统会默认有两盏灯在照明场景。但是，系统默认的照明系统并不能很好地表现建筑物的材质、阴影以及立体感等这些表面特征。当一个建筑模型制作好材质后，需要重新设置场景照明系统，这样可以很好地表现建筑物的这些表面特征。图 1-4 所示为设置场景照明后的建筑物效果。

图 1-3　制作材质后的建筑模型　　　　　　图 1-4　设置场景照明后的建筑模型

5. 场景的渲染输出与后期处理

所有的前期工作都完成之后，最后的工作就是渲染输出图像了。在 3ds max 中，可以输出高精度的照片级图像，并能够以 TIF、TGA、JPG、BMP 等标准图像格式进行存储。

一般情况下，输出的图像必须经过后期处理才能成为一幅完美的建筑效果图作品。后期处理是非常重要的一个工作环节，通常是在 Photoshop 中进行的。后期处理的主要任务是调整图像的色彩对比度，修改图中存在的缺陷和添加配景等。完成后期处理之后，就可以准备打印出图了。图 1-5 所示为利用 Photoshop 进行后期处理后的建筑场景效果。

图 1-5　利用 Photoshop 进行后期处理后的建筑场景

6. 制作建筑动画

建筑动画以它新颖、生动、全方位的表现方式，将建筑设计效果表现从单一的静态图像转向动态的、全方位的崭新的表现形式，逐步成为展现建筑效果的重要手段。

建筑动画与普通单体建筑的制作方法有很大的区别。建筑动画是一个系统的工作，往往需要多人分工合作，例如有专人负责建筑模型的制作、有专人负责景观模型的制作、有专人负责材质贴图的制作、有专人负责场景灯光和渲染、有专人负责动画的后期合成工作等。随着动画技术的不断提高，这种分工也越来越明细。所以，建筑动画模型是分为多个单独的部分进行制作，然后再合二为一，进行统一的材质灯光设定。这样的工作流程分流了工作量，极大地提高了工作效率，同时也对计算机硬件配置提出了更高的要求。图 1-6 所示为渲染后的某住宅小区单帧动画效果。

渲染59帧时的效果　　　　渲染292帧时的效果　　　　渲染1092帧时的效果

图 1-6　建筑动画的单帧效果

1.3　3ds max 建筑模型的创建方法

在 3ds max 建筑设计中，制作建筑模型的方法多种多样，每一种建模方法都有其各自的特点和优势。设计者可以根据具体情况选择合适的建模方法，总的原则是以快速、简单、模型点与面数少为最佳。

下面简单介绍各种建模方法及其优势。

1. 二维线编辑建模

在建筑设计中，二维线编辑建模是一种重要的建模手段。使用二维线生成的模型修改起来也很方便，一般只要修改二维线就可以达到修改模型的目的，该建模方法常用于创建建筑物的墙体或生成更为复杂的建筑模型，如图 1-7 和图 1-8 所示。

图 1-7　使用二维线创建简单的墙体模型

图 1-8　使用二维线创建的复杂的欧式柱模型

2. 修改三维基本体建模

修改三维基本体建模是一种较常用的建模方法，通过对三维基本体（如长方体、圆柱体等）的修改，既可以创建简单的建筑模型，也可以创建各种复杂的建筑模型。图 1-9 所示为通过修改三维基本体创建的茶几模型和座墩模型。

3. 编辑多边形建模

编辑多边形建模可以将二维线和三维基本体等任何对象转换为"可编辑的多边形"对象进行修改建模，这是一种功能强大的建模方法，可以创建任何三维模型，而且操作非常简单。图 1-10 所示为编辑多边形创建的靠枕模型。

图 1-9　三维基本体建模效果　　　　图 1-10　编辑多边形建模效果

4. 综合建模

综合建模在建筑设计中是较常用的建模方法，这种方法集合了以上所有建模技巧，可以针对不同的模型特点选择不同的建模方法来创建建筑模型和三维场景。图 1-11 所示为使用综合建模方法创建的室内建筑模型（左）和室外建筑模型（右）。

图 1-11　综合建模效果

▌1.4▌ 3ds max 2009 操作基础

3ds max 是 Autodesk 公司研制开发的一款三维软件，是建筑设计的首选软件之一。随着版本的不断升级，3ds max 的功能更加完善，操作更加便捷，界面更具人性化。

这一节主要学习 3ds max 2009 软件的基本操作知识。

1.4.1　认识 3ds max 2009 界面及控制视图

当成功安装 3ds max 2009 软件后，双击桌面上的  图标，或执行桌面任务栏中的【开始】/【程序】/【Autodesk】/【Autodesk 3ds max 2009 32 位】命令，即可启动该软件，进入其工作界面。3ds max 2009 操作界面主要包括：菜单栏、主工具栏、命令面板、视图区、视图控制区、动画控制区、信息区与状态栏等部分，如图 1-12 所示。

下面对其进行一一讲解。

1. 菜单栏

位于标题栏的下方，菜单栏提供了多个菜单命令，用于执行创建、修改等各种操作。但在实际操作中，由于其人性化的界面设计，将各种创建和编辑命令都放在了命令面板中，一般情况下，菜单栏不常使用。

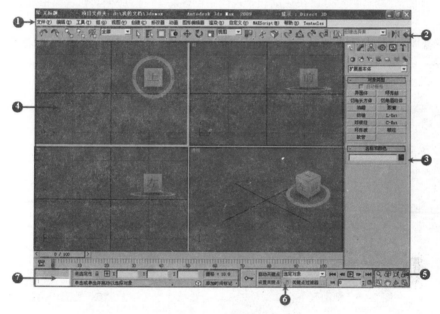

图 1-12　系统界面

2. 主工具栏

主工具栏位于菜单栏的下方，放置了 3ds max 2009 各种操作工具，如移动、旋转、缩放、镜像等操作工具。由于设计的原因，界面中只显示主工具栏的部分工具按钮。将光标放在主工具栏的空白位置，光标显示小手图标后，此时按住鼠标左键左右拖曳光标，可以将主工具栏左右移动，以显示其他工具按钮，如图 1-13 所示。

图 1-13　主工具栏

提示: 在菜单栏中执行【自定义】/【显示】/【显示主工具栏】(或【显示浮动工具栏】)命令,可以打开(或关闭主工具栏或浮动工具栏)。

3. 命令面板

命令面板位于界面右边,是软件的核心部分,主要用于对象的创建、编辑、场景灯光的设置等操作。命令面板包括 "创建" 面板、 "修改" 面板、 "层次" 面板、 "运动" 面板、 "显示" 面板和 "工具" 面板。单击相关按钮即可进入相应的设置面板,如图 1-14 所示。

图 1-14　命令面板

4. 视图区

视图区位于界面的中心位置,是用户创建对象的区域。默认情况下,系统有四个视图,分别是"顶"视图、"前"视图、"左"视图和"透视图"。用户可以在任意一个视图中创建对象,然后在其他视图中观察和调整对象,如图 1-15 所示。

另外,各视图之间还可以进行切换。将光标移动到视图名称处右击,在弹出的快捷菜单中有一组用于视图切换的命令,执行相关命令即可在各视图之间进行切换,方便对场景进行操作,如图 1-16 所示。

图 1-15　视图区

图 1-16　视图切换命令

提示: 用户也可以设置自己的视图区。在菜单栏中执行【自定义】/【视口配置】命令,打开【视口配置】对话框,进入"布局"选项卡,选择一个满意的视口然后确认即可。

图 1-17　视图控制区

5. 视图控制区

视图控制区位于界面右下角位置,用于对视图进行各种控制操作,如缩放视图、最大化显示视图、调整视图等,如图 1-17 所示。

提示: 按钮右下角带有小三角时,表示该按钮下隐藏有其他工具,按住该按钮不放即可显示出其他工具。

- 缩放:单击该按钮,可以在视图中任意拖曳以缩放视图,向上拖曳放大视图,向下拖曳缩小视图。

- 缩放所有视图：激活该按钮，在任意视图中拖曳，可以缩放所有视图，向上拖曳放大视图，向下拖曳缩小视图。
- 最大化显示所有对象：单击该按钮，将最大化显示当前视图中被选择的对象。
- 最大化显示：单击该按钮，将最大化显示当前视图中所有对象。
- 所有视图最大化显示选定对象：单击该按钮，将最大化显示所有视图中选定的对象。
- 所有视图最大化显示对象：单击该按钮，将最大化显示所有视图中的所有对象。
- 缩放区域：当前视图是除透视图之外的其他视图时，才显示该按钮。单击该按钮，在视图拖曳框选对象局部，释放鼠标左键可以对局部进行放大。
- 视野：当前视图是透视图时，激活该按钮，在透视图调整视图大小，向上拖曳调整视口中可见的场景数量和透视张角量。更改视野的效果与更改摄像机上的镜头类似，视野越大，可以看到的场景越多，透视会扭曲，这与使用广角镜头相似；视野越小，可以看到的场景越少，透视会展平，这与使用长焦镜头类似。
- 平移：单击该按钮，可在当前视图中平移视图。
- 弧形旋转：单击该按钮，在透视图会出现一个弧形旋转图标，将光标移动到弧形旋转图标的左右两个方框中左右拖曳，可以对视图进行左右旋转，如图 1-18（左图）所示；将光标移动到上下两个方框中上下拖曳，可上下旋转视图，如图 1-18（右图）所示。

图 1-18　弧形旋转

- 弧形旋转选定对象：与弧形旋转相同。单击该按钮，在视图中出现旋转图标，左右或上下拖曳鼠标，可围绕选定对象旋转透视图。
- 弧形旋转子对象：与弧形旋转相同。单击该按钮，在视图中出现旋转图标，左右或上下拖曳鼠标，可围绕子对象旋转透视图。
- 最大化视口切换：单击该按钮，将最大化显示当前视图。

6. 动画控制区

动画控制区位于视图区下方，该部分包括"时间滑块"、"轨迹栏"和"动画播放控制"等部分，主要用于设置动画关键帧及预览动画等，如图 1-19 所示。

图 1-19　动画控制区

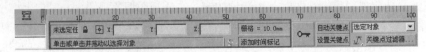
提示：有关动画控制区的其他部分，将在本书第 8 章进行详细讲解。

7. 信息区与状态栏

信息区与状态栏位于"轨迹栏"下方，如图 1-20 所示。信息区与状态栏可用于显示操作信息和状态，例如在移动、旋转、缩放对象时，该区域将显示操作参数。还可以在该区域设置参数对对象进行操作，例如单击移动工具，选择场景中的对象，然后在该状态栏中的 X 输入框中输入 30 并确认，此时选择对象将沿 x 轴移动 30 个绘图单位。

图 1-20　信息区与状态栏

1.4.2　建筑场景文件的打开与保存

打开场景文件和保存场景文件是 3ds max 2009 的基本操作。当需要打开一个场景文件时，使用菜单栏中的【打开】命令，可以从【打开文件】对话框中加载.max、.chr、.viz 以及.drf 等格式的文件到场景中。需要注意的是，当场景单位和文件单位不一致时，打开文件时就会弹出一个提示对话框，如图 1-21 所示。

一般情况下可以选择"采用文件单位比例"选项，使用文件单位重新设置场景。如果要保存一个场景文件，可以执行【文件】/【保存】命令，打开【文件另存为】对话框，在打开的对话框中为场景文件选择存储路径、为场景文件命名以及设置文件存储格式，单击 保存(S) 按钮保存文件。一般情况下，3ds max 文件的存储格式为.max 格式。

1.4.3　建筑场景文件的合并与归档

1. 合并文件

使用【合并】命令可以将其他建筑场景文件引入当前场景中。这是快速创建建筑三维场景最有效的方法。执行【文件】/【合并】命令，弹出【合并文件】对话框，如图 1-22 所示。

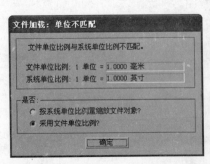

图 1-21　【文件加载：单位不匹配】对话框　　　　图 1-22　【合并文件】对话框

选择要合并的文件，例如选择"侧楼.max"文件，单击 打开(O) 按钮，此时会弹出【合并-侧楼.max】对话框，如图 1-23 所示。

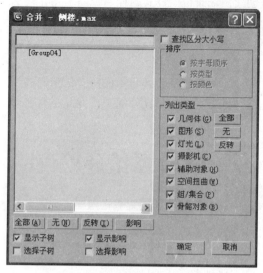

图 1-23 【合并-侧楼.max】对话框

这是一个群组文件，直接选择组名，单击 确定 按钮，即可将其合并。如果不是群组文件，可以在"列出类型"组中对合并的对象进行过滤，然后选择要合并的部分对象或全部对象，单击 确定 按钮进行合并。如果合并文件中有对象名称与场景文件名称相同，则弹出【重复名称】对话框，如图 1-24 所示。

单击 合并 按钮，将按照右侧的名称合并文件；单击 跳过 按钮，则不合并该文件；单击 删除原有 按钮，在合并之前删除当前场景中同名文件；单击 自动重命名 按钮，将全部重命名的对象以副本名称合并。

如果合并对象的材质与场景中的对象材质重名，则弹出【重复材质名称】对话框，如图 1-25 所示。

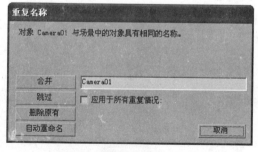

图 1-24 【重复名称】对话框

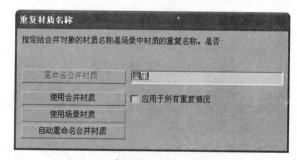

图 1-25 【重复材质名称】对话框

单击 重命名合并材质 按钮，在合并前将对合并的同名材质进行重命名；单击 使用合并材质 按钮，将使用合并对象的材质替换场景中同名材质；单击 使用场景材质 按钮，将使用场景材质替换合并对象的重名材质；单击 自动重命名合并材质 按钮，为合并对象重命名的材质自动命名；勾选"应用于所有重复情况"选项，将全部重名的材质以副本名称进行合并，不再一一提示。

2. 场景文件的归档

使用【归档】命令可以创建出场景位图及其路径名称的压缩存档文件或文本文件。系统会自动查找场景中引用的文件，并在可执行文件的文件夹中创建存档文件。在存档处理期间，将显示日志窗口。这样做的好处是，不管是在哪个电脑中创建的三维场景，都可以在其他电脑中完整地打开，而不会丢失材质、贴图等。

执行【文件】/【归档】命令，系统自动将场景中的所有信息归档为一个压缩包，在其他电脑中打开该文件时，只要解压该压缩包即可。该操作比较简单，在此不再赘述。

1.5 3ds max 2009 系统环境设置

在 3ds max 2009 建筑设计中，系统环境的设置非常重要，系统环境设置主要包括：单位设置、捕捉设置和渲染设置三部分。

1.5.1 单位设置

单位是连接 3ds max 三维世界与物理世界的关键。当更改显示单位时，3ds max 的显示将以用户方便的新单位进行测量，所有尺寸以新单位显示。在建筑设计中，大多数的 CAD 建筑图纸均采用"毫米"作为制图单位，为了使制作的建筑模型更精确，需要将 3ds max 的单位设置为"毫米"，使其能与 CAD 建筑图纸单位相匹配。

在菜单栏中执行【自定义】/【单位设置】命令，弹出【单位设置】对话框，如图 1-26 所示。

- 系统单位设置：单击该按钮，将显示【系统单位设置】对话框，在其中可以更改系统单位比例。需要注意的是，只能在导入或创建几何体之前更改系统单位值，不要在现有场景中更改系统单位。

- 显示单位比例：该组包括"公制"、"美国标准"、"自定义"或"通用"等选项。

公制：在该列表下可以选择"毫米"、"厘米"、"米"、"千米"等作为单位，一般在三维效果图制作中选择"毫米"为单位。

美国标准：这是美国标准，在此不做详细讲解。

- 自定义：选择该选项，可以自定义单位。

- 通用单位：这是默认选项（一英寸），它等于软件使用的系统单位。

- 照明单位：在"照明单位"组中可以选择灯光值是以美国单位还是以国际单位显示，此功能不常用。

设置完成后，单击 确定 按钮并关闭该对话框即可。

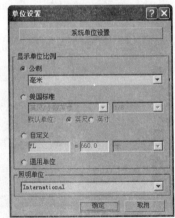

图 1-26 【单位设置】对话框

1.5.2 捕捉设置

使用捕捉可以在创建、移动、旋转和缩放对象时进行控制。捕捉设置包括"捕捉"和"角度"两部分设置。当设置捕捉后，可以使它们在对象或子对象的创建和变换期间捕捉到现有几何体的特定部分或沿特定角度进行旋转。例如，当设置"顶点"捕捉后，创建和变换捕捉到现有几何体的端点；当设置"中点"或"边"捕捉后，创建和变换捕捉到现有几何体的中点或边，如图 1-27 所示。当设置"角度"捕捉为 90° 后，可以沿 90° 进行旋转捕捉，如图 1-28 所示。

　　提示：用户可以选择任何组合以提供多个捕捉点。如果同时设置"顶点"和"中点"捕捉，则在顶点和中点同时发生捕捉。

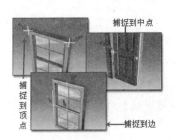

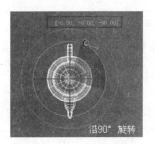

图 1-27　捕捉结果　　　　　　　　　　　图 1-28　旋转捕捉

1. "捕捉"设置

将光标移动到主工具栏的 "捕捉开关"按钮或 "角度捕捉切换"按钮上单击右键，弹出【栅格和捕捉设置】对话框，进入"捕捉"选项卡设置捕捉，如图 1-29 所示。

在"捕捉"选项卡中勾选所要捕捉的选项，即可激活该捕捉。下面介绍几种常用捕捉。

- 栅格点：勾选该选项，捕捉视图的栅格点。
- 顶点：勾选该选项，捕捉对象的顶点，如线的顶点、多边形的顶点等。
- 端点：勾选该选项，捕捉对象的端点。
- 中点：勾选该选项，捕捉对象的中点。

需要说明的是，激活相关捕捉后，同时要激活主工具栏中的相关捕捉按钮。例如在进行"栅格点"捕捉时，除了勾选"栅格点"选项之外，还需要激活主工具栏中的 "捕捉开关"按钮，这样捕捉才能起作用。

2. "角度"设置

"角度"设置对精确旋转对象至关重要。当设置角度后，在旋转对象时，系统将依照用户设置的角度旋转对象。进入"选项"选项卡，该选项卡除了设置角度外，还可以设置捕捉强度等，如图 1-30 所示。

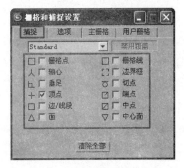

图 1-29　【栅格和捕捉设置】对话框　　　　　图 1-30　设置角度捕捉

为"角度"选项设置一个角度值后，关闭该对话框即可。需要说明的是，要使用设置的角度捕捉，同样需要激活主工具栏中的  "角度捕捉切换"按钮，否则角度捕捉无效。

1.5.3 渲染设置

渲染是指使用场景灯光、材质对场景对象着色。渲染设置是建筑设计中不可缺少的操作，该设置包括：指定渲染器、设置出图分辨率以及选择渲染模式等。

1. 指定渲染器

3ds max 自带三种渲染器，分别是"默认扫描线渲染器"、"mental ray 渲染器"和"VUE 文件渲染器"。其中"VUE 文件渲染器"用于渲染 VUE (.vue) 文件，不常用。除了系统自带的这三种渲染器之外，3ds max 也支持许多外挂的渲染器，"V-Ray 渲染器"就是其中一个。

单击主工具栏中的  "渲染场景"按钮，打开【渲染场景】对话框，进入"公用"选项卡，展开【指定渲染器】卷展栏，如图 1-31 所示。

默认情况下，3ds max 2009 使用"默认扫描线渲染器"作为当前渲染器，该渲染器是最常用的渲染器，其设置比较简单。单击"产品级"选项右边的 ... "选择渲染器"按钮，弹出【选择渲染器】对话框，如图 1-32 所示。

图 1-31 【渲染场景：默认扫描线渲染器】对话框

图 1-32 【选择渲染器】对话框

在该对话框中选择所要使用的渲染器，然后单击 确定 按钮。

2. 设置出图分辨率

出图分辨率关系到最终渲染效果的质量。一般情况下，当测试渲染时可以设置较低的出图分辨率，然后单击主工具栏中的 "快速渲染"按钮，进行简单渲染，这样可以加快渲染速度。可在获得满意的渲染设置效果后，再对渲染最终图像效果设置较高的出图分辨率。

进入"公用"选项卡，展开【公用参数】卷展栏，如图 1-33 所示。

如果渲染动画，可以在"时间输出"组中设置动画渲染的时间帧以及其他设置；如果是渲染静态图像效果，可以在"输出大小"组中选择"自定义"选项，然后设置输出图像的"宽度"和"高度"参数，或者使用系统预设的出图分辨率。

3. 渲染并保存文件

在进行场景的最终效果渲染时，就需要对渲染文件进行保存了，当指定了"默认扫描线渲染器"渲染场景时，单击"渲染"按钮开始渲染，同时打开【渲染帧】窗口，如图 1-34 所示。

渲染完毕后单击 "保存位图"按钮，打开【浏览图像供输出】对话框，选择一个存储路径，并为文件命名、设置文件存储格式等，然后单击 保存(S) 按钮将渲染结果保存。

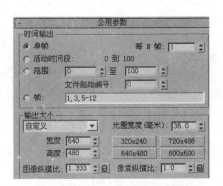

图 1-33 【公用参数】卷展栏

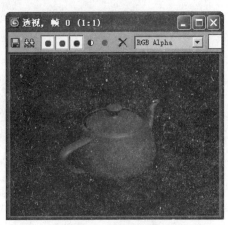

图 1-34 【渲染帧】窗口

提示：使用"V-Ray 渲染器"渲染并保存渲染结果的方法与使用"默认扫描线"渲染器渲染并保存渲染结果的方法相同，在此不再赘述。有关渲染场景的详细设置和操作，请参阅本书第 6 章。

1.6 建筑模型的控制

建筑模型的控制是建筑设计的首要操作。模型的控制主要包括：选择模型对象、变换模型对象和克隆模型对象。下面对其进行一一讲解。

1.6.1　选择建筑模型对象

3ds max 是一种面向对象的程序。这意味着场景中的每个对象都带有一些指令，它们会告诉程序用户将通过程序执行的操作。这些指令随对象类型的不同而不同。因为每个对象可以对不同的命令集作出响应，所以可通过先选择对象然后选择命令来应用命令。选择建筑模型主要有以下几种方法。

1. 直接选择模型对象

直接选择模型对象是指直接使用相关工具来选择对象。在 3ds max 2009 中，不仅提供了直接选择对象的 "选择对象"工具，而且还允许使用其他相关工具选择对象，例如使用 "选择并移动"工具、 "选择并旋转"工具和 "选择并均匀缩放"工具来选择对象。下面通过一个简单的操作讲解使用 "选择对象"工具选择模型的方法。

Step 1 打开"场景文件"目录下的"直接选择对象.max"文件，该场景包括茶壶、圆球和圆环对象。

Step 2 激活主工具栏中的 "选择对象"按钮，将光标移动到场景中的茶壶对象上单击，茶壶被选择，被选择的茶壶对象显示为白色线框，并显示其约束轴，如图1-35所示。

> 提示：在3ds max 2009中，当在工具按钮和创建命令按钮上单击后，这些按钮显示为黄色，表示这些按钮被激活，此时就可以使用这些按钮进行操作了。

Step 3 使用同样的方法可以继续单击其他模型将其选择，或激活其他可用于选择模型的工具按钮，单击选择对象。

> 提示：如果想选择多个对象，可以按住键盘上的Ctrl键，连续单击要选择的对象，即可将其选择；如果想取消某个对象的选择，可以按住键盘上的Alt键单击该对象，即可使该对象脱离选择。

2. "窗口/交叉"选择对象

"窗口/交叉"选择对象是指使用任意选择工具配合主工具栏中的 "窗口/交叉"工具按钮来完成选择对象的操作，使用这种方法一次可以选择多个对象。

首先学习使用"窗口"选择对象的方法。在使用"窗口"选择对象时，只有被虚线框完全包围的对象才能被选择，没有被虚线框完全包围的对象则不能被选择。

Step 1 继续上面的操作。激活主工具栏中的任意可选择对象的工具，例如激活 "选择并旋转"工具，然后激活主工具栏中的 "窗口/交叉"按钮。

Step 2 在场景中按住鼠标左键拖曳光标，使拖出的虚线框将茶壶和圆球对象全包围，如图1-36所示。

Step 3 释放鼠标后，发现茶壶和圆球被选择，而圆环没有被选择，如图1-37所示。

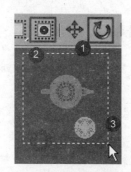
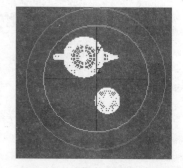

图1-35　直接选择对象图　　图1-36　包围茶壶和圆球对象　　图1-37　选择茶壶和圆球对象

下面继续学习"交叉"选择对象的方法。在使用"交叉"选择对象时，只要和虚线框接触和被虚线框完全包围的对象都能被选择。

Step 1 继续上面的操作。激活主工具栏中的 "选择并均匀缩放"工具，然后单击主工具栏中的 "窗口/交叉"按钮，使其显示为 形状。

Step 2 在场景中按住鼠标左键拖曳，使拖出的虚线框与每个对象相交，如图1-38所示。

Step 3 释放鼠标后，对象均被选择，如图1-39所示。

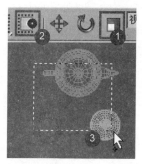

图 1-38　虚线框与对象相交

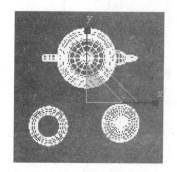

图 1-39　对象被选择

3. 根据对象名称选择对象

3ds max 2009 系统会自动为场景中的每一个对象命名，同时也允许用户为对象重命名。在选择对象时，用户可以根据对象名称快速选择对象。

Step 1　打开"场景文件"目录下的"按名称选择对象.max"文件。该场景包括茶壶、圆球、圆环、一架摄像机和一盏泛光灯。

Step 2　单击主工具栏中的 [图] "按名称选择"按钮，弹出【从场景选择】对话框，如图 1-40 所示。

图 1-40　【从场景选择】对话框

Step 3　在"查找"输入框中输入所要选择的对象的名称（或者直接在下方对象列表激活对象名称），例如激活"Teapot01"，单击 确定 按钮，即可将"Teapot01"对象选择，如图 1-41 所示。

> 提示：如果场景中有多个不同类型的对象，可以通过"视口"工具按钮对不同类型的对象进行过滤。默认情况下，系统显示所有模型对象，即"视口"工具按钮均被激活。如果单击某一类型的按钮，取消其激活状态，则会对该类模型进行过滤，使其不在下方的列表出现，这样就可以对场景中的对象进行过滤，方便选择对象。

4. 使用过滤器过滤选择对象

3ds max 2009 系统允许用户根据对象属性进行过滤选择。在主工具栏中的 [全部 ▼] "选择过滤器"列表中列出了不同类型的对象，如图 1-42 所示。

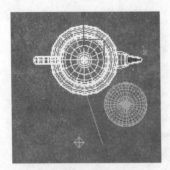

图 1-41　选择"Teapot01（茶壶 01）"对象

图 1-42　"选择过滤器"列表

下面学习使用"选择过滤器"选择对象的方法。

Step 1　打开"场景文件"目录下的"过滤选择对象.max"文件。该场景包括一个几何体、一个二维图形、一架摄像机和一盏泛光灯。

Step 2　在主工具栏中的 `全部 ▼` "选择过滤器"列表下选择"几何体"选项，然后使用"窗口/交叉"方式选取所有对象，如图 1-43 所示。

Step 3　释放鼠标后，发现此时场景中只有几何体对象中的"茶壶"被选择，而其他对象并没有被选择，如图 1-44 所示。

图 1-43　框选所有对象

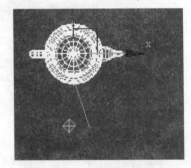

图 1-44　几何体被选择

Step 4　读者可以使用相同的方法在 `全部 ▼` "选择过滤器"列表下分别选择"图形"、"灯光"、"摄像机"以及其他各选项，然后在场景中拖曳鼠标选择对象，观察选择结果。

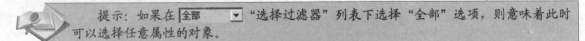

　　　提示：如果在 `全部 ▼` "选择过滤器"列表下选择"全部"选项，则意味着此时可以选择任意属性的对象。

1.6.2　变换建筑模型对象

变换对象是指更改对象的位置、方向和比例，在 3ds max 2009 中，可以将三种类型的变换应用到对象，即 ✛ "选择并移动"、↺ "选择并旋转"和 ▣ "选择并缩放"。

在变换对象时，首先要选择该对象，当选定一个或多个对象，并且工具栏上的任一变换按钮（✛ "选择并移动"、↺ "选择并旋转"或 ▣ "选择并缩放"）处于激活状态时，会显示变换 Gizmo。变换 Gizmo 是视口图标，每种变换类型使用不同的 Gizmo，如图 1-45 所示。其中，左图为移动 Gizmo，中间的图

为旋转 Gizmo，而右边的图则是缩放 Gizmo。

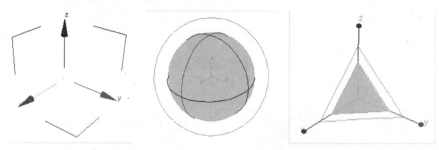

图 1-45   三种变换 Gizmo

默认情况下，系统为每个轴指定一种颜色：x 轴为红色，y 轴为绿色，z 轴为蓝色。另外，为移动 Gizmo 的角指定两种颜色的相关轴，例如，xz 平面的角为红色和蓝色。将光标放在任意轴上时，该轴变为黄色，表示处于激活状态；将光标放在一个平面控制柄上时，两个相关轴将变为黄色，此时可以沿着所指示的一个或多个轴拖曳来完成对对象的变换。

1. 移动变换对象

在移动变换对象时，模型对象上会出现移动 Gizmo，移动 Gizmo 包括"平面控制柄"以及"中心框控制柄"，用户可以选择任一轴控制柄移动约束到此轴。此外，还可以使用平面控制柄将移动约束到 xy、yz 或 xz 平面，受约束的轴显示为黄色。图 1-46 所示为选择了 yz 轴的移动 Gizmo。

图 1-46   选择了 yz 轴的移动 Gizmo

> 提示：执行【自定义】/【首选项】命令，打开【首选项设置】对话框进入 "Gizmo" 选项卡，用户可以更改控制柄以及其他设置的大小和偏移。

下面通过一个简单的实例操作，学习移动变换对象的方法。

Step 1   打开"场景文件"目录下的"办公楼（前墙体）.max"文件。该场景是一面办公楼的前墙体和一个窗框模型。

Step 2   使用视图调整工具对前视图进行调整，使其最大化显示窗框和前墙体的一个窗洞，以便于调整窗框在窗洞中的位置。

Step 3   激活主工具栏中的 ✛ "选择并移动"工具，在前视图选择窗框对象，此时显示窗框对象的约束轴，如图 1-47 所示。

提示：在平面视图内，对象一般只显示 x 轴和 y 轴，z 轴是不存在的。也就是说，在平面视图内移动变换对象时只能沿 x 轴、y 轴或 xy 轴进行操作；而在透视图内，对象则显示 x 轴、y 轴和 z 轴三个轴向的约束轴，用户可以沿 x 轴、y 轴和 z 轴对对象进行变换操作。

Step 4 将光标移动到窗框约束轴的 x 轴上，此时 x 轴显示为黄色，按住鼠标左键向右拖曳，将窗框沿 x 轴移动到窗洞位置上，使其与窗洞在 y 轴上对齐，如图 1-48 所示。

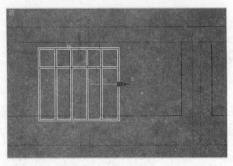
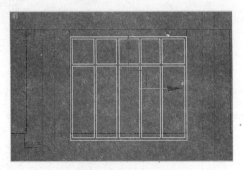

图 1-47　选择模型　　　　　　　　　　　图 1-48　沿 x 轴移动窗框

Step 5 继续将光标移动到窗框约束轴的 y 轴上，此时 y 轴显示为黄色，按住鼠标左键向上拖曳，将窗框沿 y 轴移动到窗洞位置上，使其与窗洞在 x 轴上对齐，如图 1-49 所示。

提示：在 3ds max 中调整模型对象位置时，在一个视图调整后，还要在其他视图中进行调整，这样才能真正将模型调整到合适的位置。这是由于除了透视图之外，其他视图都只是二维空间，只能表现模型的平面关系，而并不能表现模型的三维透视关系。

Step 6 右击左视图或顶视图（当对象被选择时，要想激活一个视图，必须使用右键激活，如果使用左键激活，则选择对象会脱离选择状态），此时发现窗框并没有真正放在窗洞位置，如图 1-50 所示。

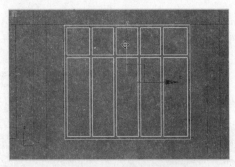
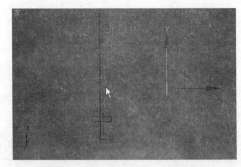

图 1-49　沿 y 轴移动窗框　　　　　　　　图 1-50　窗户与窗框的位置关系

Step 7 使用视图控制工具调整左视图，使其窗框和窗洞位置最大化显示，便于继续调整窗框的位置。

Step 8 继续将光标移动到 y 轴上，按住鼠标左键向左拖曳，将窗框向左移动到墙体的窗洞位置，如图 1-51 所示。

Step 9 调整后快速渲染透视图，发现窗框已经被正确的放在了墙体的窗洞位置了，如图 1-52 所示。

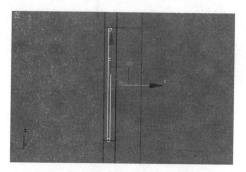

图 1-51　沿 y 轴向左移动窗户

图 1-52　透视图的显示效果

2. 旋转变换对象

旋转 Gizmo 是根据虚拟轨迹球的概念而构建的，用户可以围绕 x、y 或 z 轴或垂直于视口的轴自由旋转对象，如图 1-53 所示。

旋转轴控制柄是围绕轨迹球的圆圈。在任一轴控制柄的任意位置拖曳鼠标，可以围绕该轴旋转对象。当围绕 x、y 或 z 轴旋转时，一个透明切片会以直观的方式说明旋转方向和旋转量。如果旋转大于 360°，则该切片会重叠，并且着色会变得越来越不透明。另外，系统还将显示数字数据以表示精确的旋转度量，如图 1-54 所示。

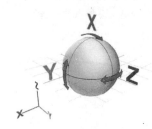

图 1-53　旋转演示图

图 1-54　旋转对象演示图

下面通过制作一个开启的窗户的小实例操作，学习旋转变换对象的方法。

Step 1　打开"场景文件"目录下的"欧式窗.max"文件，这是一个关闭的欧式窗场景，如图 1-55 所示。

Step 2　使用"按名称选择对象"的方法选择名为"组 02"的窗户对象。

Step 3　激活主工具栏中的 ↻ "旋转并变换"工具，此时被选择的窗户对象上显示旋转轴。

Step 4　右键激活左视图，将光标移动到 z 约束轴上，z 轴显示为黄色，向左拖曳鼠标，将窗户沿 z 轴进行旋转，如图 1-56 所示。

Step 5　使用相同的方法继续将名为"组 03"的窗户开启，然后激活透视图并进行快速渲染，窗户开启效果如图 1-57 所示。

如果要进行精确角度的旋转，则需要在【栅格和捕捉设置】对话框中设置一个角度，方法如下：

在主工具栏中的 △ "角度捕捉"按钮上单击将其激活，然后再右击，弹出【栅格和捕捉设置】对话框，进入"选项"选项卡，设置"角度"值，如图 1-58 所示。然后关闭该对话框，此时在旋转对象时，每旋转一次都会按照设置的角度值进行旋转。

图 1-55　打开的场景文件

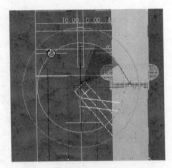

图 1-56　在左视图沿 z 轴旋转对象

图 1-57　渲染后的场景效果

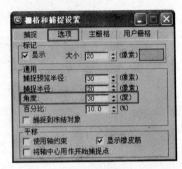

图 1-58　设置角度的操作

3. 缩放变换对象

3ds max 2009 系统提供了三种缩放变换，分别是 ▣ "选择并均匀缩放"、▣ "选择非均匀缩放" 和 ▣ "选择与挤压"。在建筑设计中，常使用 ▣ "选择并均匀缩放"工具调整模型对象。

将光标移动到主工具栏中的 ▣ "选择并均匀缩放"工具按钮上按住鼠标左键不放，即可显示其他两种缩放按钮，将光标移动到其他按钮上释放鼠标，即可选择其他按钮，如图 1-59 所示。

所有缩放都是依靠缩放 Gizmo 来控制的，缩放 Gizmo 包括平面控制柄，以及通过 Gizmo 自身拉伸的缩放反馈。使用平面控制柄可以执行"均匀"、"非均匀"缩放，而无须在主工具栏上更改选择。要进行"均匀"缩放，可以在 Gizmo 中心处拖曳；要进行"非均匀"缩放，可以在一个轴上拖曳或拖曳平面控制柄，如图 1-60 所示。其中，左图是在 Gizmo 中心拖曳进行均匀缩放，而右图是在 yz 轴上拖曳进行非均匀缩放。

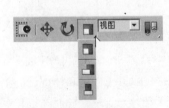

图 1-59　缩放工具按钮

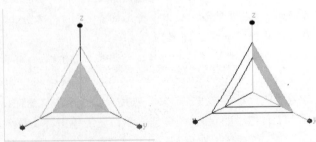

图 1-60　均匀缩放和非均匀缩放示意图

如果要执行"挤压"缩放，则需要激活主工具栏上的 ▣ "选择并挤压"按钮。下面通过一个小实例操作，学习使用 ▣ "选择并均匀缩放"工具调整模型对象的方法，其他工具的操作于此类似，不再进行一一讲解。

Step 1　打开"场景文件"目录下的"花坛.max"文件。

Step 2　在主工具栏激活 ▣ "选择并均匀缩放"工具，在前视图中选择花坛对象，此时对象显示缩放约束轴，如图 1-61 所示。

Step 3　将光标移动到 y 轴上，y 轴显示为黄色，按住鼠标左键沿 y 轴正方向拖曳将对象均匀放大，如图 1-62 所示。

图 1-61　显示缩放约束轴

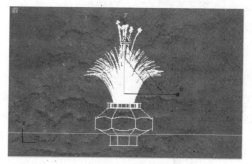

图 1-62　沿 y 轴正方向放大

Step 4　如果沿 y 轴负方向拖曳鼠标，可以缩小对象；如果将光标放在 xy 轴平面上拖曳鼠标，则均匀缩放对象。

Step 5　读者可以尝试使用相同的方法，在不同视图中沿不同轴向任意缩放对象，查看缩放结果。

4．变换输入

使用"变换输入"方法可以在"变换输入"对话框中输入移动、旋转和缩放变换的精确值，产生精确的变换效果。将光标移动到变换工具按钮上右击，弹出"变换输入"对话框，对话框的标题反映了活动变换的内容，如图 1-63 所示。

在"变换输入"对话框中可以输入绝对变换值或偏移值，大多数情况下，绝对和偏移变换使用活动的参考坐标系。使用世界坐标系的"视图"以及使用世界坐标系进行绝对移动和旋转的"屏幕"属于例外。此外，绝对缩放始终使用局部坐标系，该对话框标签会不断变化以显示所使用的参考坐标系。

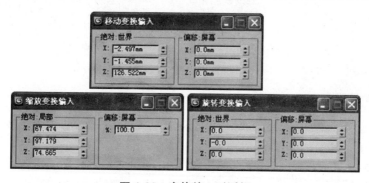

图 1-63　变换输入对话框

1.6.3 克隆建筑模型

在 3ds max 2009 建筑设计中，可以通过克隆来获得多个形状、大小、属性等相同的建筑模型，如通过克隆快速布置楼体窗户等。在进行克隆时，可以在移动、旋转或缩放对象时按 Shift 键，以完成克隆操作。

虽然每个方法在克隆对象时都有独特的用处和优点，但是在大多数情况下这些克隆方法在工作方式上有很多相似点，主要表现在两点。第一点是变换克隆都是相对于当前坐标系统、坐标轴约束，以及变换中心进行的；第二点是变换克隆创建新对象时，都会弹出【克隆选项】对话框，可以选择"复制"、"实例"或"参考"三种方式，如图 1-64 所示。

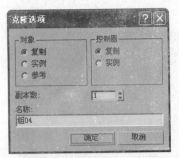

图 1-64 【克隆选项】对话框

该对话框主要包括"对象"、"控制器"、"副本数"以及"名称"四部分内容。"对象"组用于选择所克隆的对象的方式；"控制器"组用于选择以复制和实例化原始对象为子对象的变换控制器，仅当克隆的选定对象包含两个或多个层次链接的对象时，该选项才可用；"副本数"用于指定要创建对象的副本数。仅当使用 Shift 键克隆对象时，该选项才可用；"名称"用于显示克隆对象的名称。

对于采用这三种方式中的任何一种克隆的对象，其原始对象和克隆对象在几何体层级是相同的，这些方法的区别在于处理修改器（如为对象添加一种修改器）时所采用的方式。

- 复制：选择"复制"方式，将会创建新的独立主对象。该对象具有原始对象的所有数据，但它与原始对象之间没有关系，在修改一个对象时，也不会对另外一个对象产生影响。
- 实例：选择"实例"方式，将会创建新的独立主对象。该对象与原始对象之间具有关联关系，它们共享对象修改器和主对象，也就是说，修改"实例"对象时将会影响原始对象。
- 参考：选择"参考"方式，创建与原始对象有关的克隆对象。同"实例"对象一样，"参考"对象至少可以共享同一个主对象和一些对象修改器。这体现在所有克隆对象修改器堆栈的顶部显示一条灰线，即"导出对象线"，在该直线上方添加的修改器不会传递到其他参考对象，只有在该直线下方的修改器才会传递给其他参考对象。

 提示：原始对象没有"导出对象直线"，其创建参数和修改器都会进行共享，且对该对象所做的全部更改都会影响所有参考对象。如果在修改器堆栈的顶部应用修改器，则只会影响选定的对象；如果在灰线下方应用修改器，将会影响该直线上方的所有参考对象；如果在修改器堆栈的底部应用修改器，将会影响从主对象生成的所有参考对象。

在建筑设计中，常用的克隆有"移动变换克隆"和"旋转变换克隆"两种。"缩放变换克隆"不常用，在此不再对其进行讲解。

1. 移动变换克隆

移动变换克隆是指通过移动对象进行对象克隆的操作。下面通过制作一个简单操作，学习移动变换克隆对象的方法。

Step 1 打开"场景文件"目录下的"花坛.max"文件。

Step 2 激活主工具栏中的  "移动并选择"按钮，在前视图中选择花坛造型，将光标移动到

x 轴上，按住 Shift 键的同时向右拖曳鼠标，拖出另一个花坛对象，如图 1-65 所示。

Step 3　释放鼠标同时松开 Shift 键，弹出【克隆选项】对话框，在"对象"选项下选择"实例"，在"副本数"输入框中输入 3。

Step 4　单击 ▭确定 按钮，即可克隆出三个花坛对象，快速渲染场景，结果如图 1-66 所示。

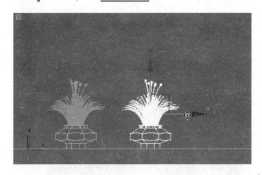

图 1-65　拖出一个花坛对象

图 1-66　渲染后的移动克隆效果

提示：一般情况下，克隆对象时都采用当前的坐标系和中心轴。因此，在克隆对象时，一般可以不用设置坐标系和中心轴，只有在特殊克隆时才进行坐标系统和中心轴的指定。

2. 旋转变换克隆

旋转变换克隆，是指通过旋转对象进行对象克隆的操作。一般情况下，旋转克隆对象时除了设置旋转角度外，都是采用对象本身的坐标系和中心轴，但在特殊情况下，要重新设置坐标系和中心。下面通过在一个大花坛周围均匀放置六个小花坛的实例操作，学习特殊旋转克隆的方法。

Step 1　打开"场景文件"目录下的"花坛 01.max"文件，该场景中有一个大花坛和一个小花坛，如图 1-67 所示。

Step 2　激活主工具栏中的 ↻ "旋转"按钮，在顶视图选择小花坛，在主工具栏中的"坐标系"列表中选择"拾取"选项，如图 1-68 所示。

Step 3　在视图中单击大花坛对象，此时，在"坐标系"列表中将显示大花坛名称，表示小花坛将采用大花坛的坐标作为参考坐标。

Step 4　按住主工具栏中的 ▦ "使用轴点中心"按钮，在弹出的下拉列表中选择 ▦ "使用变换坐标中心"按钮，此时小花坛将采用大花坛的中心作为变换中心，如图 1-69 所示。

图 1-67　打开的场景文件

图 1-68　选择"拾取"选项

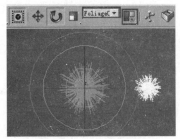

图 1-69　选择 ▦ 按钮

Step 5　激活主工具栏中的 ⟲ "角度捕捉切换" 按钮并右击，打开【栅格和捕捉设置】对话框，进入 "选项" 选项卡，设置 "角度" 为 60，然后关闭该对话框。

Step 6　进入顶视图，按住 Shift 键将光标移动到 z 轴上，水平向右拖曳旋转–60°，如图 1-70 所示。

Step 7　释放鼠标后打开【克隆选项】对话框，在 "对象" 组下勾选 "实例" 选项，并设置 "副本数" 为 5。

Step 8　单击 确定 按钮，此时小花坛沿大花坛周围均匀克隆了五个，调整透视图视角并快速渲染，结果如图 1-71 所示。

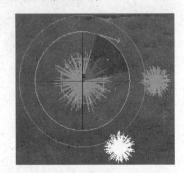 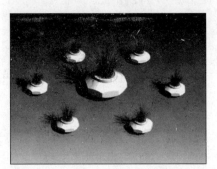

图 1-70　沿 z 轴旋转–60°　　　　　图 1-71　克隆后的效果

3. 镜像与镜像克隆

"镜像" 是将对象进行翻转，重新变换一个新位置；而 "镜像克隆" 则是围绕一个或多个轴产生 "反射" 克隆，如图 1-72 所示。

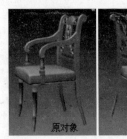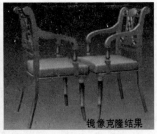

图 1-72　镜像与镜像克隆

下面通过一个简单的实例操作，学习将对象镜像克隆的方法。

Step 1　打开 "场景文件" 目录下的 "餐桌餐椅.max" 文件。

Step 2　在前视图选择餐椅对象，在主工具栏选择镜像坐标以及轴中心点（一般采用默认设置即可）。

Step 3　单击主工具栏中的 ⋈ "镜像" 按钮，弹出【镜像：世界坐标】对话框，设置镜像轴以及镜像方式，如图 1-73 所示。

Step 4　单击 确定 按钮确认，然后选择 ✛ "移动并选择" 工具，在透视图中沿 x 轴将克隆的餐椅移动到餐桌左边，如图 1-74 所示。

图 1-73 【镜像：世界坐标】对话框

图 1-74 移动餐椅到餐桌左边位置

 提示：一般情况下，"偏移"值可以不用设置，镜像克隆完毕后可直接使用移动工具将其移动到合适的位置上。

Step 5 在顶视图中使用旋转变换克隆对象的方法，将左边的餐椅旋转 90° 并克隆一个，并将其移动到餐桌的左上方，然后再使用移动变换克隆的方法将其沿 x 轴向右移动克隆一个。

Step 6 在顶视图中选择餐桌上方的两个餐椅对象，使用镜像克隆对象的方法，将其沿 y 轴负方向，以"实例"方式克隆到餐桌下方，快速渲染透视图，结果如图 1-75 所示。

图 1-75 镜像克隆后的场景效果

▌1.7▌ "阵列"克隆

"阵列"克隆是专门用于克隆、精确变换和定位多组对象的一个或多个空间维度的工具。对于三种变换（移动、旋转和缩放）的每一种，可以为每个阵列中的对象指定参数或将该阵列作为整体为其指定参数。使用"阵列"获得的很多效果是使用其他技术无法获得的。

"阵列"效果包括：一维阵列、二维阵列和三维阵列，通过设置 1D、2D 和 3D 的参数，获得不同的阵列效果，如图 1-76 所示。其中，左图是 1D 计数为 3 的一维阵列，中间的图是 1D 计数为 3、2D 计数为 3 的二维阵列效果，右图是 1D 计数为 3、2D 计数为 3、3D 计数为 3 的三维阵列效果。

在创建阵列时，切记注意以下几点：

1. "阵列"与坐标系和变换中心的当前视口设置有关。

图 1-76 "阵列"对象效果

2．"阵列"不应用轴约束，因为"阵列"可以指定沿所有轴的变换。

3．可以为"阵列"创建动画。通过更改默认的"动画"首选项设置，可以激活所有变换中心按钮，可以围绕选择或坐标中心或局部轴直接设置动画。

4．要生成层次链接的对象阵列，应在单击"阵列"之前选择层次中的所有对象。

1.7.1　关于【阵列】对话框

"阵列"弹出按钮位于"附加"工具栏上，该按钮默认情况下处于禁用状态。通过右击主工具栏的空白区域，执行"附加"命令，可打开"附加"工具栏，单击 "阵列"弹出按钮，弹出【阵列】对话框，如图 1-77 所示。

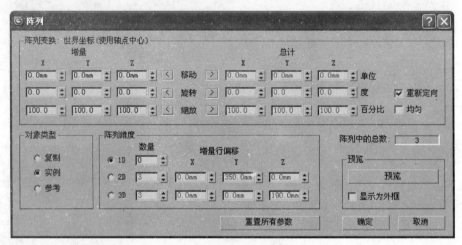

图 1-77　【阵列】对话框

【阵列】对话框提供了两个主要控制区域，即"阵列变换"区域和"阵列维度"区域。通过设置这两个区域的参数，完成阵列克隆。

1．"阵列变换"区域

该区域列出了活动坐标系和变换中心。它是定义第一行阵列的变换所在的位置，在此可以确定各个元素的距离、旋转或缩放以及所沿的轴。然后，以其他维数重复该行阵列，以便完成阵列。

对于每种变换，都可以选择是否对阵列中每个新建的元素或整个阵列连续应用变换。例如，如果将"增量"组中的"X<移动"设置为 120.0，将"阵列维度"组中的"1D"计数设置为 3，则结果是三个对象的阵列，其中每个对象的变换中心相距 120 个单位。但是，如果设置"总计"组中的"X>移动"设置为 120.0，则对于总长为 120 个单位的阵列，三个元素的间隔是 40 个单位。

单击变换标签任意一侧的箭头，以便从"增量"或"总计"中做以选择。对于每种变换，都可以在"增量"和"总计"之间切换。对一边设置值时，另一边将不可用，但是不可用的值将会更新，以显示等价的设置。

（1）"增量"设置

"增量"用于设置"移动"、"旋转"和"缩放"的参数。

- 移动：设置对象沿 x、y、z 轴的移动距离，可以用当前单位设置。使用负值时，可以在该轴的负方向移动创建阵列。

- 旋转：设置对象沿 x、y、z 轴的旋转角度创建阵列。
- 缩放：用百分比设置对象沿 x、y、z 轴缩放。100%是实际大小，小于 100%时，将减小对象；高于 100%时，将会增大对象。

（2）"总计"设置

该设置可以应用于阵列中的总距、总度数或总百分比缩放。例如：如果"总计移动 x"设置为 25，则表示沿着 x 轴第一个和最后一个阵列对象中心之间的总距离是 25 个单位；如果"总计旋转 z"设置为 30，则表示阵列中均匀分布的所有对象沿着 z 轴总共旋转了 30°。

2. "对象类型"设置

该设置用于阵列对象时使用的方式。

- 复制：创建新阵列成员，以其作为原始阵列的副本。
- 实例：创建新阵列成员，以其作为原始阵列的实例。
- 参考：创建新阵列成员，以其作为原始阵列的参考。

 提示：有关"复制"、"实例"和"参考"之间的关系，请参阅本章 1.6.3 节相关内容的详细讲解。

3. "阵列维度"设置

使用"阵列维度"控件，可以确定阵列中使用的维数和维数之间的间隔。

（1）数量

设置"数量"选项可控制每一维度的对象数、行数或层数。

- 1D：一维阵列可以形成 3D 空间中的一行对象。1D 计数是一行中的对象数。这些对象的间隔是在"阵列变换"区域中定义的，效果如图 2-60 左图所示。
- 2D：二维阵列可以按照二维方式形成对象的层，如棋盘上的方框行。2D 计数是阵列中的行数，效果如图 2-60 中间图所示。
- 3D：三维阵列可以在 3D 空间中形成多层对象，如整齐堆放的长方体。3D 计数是阵列中的层数，效果如图 2-60 右图所示。

（2）增量行偏移

只有选择 2D 或 3D 阵列时，这些参数才可用。这些参数是当前坐标系中任意三个轴方向的距离。如果对 2D 或 3D 设置"计数"值，但未设置行偏移，将会使用重叠对象创建阵列。因此，必须至少指定一个偏移距离，以防这种情况的发生。

1.7.2　创建线性阵列

线性阵列是沿着一个或多个轴的一系列克隆。线性阵列可以是任意对象，任何场景所需的重复对象或图形都可以看作线性阵列。

1. 1D 线性阵列

1D 线性阵列比较简单，类似于移动变换克隆效果。下面通过一个简单操作，学习 1D 线性阵列的操作方法。

Step 1　打开"场景文件"目录下的"石花坛.max"文件。

Step 2 激活任意视图，选择场景中的"石花坛"模型，打开【阵列】对话框，设置"增量"的"X移动"值为350，勾选"阵列维度"的"1D"选项，并设置"数量"为3，其他默认。

Step 3 单击 确定 按钮确认，阵列效果如图1-76（左）所示。

2. 2D线性阵列

最简单的2D线性阵列是基于沿着单个轴移动单个对象实现的。下面继续通过一个简单的实例操作，学习2D线性阵列。

Step 1 继续上面的操作。选择"石花坛"对象，激活透视图，弹出【阵列】对话框。

Step 2 设置"增量"的"X移动"值为350，在"阵列维度"下勾选"1D"选项，设置"数量"为3，勾选"2D"选项，设置"数量"为3。

Step 3 设置"增量行偏移"的Y值为350，单击 确定 按钮确认，阵列效果如图1-76（中）所示。

3. 3D线性阵列

3D线性阵列与2D线性阵列基本相同。在2D线性阵列的基础上只要勾选"阵列维度"下"3D"选项，并设置"数量"值即可。

Step 1 继续上面的操作。选择"石花坛"对象，激活透视图，弹出【阵列】对话框。

Step 2 在【阵列】对话框中设置"增量"的"X移动"值为350，在"阵列维度"下设置"1D"的"数量"为3，设置"2D"的"数量"为3，设置"增量行偏移"的"Y"值为350。

Step 3 勾选"3D"选项并设置"数量"为3，设置"增量行偏移"的"Z"值为190，单击 确定 按钮确认，阵列效果如图1-76（右）所示。

1.7.3 创建圆形和螺旋形阵列

创建圆形和螺旋形阵列通常涉及沿着一到两个轴并围绕着公共中心移动、缩放和旋转副本的操作组合。在建筑设计中，可以使用这些技术建造旋转楼梯等模型。

1. 关于公共中心

圆形和螺旋形阵列都需要阵列对象的公共中心。公共中心可以是世界中心、自定义栅格对象的中心或是对象组本身的中心。也可以移动单个对象的轴点并将它们作为公共中心使用。

2. 圆形阵列

圆形阵列类似于旋转变换克隆和线性阵列。圆形阵列和线性阵列的区别在于，圆形阵列是基于围绕着公共中心旋转而不是沿着某条轴移动。

下面通过一个实例操作，学习圆形阵列的操作方法。

Step 1 继续上面的操作。再次选择"石花坛"对象，然后激活顶视图。

Step 2 在主工具栏中的"坐标系"列表中选择"栅格"，并选择轴中心为 "使用变换坐标中心"，此时"石花坛"将以栅格坐标作为变换坐标，并采用 "变换坐标中心"。

Step 3 弹出【阵列】对话框，设置"总计"下的"旋转>Z"为360。

Step 4 在"阵列维度"下勾选"1D"，并设置"数量"为10，其他参数默认。单击 确定 按钮确认，旋转阵列效果如图1-78（左）所示。

如果想进行 2D（或 3D）圆形阵列，只要在"阵列维度"下勾选"2D"（或"3D"）选项，并设置"2D"（或"3D"）的数目，然后在"增量行偏移"选项设置"Z"的数值即可。进行"2D"（或"3D"）阵列时，"1D"的参数同样有效，其效果如图 1-78（中和右）所示。

图 1-78　圆形阵列效果

3. 螺旋形阵列

螺旋形阵列是在旋转圆形阵列的同时将其沿着中心轴移动。这会形成同样的圆形，但是圆形会不断上升。

如果 z 轴是中心轴，那么可输入"增量移动 Z"的值，然后在形成圆的同时每个克隆以该值向上移动。需要注意的是，在螺旋形阵列中，旋转的方向由螺旋形的方向决定，对于逆时针螺旋设置正向旋转，对于顺时针螺旋则设置负向旋转。

下面通过制作一个旋转楼梯的实例，学习螺旋形阵列的操作方法。

Step 1　打开"场景文件"目录下的"旋转楼梯.max"文件，这是一个未完成的楼梯。

Step 2　在顶视图中选择楼梯台阶和栏杆，在主工具栏中的"坐标系"列表中选择"拾取"，并在视图单击楼梯立柱，此时，在"坐标系"列表中将显示楼梯立柱对象名称，表示台阶对象将采用立柱对象的坐标作为参考坐标。

Step 3　继续在"轴中心"选项下选择 ■ "使用变换坐标中心"，此时台阶将以立柱坐标作为变换坐标，如图 1-79 所示。

Step 4　弹出【阵列】对话框，设置"增量"的"移动 Z"为 8.5，设置"总计"的"旋转 Z"为 360。

Step 5　在"阵列维度"下勾选"1D"，设置"数量"为 12，其他的采用默认值。

Step 6　单击 确定 按钮确认，阵列旋转后的楼梯渲染效果如图 1-80 所示。

图 1-79　设置坐标以及轴中心

图 1-80　制作完成的旋转楼梯

1.8 小结

这一章主要讲解了 3ds max 2009 系统的基本操作方法、工作界面的分布以及建筑设计基础知识。这些内容是使用 3ds max 2009 进行建筑设计必须掌握的的知识点，希望读者能认真学习这些知识，为后面更深入的学习使用 3ds max2009 进行建筑设计打下良好的基础。

1.9 习题

1.9.1 单选题

01. 只能缩放当前视图的工具是（　　）。

A. 🔍　　　　B. 🔳　　　　C. 🔲　　　　D. 🔍

02. 可以同时缩放 4 个视图的工具是（　　）。

A. 🔍　　　　B. 🔳　　　　C. 🔲　　　　D. 🔍

03. 可以同时将 4 个视图中选定对象最大化显示的工具是（　　）。

A. 🔍　　　　B. 🔲　　　　C. 🔲　　　　D. 🔍

04. 可以同时将 4 个视图中的所有对象最大化显示的工具是（　　）。

A. 🔍　　　　B. 🔲　　　　C. 🔲　　　　D. 🔍

1.9.2 多选题

01. 打开【栅格和捕捉设置】对话框的的方法有（　　）。

A. 右击主工具栏上的 🔧 按钮　　　　B. 右击主工具栏上的 🔺 按钮

C. 右击主工具栏上的 🔧 按钮　　　　D. 右击主工具栏上的 🔧 按钮

02. 将摄像机沿着摄像机的主轴移动，移向或移离摄像机所指的方向的工具有（　　）。

A. 🔧 工具　　B. 🔧 工具　　C. 🔻 工具　　D. 🔧 工具

03. 将摄像机沿着摄像机的主轴侧滚的工具有（　　）。

A. 🔻 工具　　B. 🎧 工具　　C. 🔄 工具　　D. 🔧 工具

04. 将一个视图切换为摄像机视图的方法有（　　）。

A. 在视图中添加摄像机并激活该视图，按 C 键

B. 调整视图的视角后按 Ctrl＋Z 组合键

C. 在视图中添加摄像机并激活该视图，按 Ctrl＋Z 组合键

D. 执行【视图】/【从视图创建摄像机】命令

1.9.3 操作题

尝试在视图中创建一架摄像机，并将视图切换为摄像机视图，同时调整摄像机的不同视角以观察场景。

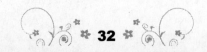

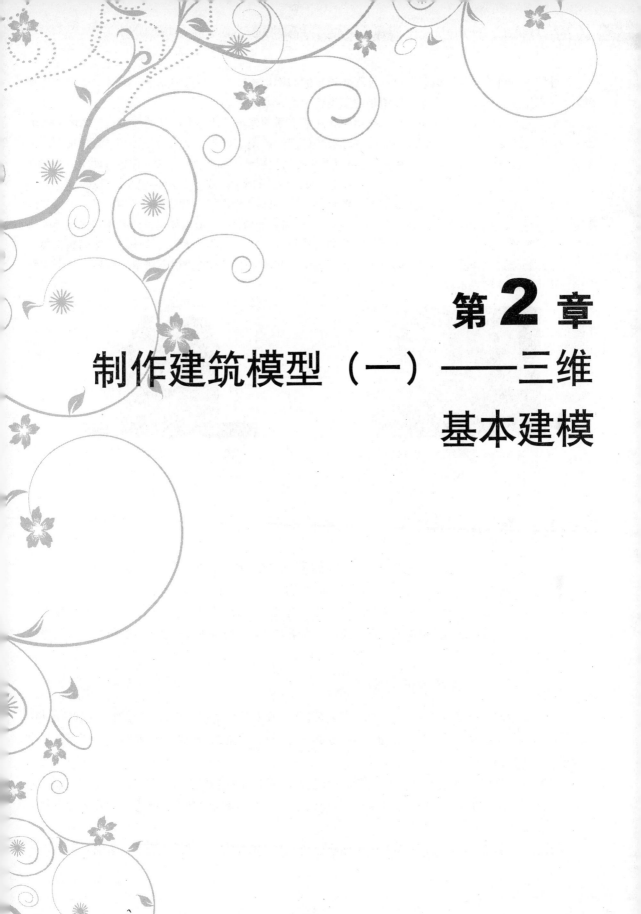

第**2**章
制作建筑模型（一）——三维
基本建模

在建筑设计中，建筑模型不仅可以体现建筑物的结构形式、构造特点和风格，同时也体现了建筑物的功能和用途。因此，制作建筑模型是建筑设计中的首要操作。

在制作建筑模型时，设计师需要依托由具有注册资质的建筑设计师所设计的建筑设计图纸，使用3ds max 等三维设计软件的三维建模功能来完成建筑模型的制作。当制作完成建筑模型之后，再由建筑装修设计人员根据建筑物的功能、用途、特点以及所处的周围环境等，使用相关软件进行建筑室外装修设计，最终完成建筑设计效果图。该效果图为建筑设计项目的审核、施工等提供了非常直观的依据。

在 3ds max 建筑设计中，对于较简单的建筑模型，如墙体、地面等，可以直接使用三维基本体来创建完成，而对于较复杂的建筑模型，如门窗、屋面、外墙装饰构件等，则需要对三维基本体添加相关修改器，通过编辑修改才能创建完成，有时甚至需要使用二维线放样或曲面建模等技巧才能创建完成。

这一章将通过制作图 2-1 所示的"餐厅室内模型"和图 2-2 所示的"住宅楼室外模型"两个工程案例，重点讲解三维基本建模的技巧。

图 2-1　餐厅室内模型

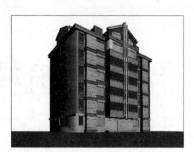

图 2-2　住宅楼室外模型

2.1 重点知识

在 3ds max 2009 中，场景中的实体 3D 对象和用于创建三维模型的对象，称为几何体。通常，几何体组成三维场景的主题和渲染对象，几何体包括"标准基本体"和"扩展基本体"。在 3ds max 2009 建筑设计中，用户可以使用单个基本体创建简单建筑模型，同时还可以对基本体添加相关修改器进行编辑修改，创建更为复杂的建筑模型。下面我们就来学习创建三维基本体以及使用三维基本体创建建筑模型的方法。

2.1.1　创建三维基本体对象

3ds max 2009 系统提供了多种三维基本体对象。单击命令面板上的 ▧ "创建"按钮进入创建面板，单击 ◙ "几何体"按钮进入几何体创建面板，在其下拉列表中包括标准基本体、扩展基本体以及其他三维对象，如图 2-3 所示。

在 3ds max 2009 建筑设计中，较常用的三维基本体是"标准基本体"和"扩展基本体"，分别选择这两个选项，即可在【对象类型】卷展栏下显示这两种三维基本体所包含的多个三维基本模型的名称按钮，如图 2-4 所示。

激活相关名称按钮，可以在任意视图中创建这些三维基本体的实体模型。在这众多的三维基本体的实体模型中，真正可以用于创建建筑模型的并不多，下面我们只对常用的几种几何体实体模型的创建、修改进行讲解，其他三维基本体实体模型的创建和修改，读者可以参阅其他相关书籍的介绍。

1. 创建长方体

长方体是最简单的"标准基本体"，常用于创建诸如地面、墙体、方形立柱以及桌面等这些简单的建筑模型。在"标准基本体"选项的【对象类型】卷展栏下单击 长方体 按钮，该按钮显示为黄色，表示该按钮被激活，如图 2-5 所示。

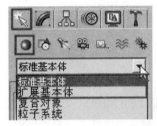

图 2-3　选择标准基本体选项

图 2-4　展开【对象类型】卷展栏

图 2-5　激活"长方体"按钮

> 提示：在 3ds max2009 中，创建任意对象时都必须激活该对象按钮。在对象按钮上单击，当对象按钮显示为黄色时表示该按钮被激活，此时在视图拖曳鼠标即可创建该对象。

在任意视图拖曳鼠标以定义长方体的底部矩形尺寸，如图 2-6（左）所示。释放鼠标上下拖曳以定义长方体的高度，然后单击确认高度并创建长方体实体模型，如图 2-6（右）所示。

> 提示：拖曳长方体底部时按住 Ctrl 键，这将保持长度和宽度一致，即可创建具有方形底部的立方体，但是对高度没有任何影响。如果要创建立方体对象，可在【创建方法】卷展栏上选择"立方体"选项，即可创建立方体对象。

2. 创建圆柱体

圆柱体也属于"标准基本体"，使用圆柱体可以创建圆形立柱、栏杆、围栏、圆形桌腿等建筑模型。在"标准基本体"选项的【对象类型】卷展栏上单击 圆柱体 按钮将其激活，如图 2-7 所示。

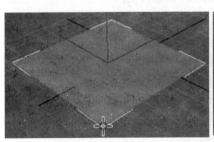

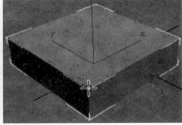

图 2-6　创建长方体的操作

图 2-7　激活"圆柱体"按钮

在任意视图中拖曳鼠标，定义圆柱体底部的半径，如图 2-8（左）所示。释放鼠标后上下移动以定义圆柱体高度，单击可确认高度并创建圆柱体实体对象，如图 2-8（右）所示。

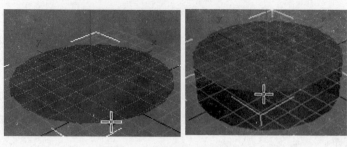

图 2-8 创建圆柱体的操作

3. 创建球体

在建筑设计中，球体可以生成建筑物的各种装饰构件和建筑模型，例如柱头、门把手、路灯灯泡、圆形屋顶、雕塑等，如图 2-9 所示。

在"标准基本体"选项的【对象类型】卷展栏中激活 ▢▢▢ 球体 ▢▢▢ 按钮，如图 2-10 所示。在任意视图中拖曳鼠标以定义球体的半径，释放鼠标后即可创建球体。

图 2-9 球体示例

图 2-10 激活"球体"按钮

4. 创建切角长方体

切角长方体属于"扩展基本体"的一种，"扩展基本体"是标准基本体的复杂集合，其参数设置要比"标准基本体"的参数设置复杂。切角长方体其实就是长方体的一个复杂演变。在建筑设计中，使用切角长方体可以创建具有倒角或圆形边的长方体模型对象，如创建沙发、床、桌面等。

在"扩展基本体"选项的【对象类型】卷展栏中激活 切角长方体 按钮，如图 2-11 所示。在任意视图中拖曳鼠标以定义长方体的底部矩形尺寸，如图 2-12 所示。

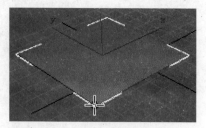

图 2-11 激活"切角长方体"按钮

图 2-12 定义底部矩形尺寸

释放鼠标后上下移动光标以定义长方体高度，如图 2-13 所示。单击确定高度，然后上下移动光标以定义圆角高度（向上移动可增加高度，向下方移动可减小高度），再次单击以完成切角长方体的创

建，如图 2-14 所示。

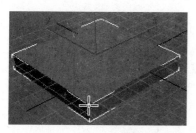
图 2-13　定义长方体高度

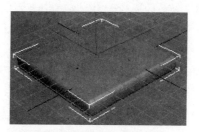
图 2-14　创建的切角长方体

以上主要学习了在建筑设计中常用的几个三维基本体对象的创建方法，下面继续学习修改三维基本体对象。其他三维基本体对象的创建方法，读者可以参阅其他书籍的讲解，在此不再讲解。

2.1.2　修改三维基本体对象

当创建一个三维基本体对象后，一般情况下都需要对其进行修改，以满足建筑设计要求。修改三维基本体对象时，首先选择该对象，然后单击命令面板中的 "修改" 按钮进入【修改】面板。3ds max 2009 系统为每一个模型对象都设置了【参数】卷展栏，在【参数】卷展栏下更改模型的原始参数，如长度、宽度、高度、半径以及圆角角度等，使其达到建筑设计的要求。

下面分别对其进行讲解。

1. 修改长方体

Step 1　在视图中选择创建的长方体对象，单击命令面板中的 "修改" 按钮进入【修改】面板，如图 2-15（左）所示。展开其【参数】卷展栏，如图 2-15（右）所示。

图 2-15　修改 "长方体" 的操作

Step 2　在 "长度"、"宽度"、"高度" 输入框中设置长方体对象的长度、宽度和高度，其单位取决于系统单位设置。

Step 3　在 "长度分段"、"宽度分段"、"高度分段" 输入框中设置沿着对象每个轴的分段数量。

　　提示：增加 "分段" 设置可以使对象在添加修改器修改时的影响更为明显，如果要对长方体进行变形修改，则可以在 "长度分段"、"宽度分段" 和 "高度分段" 输入框中分别设置合适的参数；如果不对长方体进行变形修改，则 "长度分段"、"宽度分段" 和 "高度分段" 值采用系统默认（或设置为 1），这样可以减少建筑模型的面数，对后期渲染和制作建筑动画大有好处。

2. 修改圆柱体

Step 1　在视图中选择圆柱体对象，单击命令面板中的 "修改" 按钮进入【修改】面板，展开其【参数】卷展栏，如图 2-16 所示。

Step 2　在 "半径" 输入框中设置圆柱体的半径；在 "高度" 输入框中设置圆柱体的高度，如果输入负数值，将在构造平面下面创建圆柱体。

Step 3　在 "高度分段" 输入框中设置沿着圆柱体主轴的分段数量；在 "端面分段" 输入框中设置围绕圆柱体顶部和底部的中心的同心分段数量；在 "边数" 输入框中设置圆柱体周围的边数。

Step 4　启用 "平滑" 选项时，"边数" 值越大着色和渲染时为真正的圆，如图 2-17（左）所示。禁用 "平滑" 时，"边数" 值越小将创建规则的多边形对象，如图 2-17（右）所示。

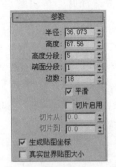

图 2-16　圆柱体【参数】卷展栏

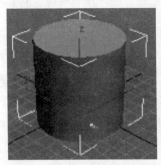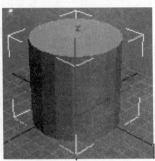

图 2-17　"平滑" 效果比较

　提示："平滑" 是将圆柱体的各个面混合在一起，从而在渲染视图中创建平滑的外观。另外，勾选 "切片启用" 选项后，可以在 "切片从" 和 "切片到" 输入框中输入切片的参数。对于这两个设置，正数值将按逆时针移动切片的末端；负数值将按顺时针移动切片的末端。这两个设置的先后顺序无关紧要。端点重合时，将重新显示整个圆柱体。用户可以使用此选项在两个拓扑之间切换。

3. 修改球体

Step 1　选择球体对象，单击命令面板中的 【修改】按钮进入【修改】面板，展开其【参数】卷展栏，如图 2-18 所示。

Step 2　在 "半径" 输入框中设置球体半径；在 "分段" 输入框中设置球体多边形分段的数目，该数值越大球体越光滑，反之球体不光滑。

Step 3　勾选 "平滑" 选项，将混合球体的面，从而在渲染视图中创建平滑的外观。

Step 4　在 "半球" 输入框中设置一个值，以创建部分球体。值的范围可以从 0.0 ~ 1.0。默认值是 0.0，可以生成完整的球体，如图 2-19（左）所示。如果设置为 0.5 可以生成半球，如图 2-19（右）所示。设置为 1.0 会使球体消失。

　提示：球体的 "切片" 效果与圆柱体的 "切片" 效果相同，在此不再赘述。另外，球体的其他设置比较简单，读者可以自己尝试操作，在此不再讲解。

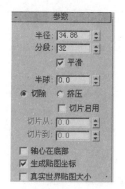

图 2-18 球体【参数】卷展栏

图 2-19 "半球"效果

4. 修改切角长方体

切角长方体除了具有长方体的所有参数设置之外，还增加了一个"圆角"和"圆角分段"设置，用来产生切角效果。其【参数】卷展栏如图 2-20 所示。

Step 1 在"长度"、"宽度"、"高度"选项中可设置"切角长方体"的相应维度。

Step 2 在"圆角"选项中可设置切角边的圆滑效果，值越高，边上的圆角将更加精细。

Step 3 在"长度分段"、"宽度分段"、"高度分段"选项中可设置沿着相应轴的分段数量。

Step 4 在"圆角分段"选项中可设置圆角边的分段数，添加圆角分段将增加圆形边。

Step 5 勾选"平滑"选项，将混合面的显示，从而在渲染视图中创建平滑的外观。图 2-21 所示为修改前和修改后的效果比较。

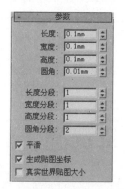

图 2-20 切角长方体的【参数】卷展栏

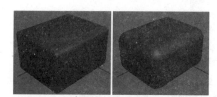

图 2-21 修改切角长方体的效果比较

提示：如果不对"切角长方体"添加修改器，最好设置其"长度分段"、"宽度分段"、"高度分段"数值为 1，这样可以减少对象的面片数，以增速重画以及最后的渲染速度。

2.1.3 修改三维基本体建模

除了对三维基本体进行简单的参数修改之外，在大多数情况下需要为三维基本体添加相关修改器进行修改，以制作复杂的建筑模型。在建筑设计中，常用的三维基本体的修改器有【编辑多边形】修改器和【布尔】复合对象修改，下面针对【编辑多边形】修改器进行详细讲解，【布尔】复合对象将通过具体案例进行介绍。

【编辑多边形】修改器是一个三维模型编辑工具，它提供用于选定对象的不同子对象层级的编辑，包括：顶点、边、边界、多边形和元素，如图 2-22 所示。

【编辑多边形】修改器包括"可编辑多边形"对象的大多数功能，另外，由于它是一个修改器，所以可保留对象创建参数并在以后更改。

在使用【编辑多边形】修改器时，可以在【编辑多边形模式】卷展栏下选择编辑模式，包括"模型"模式和"动画"模式，如图 2-23 所示。

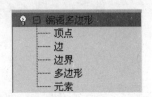

图 2-22 【编辑多边形】修改器的内容　　　　图 2-23 选择编辑模式

"动画"模式主要是用于动画效果的编辑设置，在此不作讲解。下面通过制作一个"窗户"的简单实例，学习【编辑多边形】修改器在"模型"模式下的各参数设置及应用方法。

1. 应用【编辑多边形】修改器

Step 1 在透视图中创建"长度"为 240、"宽度"为 200，"高度"为 10、"长度分段"为 2、"宽度分段"为 3、"高度分段"为 1 的长方体。

Step 2 将光标移动到透视图的名称位置右击，执行【边面】命令显示对象的边面，便于对其进行编辑。

Step 3 进入【修改】面板，在"修改器列表"下选择【编辑多边形】修改器，将该修改器添加给当前模型对象。

2. 编辑"顶点"

"顶点"是空间中的点，它们可定义组成多边形对象的其他子对象的结构。当移动或编辑顶点时，它们形成的几何体也会受影响。顶点也可以独立存在，这些孤立顶点可以用来构建其他几何体，但在渲染时，它们是不可见的。

Step 1 在【选择】卷展栏中激活 ∴ "顶点"按钮进入"顶点"层级，如图 2-24 所示。此时模型对象显示其顶点，如图 2-25 所示。

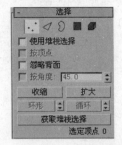

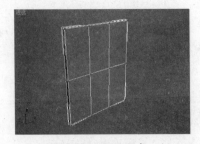

图 2-24 进入"顶点"层级　　　　图 2-25 显示顶点

提示：在"修改器堆栈"中单击【编辑多边形】修改器前面的"+"将其展开，然后单击"顶点"进入顶点层级，或者直接按数字键 1 进入顶点层级。

Step 2 取消勾选【选择】卷展栏中的"忽略背面"选项，在前视图使用窗口选择对象的方法选择中间的一排水平点，如图 2-26 所示。然后沿 y 轴将其向下移动到合适位置，如图 2-27 所示。

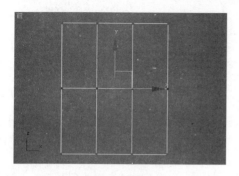

图 2-26　选择顶点

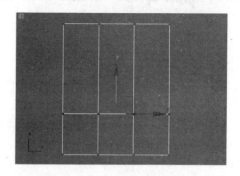

图 2-27　向下移动顶点

 提示：在选择子对象时勾选"忽略背面"选项可以忽略背面的子对象使其不被选择，取消勾选该选项，将会连同背面的子对象一同选择。

向上推动修改面板，展开【编辑顶点】卷展栏，如图 2-28 所示，在该卷展栏中，可以对顶点进行移除、删除、挤出、焊接、切角等操作。

单击　移除　按钮可以移除一个或多个选择的顶点，然后对网格使用重复三角算法，使表面保持完整，如图 2-29 所示。如果按 Delete 键删除，那么依赖于那些顶点的多边形也会被删除，这样就在网格中创建了一个洞，如图 2-30 所示。

图 2-28　【编辑顶点】卷展栏

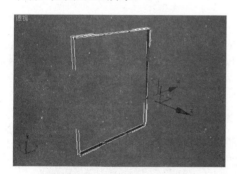

图 2-29　移除顶点后的结果

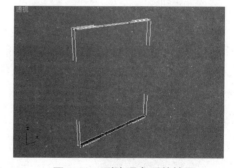

图 2-30　删除顶点后的结果

 提示：需要注意的是，使用"移除"可能导致网格形状变化并生成非平面的多边形。

单击　挤出　按钮旁边的　□"设置"按钮，打开【挤出顶点】对话框，通过设置"挤出高度"和"挤出基面宽度"可以使顶点沿法线方向移动，并且创建新的多边形，形成挤出的面，将顶点与对象相连。挤出对象的面的数目，与原来使用挤出顶点的多边形数目一样。图 2-31 所示为设置的挤出参

数，如图 2-32 所示为挤出结果。

图 2-31　设置挤出参数

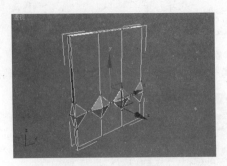

图 2-32　挤出结果

单击 焊接 按钮旁边的 ■ "设置" 按钮，打开【焊接顶点】对话框，通过设置参数可以在指定的公差范围之内将选中的顶点进行合并，所有边都会与产生的单个顶点连接。需要注意的是，如果焊接的顶点有各自的面，则不可以进行焊接。

在【编辑顶点】卷展栏单击 切角 按钮旁边的 ■ "设置" 按钮，打开【切角顶点】对话框，设置 "切角量" 量，如图 2-33 所示。可以将顶点进行切角，使其形成更多的切角面，如图 2-34 所示。

图 2-33　设置切角顶点参数

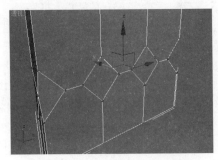

图 2-34　切角后形成的面

3. 编辑 "多边形" 子对象

"多边形" 子对象是通过曲面连接的三条或多条边的封闭序列，它提供 "编辑多边形" 对象的可渲染曲面，用于访问对象的多边形子对象层级，从中选择光标下的多边形子对象。

在【选择】卷展栏下激活 ■ "多边形" 按钮，进入 "多边形" 子对象层级，如图 2-35 所示。然后在视图中选择一个 "多边形" 子对象，如图 2-36 所示。

图 2-35　进入多边形层级

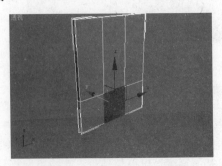

图 2-36　选择多边形一个面

提示：在"修改器堆栈"中单击【编辑多边形】修改器前面的"＋"按钮将其展开，单击"多边形"进入"多边形"子对象层级，或按数字键 4 进入"多边形"子对象层级。

向上推动【修改】面板，展开【编辑多边形】卷展栏，如图 2-37 所示。单击 <u>插入</u> 按钮旁边的 ■ "设置"按钮，打开【插入多边形】对话框，如图 2-38 所示。

图 2-37 【编辑多边形】卷展栏

图 2-38 【插入多边形】对话框

"插入"是执行没有高度的倒角操作，是在选定"多边形"的平面内执行该操作。在【插入多边形】对话框中设置参数，单击 <u>确定</u> 按钮即可对多边形进行插入，如图 2-39 所示。如单击 <u>应用</u> 按钮，将执行相同参数的第二次操作，如图 2-40 所示。

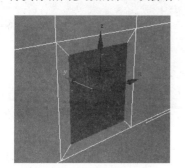

图 2-39　插入效果

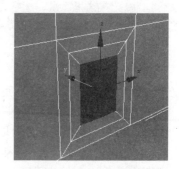

图 2-40　第二次插入效果

Step 1　继续上面的操作。勾选"忽略背面"选项，然后按住 Ctrl 键在前视图中选择所有多边形面，如图 2-41 所示。

Step 2　打开【插入多边形】对话框，勾选"按多边形"选项，设置"插入量"为 3.5，确认后制作出窗框，结果如图 2-42 所示。

图 2-41　选择多边形面

图 2-42　插入多边形面

Step 3 单击 挤出 按钮旁边的 ■ "设置"按钮，打开【挤出多边形】对话框，设置"挤出高度"为−5，如图 2-43 所示。

Step 4 单击 确定 按钮，通过"挤出"制作出窗户玻璃，如图 2-44 所示。

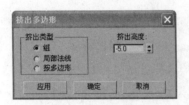

图 2-43 设置挤出高度

图 2-44 "挤出"窗户玻璃

挤出多边形面时，这些多边形将会沿着法线方向移动，然后创建形成挤出边的新多边形，从而将选择与对象相连。当设置"挤出高度"为正值时沿法线向外挤出；当"挤出高度"为负值时沿法线向内挤出。

 提示：选择"组"选项，挤出时以组的方式挤出；选择"局部法线"选项，挤出时以多边形面的局部法线进行挤出；选择"按多边形"选项，挤出时将按照多边形各自挤出。

4. 编辑"边"子对象

"边"是连接两个顶点的直线，它可以形成多边形的边。边不能由两个以上多边形共享。当按 Delete 键删除某边后，将会删除选定的边和附加到该边上的所有多边形，从而在网格中创建一个或多个孔洞。如果要删除边而不希望创建孔洞，可以使用 移除 按钮。

"边界"是网格的线性部分，通常可以描述为孔洞的边缘。它通常是多边形仅位于一面时的边序列。如果删除一个多边形面，那么该多边形面相邻的一行边会形成边界。

Step 1 继续上面的操作。激活【选择】卷展栏下的 ◁ "边"按钮，进入多边形的"边"层级，按住 Ctrl 键在视图中单击窗框的边，如图 2-45 所示。

Step 2 在【编辑边】卷展栏下单击 切角 按钮旁边的"设置"按钮，打开【切角边】对话框，如图 2-46 所示。

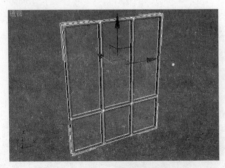

图 2-45 选择边

图 2-46 【切角边】对话框

Step 3　设置"切角量"为 1.5，单击 确定 按钮，切除窗框上的斜面，如图 2-47 所示。

> 提示：通过切角边，可以使直角边变为平滑边，设置的"切角量"越大，切角面越大。如果要将一个直角边切为平滑边，可以多次单击 应用 按钮进行多次切边。

Step 4　重新选择窗户外边，再次打开【切角边】对话框，设置"切角量"为 0.5，单击 应用 按钮，修改"切角量"为 0.1，最后单击 确定 按钮确认，对窗框外边进行切角。

Step 5　这样就完成了窗户模型的制作，对窗户模型进行快速渲染，结果如图 2-48 所示。

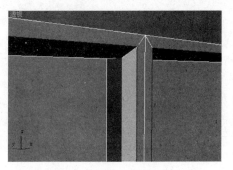

图 2-47　窗框内边切角

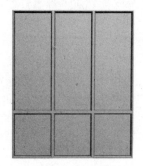

图 2-48　制作完成的窗户模型

　　【编辑多边形】修改器是一个功能强大的修改工具，其操作简单，功能齐备，可以说无所不能。由于篇幅所限，其他功能将在后面的章节中通过实例操作进行讲解。需要说明的是，除了为模型添加【编辑多边形】修改器之外，用户还可以将一个模型转换为"可编辑的多边形"物体，转换后模型的编辑方法与添加【编辑多边形】修改器完全相同，不同的是，转换后的模型将不能再修改其原始参数。

▎2.2▎ 实践应用

　　上一节学习了三维基本体的创建和修改，这一节应用所学知识制作"餐厅室内"模型和"住宅楼"室外模型两个工程案例。

2.2.1　任务（一）——制作餐厅室内三维模型

　　餐厅是主人就餐的场所，家庭就餐宜营造亲切、和睦的家庭用餐氛围，室内色彩应淡雅、温馨，同时，整体色调应与整个居室色调和谐、统一，避免色彩华丽，哗众取宠。这一节我们学习制作餐厅室内模型。

 **任务要求**

　　本工程项目是一个开放式餐厅的室内装修设计项目，餐厅面积在 10m^2 左右。客户提供了该户型的总平面布置图，项目要求设计并制作出该餐厅最终的装修效果图，作为餐厅最终装修施工的参考图纸，其他方面没有具体要求，完全交给设计师进行设计。

任务分析

对于室内装修设计来说，设计师在进行设计前，一般都会和客户进行交谈，主要是了解客户的兴趣、爱好、职业、习惯等，这对室内装修设计非常重要。因为室内装修设计是面对人的设计，最终的场所是要供主人活动的。如果不了解主人的习性、兴趣爱好等，设计师不可能设计出令主人满意的效果。

该工程项目是一个餐厅装修效果图，通过设计师与主人交谈得知，餐厅主人是一对年轻夫妇，属于城市白领阶层。两个人都没有什么特别的兴趣爱好，喜欢过平淡无奇的生活。对于餐厅的装修，主人没有特别的要求，以方便、舒适为宜。根据客户的要求，设计师打算在餐厅中间设置折叠式餐桌，在餐厅一侧设置可灵活移动的隔断，这样可以根据就餐人数的多少随时变换，这在居住面积紧凑的现代住宅中实用性更强。在墙面的设计上，正墙面设置一幅挂画，侧墙面设置搁物架，搁物架既可以用于放置一些小饰物，以营造舒适、方便的就餐环境，同时又可以装饰墙面。最后在餐厅墙角处绘制绿色植物，以烘托出温馨、舒适、和睦的家庭就餐气氛。

餐厅的设计虽然简单，但一定要调整好整个餐厅的家庭就餐气氛，切记不可将其设计成公共就餐场所。另外，在设计时一定要紧跟整套户型的设计风格，同时还要注重以人为本的设计理念。

完成任务

完成上面一系列的准备工作后即可开始设计，具体操作过程如下：

1. 制作墙体、地面模型

Step 1 启动 3ds max 2009 程序，并设置系统单位为"毫米"。

Step 2 使用【导入】命令，将"CAD"目录下的"总平面布置图.dwg"文件导入到 3ds max 2009 场景中，如图 2-49 所示。

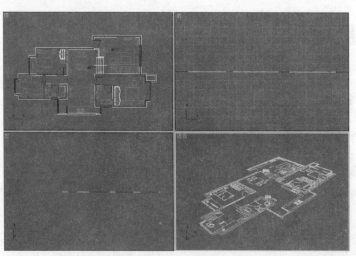

图 2-49　导入 CAD 图纸

提示：CAD 文件分为两种格式，一种是.dwg 格式，另一种是.dxf 格式，3ds max 对这两种格式的文件都认可。因此，只要是这两种格式的文件，都可以导入到 3ds max 中。

Step 3 使用【冻结】命令将导入的 CAD 文件冻结，使 CAD 文件在具体建模过程中不受其他操作影响。

Step 4 在顶视图中将餐厅平面图放大，然后沿餐厅正墙体创建"长度"为 3200，"宽度"为 240、"高度"为 3000 的长方体，将其命名为"正墙"，如图 2-50 所示。

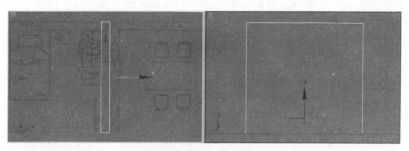

图 2-50 创建正墙

Step 5 设置角度捕捉为 90°，使用"旋转变换克隆"的方法，以"复制"的方式将"正墙"克隆为"侧墙"。

Step 6 进入【修改】面板，修改"侧墙"的"长度"为 3500，"宽度"为 240、"高度"为 3000，然后使用"移动变换"的方法，将侧墙沿 xy 轴调整到餐厅正墙位置，结果如图 2-51 所示。

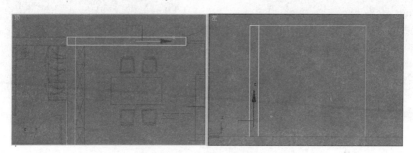

图 2-51 创建侧墙

Step 7 继续在顶视图中沿餐厅的侧墙和正墙位置创建"长度"为 3200、"宽度"为 3500、"高度"为 10 的长方体，将其命名为"地面"，结果如图 2-52 所示。

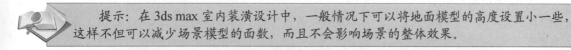
提示：在 3ds max 室内装潢设计中，一般情况下可以将地面模型的高度设置小一些，这样不但可以减少场景模型的面数，而且不会影响场景的整体效果。

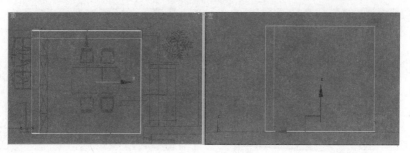

图 2-52 创建地面

2. 制作餐厅屋顶和吊顶模型

Step 1 在前视图中使用"移动变换克隆"的方法，将"地面"沿 y 轴正方向克隆到正墙上方，将其命名为"顶"。

Step 2 继续在前视图中使用"移动变换克隆"的方法，以"复制"方式将"正墙"沿 x 轴正方向克隆到正墙右边。

Step 3 进入【修改】面板，将其命名为"过梁"，然后修改"长度"为3200、"宽度"为400、"高度"为300。

Step 4 继续使用"移动变换克隆"的方法，以"实例"方式将"过梁"沿 x 轴正方向克隆到侧墙右边，将其命名为"过梁01"，然后将"过梁"和"过梁01"沿 y 轴正方向移动到顶下方，如图2-53所示。

Step 5 继续在左视图中使用"移动变换克隆"的方法，以"复制"方式将"侧墙"沿 x 轴正方向克隆到正墙右边。

Step 6 进入【修改】面板，将其命名为"过梁02"，并修改"长度"为3500、"宽度"为400、"高度"为300，然后将"过梁02"沿 y 轴正方向移动到顶下方，使其与"过梁"和"过梁01"对齐，如图2-54所示。

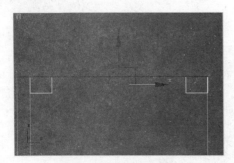
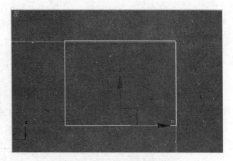

图 2-53 创建过梁01   图 2-54 创建过梁02

Step 7 在顶视图中沿"过梁"右边创建"长度"为3200、"宽度"为450、"高度"为100的长方体。

Step 8 进入【修改】面板，将长方体命名为"吊顶"，在前视图中将其沿 y 轴正方向移动到"顶"下方，如图2-55所示。

Step 9 使用"移动变换克隆"的方式将"吊顶"沿 x 轴正方向克隆到"过梁01"左边，将其命名为"吊顶01"，如图2-56所示。

图 2-55 创建"吊顶"   图 2-56 创建"吊顶01"

Step 10   设置角度捕捉为 90°，选择"吊顶"和"吊顶 01"模型，使用"旋转变换克隆"的方法，以"复制"方式克隆为"吊顶 02"和"吊顶 03"，完成吊顶的制作，如图 2-57 所示。

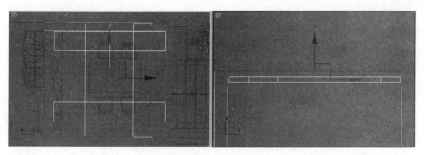

图 2-57   克隆吊顶

3. 制作侧墙搁物架

Step 1   在前视图中沿正墙右侧创建"长度"为 100、"宽度"为 400、"高度"为 2720 的长方体。

Step 2   进入【修改】面板，将长方体命名为"立柱"，然后在顶视图中将其沿 y 轴正方向复制为"立柱 01"，并移动到合适位置，如图 2-58 所示。

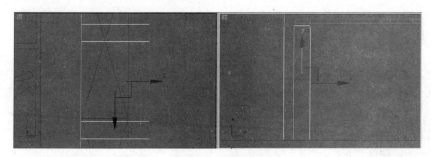

图 2-58   创建立柱

Step 3   在顶视图的立柱之间创建"长度"为 800、"宽度"为 300、"高度"为 100 的长方体。

Step 4   进入【修改】面板，将长方体命名为"射灯座"，然后在各视图中进行调整，使"射灯座"位于"过梁"下方和"正墙"右侧，如图 2-59 所示。

Step 5   在左视图中创建"长度"为 2700、"宽度"为 2400、"高度"为 5 的长方体。

Step 6   进入【修改】面板，将长方体命名为"明镜"，然后在各视图中调整其位置，使其位于正墙右侧，如图 2-60 所示。

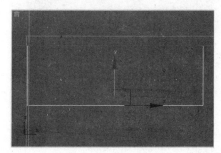

图 2-59   创建射灯座

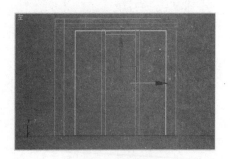

图 2-60   创建明镜

Step 7 在左视图靠近地面上方的位置创建"长度"为250、"宽度"为2400、"高度"为600、"圆角度"为3的切角长方体。

Step 8 进入【修改】面板，将切角长方体命名为"柜子"，然后在各视图中进行调整，使"柜子"与"明镜"和"正墙"对齐，如图2-61所示。

图2-61 创建柜子

Step 9 继续在顶视图中的"立柱"下方位置创建"长度"为700、"宽度"为400、"高度"为10、"圆角度"为3的切角长方体。

Step 10 进入【修改】面板，将切角长方体命名为"玻璃搁板"，然后在前视图中使用"移动变换克隆"的方法，沿 y 轴以"实例"方式将"玻璃搁板"克隆出3个，如图2-62所示。

图2-62 创建玻璃搁板

Step 11 选择所有的玻璃搁板，在左视图中继续使用"移动变换克隆"的方法，将其沿 x 轴负方向以"实例"方式克隆1个，如图2-63所示。

图2-63 克隆玻璃搁板

4. 合并模型并渲染场景

Step 1   使用【合并】命令将"场景文件"目录下的"餐桌"、"餐椅 01"、"筒灯 01"、"挂画"和"植物"合并到场景中，快速渲染透视图，结果如图 2-64 所示。

Step 2   为场景制作材质、设置相机、设置灯光，最后使用 V-Ray 渲染器进行渲染，结果如图 2-65 所示。

图 2-64　合并其他模型的效果 　　　　　　　　图 2-65　餐厅最终渲染效果

    提示：材质、灯光、摄像机以及渲染设置，将在后面的章节中进行详细讲解。读者可以解压"第 2 章线架"目录下的"餐厅室内装潢设计（材质）"压缩包，然后打开"餐厅室内装潢设计（材质）.max"文件进行查看。

归纳总结

这一节主要制作了餐厅室内场景中的墙体模型、侧墙搁物架模型以及屋顶和吊顶等模型。由于这些模型都非常简单，因此我们只使用了三维基本体来创建这些模型，其他室内模型，如餐桌、餐椅等则调用了已有的模型。这样做的目的是想通过该实例操作，让大家先了解使用 3ds max 2009 进行建筑设计的基本操作流程，为后面学习制作更为复杂的建筑模型奠定基础。

2.2.2   任务（二）——制作住宅楼三维模型

住宅建筑是供家庭日常居住的建筑物，是人们为满足家庭生活的需要而创造的人文环境。随着社会的发展，人们对住宅的要求已不再局限于最初简单的居住场所，而是将生活中的其他重要活动安排在住宅中进行。因此，在住宅建筑的设计中，不仅要考虑到住宅的多功能用途，还要充分考虑地域特点、人们的生活方式和风俗习惯等对建筑的不同要求，从而设计出符合人们工作和生活需要的住宅。

这一节我们来制作住宅楼三维模型。

任务要求

普通住宅楼多为 6～8 层，10 层以上的高层住宅一般属于高档住宅楼。但随着人们生活水平的不断提高，普通住宅楼与高档住宅楼无论是单元建筑面积，还是各种服务配套设施等方面已没有太大的区别。因此，在进行住宅楼设计时，无论是普通住宅楼还是高档住宅楼，都要特别注意环境的布置，例如周围环境的绿化、各种公共设施的摆放、游乐设施的完善等。

本工程项目是一个大型普通住宅小区的建筑项目，总建筑面积在 2 万平方米左右，共 10 栋楼，每栋楼层高为 6 层带阁楼，户型面积 75~90 平方米。任务要求依据 CAD 设计图，精确制作出该住宅楼的三维模型，为后面进行小区的整体规划设计做准备。

任务分析

严格来讲，使用 3ds max 进行建筑设计的人员，并不能算是真正意义上的设计人员，只能算是制图或绘图人员。所谓制图，其实就是指绘图人员根据具有一定资质的注册建筑设计人员所设计的建筑平面图，通过电脑技术手段制作出建筑三维模型，以供建筑施工或建筑装修做参考。因此，作为 3ds max 绘图人员，当拿到建筑图纸后，一定要先仔细分析图纸，了解设计人员的设计意图，同时还要了解建筑的基本结构，然后将设计师的真实设计意图精确、完整、立体的体现出来，决不能任意添加或删除任何东西，更不能随意更改设计图纸的单位和尺寸，这是作为一名 3ds max 绘图人员必须具备的基本素质。

本工程项目是一个普通住宅楼，客户并没有提供建筑总平面图，只提供了单体楼的相关图纸。通过分析客户提供的 CAD 图纸，发现该单体建筑层高为 6 层，每层高度约 3 米，人字型阁楼屋顶和落地大飘窗是这栋建筑的主要特点。除此之外，每层楼的窗户不论是尺寸还是外形都相同，这对制作该建筑模型提供了便利。制图人员可以先制作一层的所有模型，然后对一层所有模型进行克隆，制作出其他楼层模型，最后再单独制作阁楼模型和人字型屋面。这样不仅会大大减轻制作强度，同时还能保证模型的一致性与精确性。

完成任务

完成了上面一系列的准备工作之后，下面开始制作住宅楼三维模型。

1. 制作一层墙体模型

Step 1 执行【导入】命令，采用系统的默认设置将 "CAD" 目录下的名为 "住宅正立面.dxf" 和 "住宅侧立面.dxf" 文件导入到 3ds max 场景中。

Step 2 在前视图中将导入的 "住宅正立面.dxf" 文件沿 x 轴方向旋转 90°，在左视图中将 "住宅侧立面.dxf" 沿 z 轴和 y 轴分别旋转 90°，然后将 "住宅正立面" 和 "住宅侧立面" 图形移动到坐标原点位置对齐，如图 2-66 所示。

提示：导入的 CAD 文件是以俯视图的形式出现在各视图中的，不利于在 3ds max 中进行参考建模。因此，需要将导入的 CAD 图旋转并调整位置，使其以三维立面图的形式存在，这样才便于我们依照 CAD 文件创建三维模型。

下面先制作一层墙体模型。在建筑设计中，墙体的制作有很多种方法，可以创建矩形，加入轮廓后将其拉伸；可以绘制二维线形再进行拉伸；也可以用几何体通过布尔运算来创建。本案例中将采用创建几何体，再通过布尔运算来创建墙体模型，这样做的好处是建模速度快，缺点是模型的面数相对较多，也不利于后期对模型进行修改。

Step 3 将导入的 CAD 文件冻结，进入几何体创建面板，激活 管状体 按钮，在顶视图中创建 "半径 1" 为 8800、"半径 2" 为 8560、"高度" 为 2800、"边数" 为 4 的管状体，并将其沿 z 轴旋转 45°。

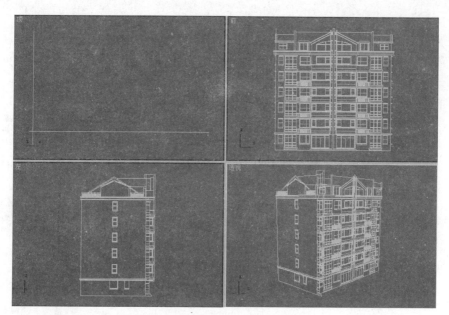

图 2-66　导入 CAD 文件

> 提示：将导入的 CAD 图纸冻结后，该图纸将不能进行任何修改，这样做的好处是在进行三维建模时不受影响。

Step 4　将该管状体命名为"一层墙体"。右击该对象，执行【转换为】／【转换为可编辑多边形】命令，将其转换为多边形对象。

Step 5　按数字键 1 进入多边形的"顶点"层级，在顶视图中选择右边顶点，将其向右移动到与"住宅正立面"图纸对齐的位置，如图 2-67 所示。

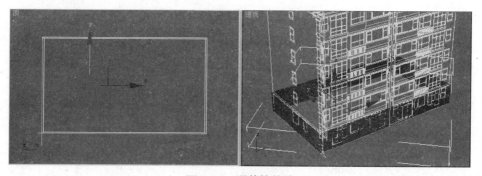

图 2-67　调整管状体

Step 6　激活主工具栏中的 ⬙ "捕捉开关"按钮，设置"顶点捕捉"模式。

Step 7　进入几何体创建面板，激活 `长方体` 按钮，配合"顶点捕捉"功能，分别在前视图和左视图中捕捉一层各窗户线的顶点，创建"高度"为 300 的长方体作为窗户洞的运算物体，如图 2-68 所示。

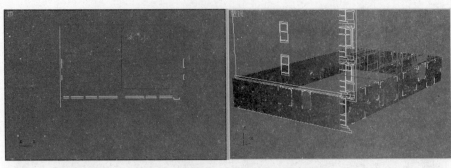

图 2-68　创建作为运算物体的长方体

 提示：由于"顶点捕捉"功能捕捉的是窗户线的顶点，因此不用考虑窗户运算物体的长度和宽度，只要设置长方体的高度大于墙体的厚度即可。一般情况下，墙体的厚度为240 个绘图单位。

Step 8　在顶视图中调整各长方体的位置，使其与墙体贯穿相交，然后选择任意一个长方体对象，在几何体的"复合对象"选项下激活 连接 按钮，在【拾取操作对象】卷展栏下激活 拾取操作对象 按钮，分别单击其他长方体，将其连接。

Step 9　退出连接操作，选择"一层墙体"对象，激活 布尔 按钮，在【拾取布尔】卷展栏下激活 拾取操作对象B 按钮，单击连接的长方体进行布尔运算，结果如图 2-69 所示。

图 2-69　布尔运算结果

 提示：由于客户没有提供住宅后立面图纸，建筑后立面墙的窗户位置不能确定，并且建筑设计一般只表现建筑正面和侧面效果，因此建筑后墙的细节可以忽略。但是，如果是制作建筑动画，则建筑的各个面都需要仔细表现。

2. 制作一层平面窗户模型

窗户最常用的制作方法是通过拉伸二维线来制作，窗户玻璃则使用长方体来制作。使用二维线制作窗户便于修改，但缺点是模型太多太杂，不利于以后材质和动画的制作。这一节将使用编辑多边形的方法制作窗户和玻璃，这样做的好处是制作的窗户更规范，同时还可以直接在窗户上编辑出玻璃，修改起来也很方便，最重要的是可以使整个模型更紧凑，为以后制作材质提供便利。

Step 1　将创建的"一层墙体"暂时隐藏。

Step 2　在前视图中一层墙体左边平面窗和门的位置，配合"顶点捕捉"功能创建高度均为 50 的三个长方体，如图 2-70 所示。

Step 3　进入【修改】面板，将左边的长方体命名为"小窗户"，修改其"长度分段"为 2，将

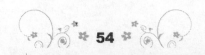

中间的长方体命名为"大窗户"，修改其"宽度分段"为 2；将右边的长方体命名为"门"，设置其"宽度分段"为 4，"长度分段"为 2，最后将三个长方体转换为多边形对象。

Step 4　选择小窗户，按数字键 4 进入多边形层级，在透视图中按住 Ctrl 键单击两个多边形面。

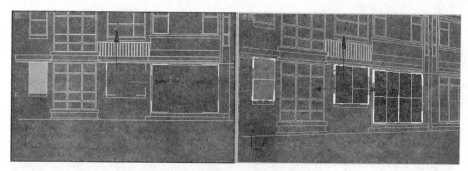

图 2-70　创建长方体

Step 5　在【编辑多边形】卷展栏下单击"倒角"旁边的 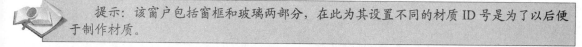 "设置"按钮，弹出【倒角多边形】对话框，勾选"按多变形"选项，设置"高度"为 0，"轮廓量"为 −30。

Step 6　单击 应用 按钮，然后调整"高度"为 −25，"轮廓量"为 −25。单击 确定 按钮确认，关闭【倒角多边形】对话框，结果如图 2-71 所示。

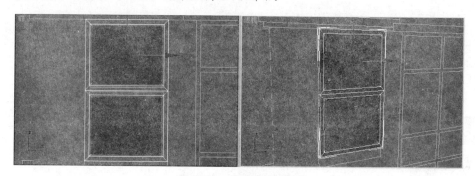

图 2-71　编辑多边形面

Step 7　调整透视图，显示出小窗户的背面，按住 Ctrl 键单击背面的多边形面。

Step 8　展开【多边形：材质 ID】卷展栏，设置当前选择的多边形面的 ID 号为 1，然后反选，设置其他多边形面的 ID 为 2。

> 提示：该窗户包括窗框和玻璃两部分，在此为其设置不同的材质 ID 号是为了以后便于制作材质。

Step 9　按数字键 1 进入"顶点"层级，在前视图中分别选择中间的顶点，依照 CAD 图纸调整顶点位置，使其与图纸尺寸匹配。

Step 10　使用相同的方法，编辑出"大窗户"和"门"的模型，同时为其设置材质 ID 号。

> 提示：在制作"大窗户"和"门"模型时，首先要在前视图中进入"顶点"层级，再根据 CAD 图纸调整顶点的位置，使其与图纸的位置相匹配。

3. 制作一层飘窗模型

飘窗不同于平面窗，它凸出墙面的。由于客户并没有提供平面图，因此在制作飘窗时要依据住宅侧立面和住宅正立面两幅 CAD 图纸定位飘窗的大小。

Step 1　隐藏制作完成的平面窗模型，然后解冻被冻结的"住宅侧立面"文件。

Step 2　首先制作飘窗的阳台模型。在左视图和前视图中依据飘窗阳台图形创建长方体，如图 2-72 所示。

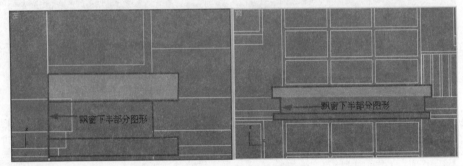

图 2-72　创建长方体

　提示：创建时可以在左视图中定位长方体的宽度和高度，在前视图中定位长度。

Step 3　将长方体转换为多边形对象，进入"多边形"层级，在透视图中选择下表面，打开【倒角多边形】对话框，设置"高度"为 0，"轮廓量"为 −100。

Step 4　单击 应用 按钮，然后调整"高度"为 250，"轮廓量"为 0，再次单击 应用 按钮，调整"高度"为 0，"轮廓量"为 100，继续单击 应用 按钮，调整"高度"为 100，"轮廓量"为 0，单击 确定 按钮确认，关闭【倒角多边形】对话框，结果如图 2-73 所示。

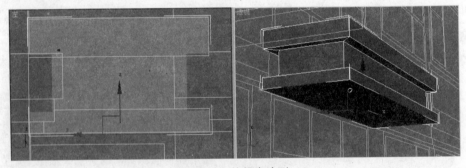

图 2-73　编辑多边形

Step 5　进入"顶点"层级，在左视图中依据 CAD 图纸对阳台左边的顶点进行调整，使阳台更符合设计要求。

Step 6　在顶视图中阳台的位置创建长和宽小于阳台、高度大于阳台的长方体作为布尔运算对象，然后在前视图中进行调整，使其与阳台上半部分相交，如图 2-74 所示。

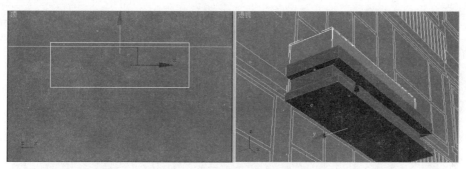

图 2-74　创建运算对象

提示：该长方体只是与阳台上半部分相交，而并非完全贯穿相交，否则布尔运算后阳台将缺少底部。

Step 7　依照制作一层墙体的方法进行布尔运算，制作出阳台模型，结果如图 2-75 所示。

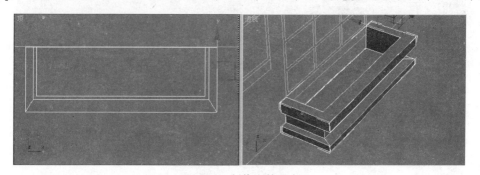

图 2-75　制作出的阳台

Step 8　在顶视图中创建"半径 1"为 1520、"半径 2"为 1450、"高度"为 2300、"高度分段"为 4、"边数"为 4 的管状体，并将其沿 z 轴旋转 45°，然后在前视图中调整其位置，使其与图纸对齐，如图 2-76 所示。

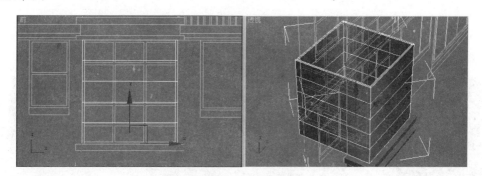

图 2-76　创建管状体

Step 9　将管状体命名为"飘窗"，然后将其转换为多边形对象，进入"顶点"层级。在前视图中调整顶点位置，使其在水平轴向上与图纸中的窗格对齐。

Step 10　激活【编辑多边形】卷展栏下的 切割 按钮，在透视图中沿图纸纵向进行切割，

并在前视图中调整切割后的线，使其与图纸对齐，如图 2-77 所示。

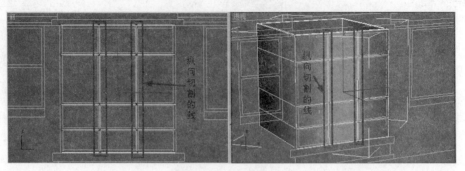

图 2-77　切割效果

Step 11　进入"多边形"层级，选择正面和两侧面的多边形面，打开【倒角多边形】对话框，"按多边形"的倒角类型，依照制作平面窗的方式进行倒角，制作出窗格和玻璃，如图 2-78 所示。

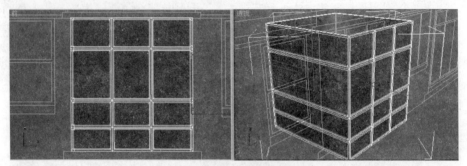

图 2-78　用倒角多边形制作飘窗

> 提示：编辑出窗格和玻璃后，要对其设置材质 ID 号。在设置材质 ID 号时，可以在顶视图中以全包围方式选择管状体里面的多边形面，使其与外部的玻璃为同一个 ID 号。

Step 12　进入"顶点"层级，分别在前视图和左视图中调整顶点，使窗格与图纸相匹配，然后在顶视图中选择上面的所有顶点，将其沿 y 轴向下移动到墙体处，如图 2-79 所示。

Step 13　进入"边"层级，继续选择上面的所有边并将其删除，完成飘窗的制作，结果如图 2-80 所示。

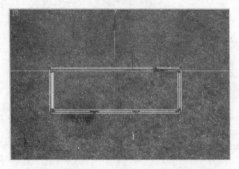

图 2-79　移动顶点位置

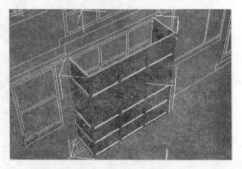

图 2-80　制作完成的飘窗效果

Step 14　将制作的"飘窗"隐藏，在顶视图中创建"长度"为 12210、"宽度"为 22441、"高度"为 200 的长方体，将其转换为多边形对象。

Step 15　在左视图中调整多边形对象位置，使其与一层楼顶图纸对齐，然后进入"多边形"层级，在透视图中选择长方体底面的多边形面，打开【倒角多边形】对话框，设置"高度"为 0，"轮廓量"为–30。

Step 16　单击 `应用` 按钮，调整"高度"为 105，"轮廓量"为 0。再次单击 `应用` 按钮，调整"高度"为 0，"轮廓量"为–40。继续单击 `应用` 按钮，调整"高度"为 50，"轮廓量"为 0，单击 `确定` 按钮确认，关闭【倒角多边形】对话框，完成一楼楼顶模型的制作。

Step 17　显示隐藏的模型，在前视图中选取所有窗户模型，使用"镜像克隆"对象的方法，将其沿 x 轴克隆到右边的窗户上。

Step 18　选择左边的小窗户，以"旋转变换克隆"对象的方法，将其旋转 90° 克隆到左侧墙的窗户上。

Step 19　依照前面制作窗户的方法，在左视图中制作出另一个窗户模型，然后在顶视图中选择左侧的两个窗户，将其镜像克隆到右侧墙上。

Step 20　在前视图中使用长方体创建出一层窗台模型，完成一层模型的创建。调整透视图观察效果，如图 2-81 所示。

图 2-81　一层模型效果

4．制作楼体和窗户模型

Step 1　依照创建一层墙体的方法，在顶视图中创建管状体，调整"高度"为 14100，然后将管状体沿一层左侧墙体和前墙体对齐。

Step 2　将该管状体命名为"楼体"，并转换为多边形物体。进入"顶点"层级，将右侧的顶点向右移动，使其与一层右侧墙体对齐。

Step 3　依照制作一层窗洞的方法，配合"顶点捕捉"功能，捕捉正立面和侧立面窗洞的顶点，创建作为布尔运算对象的长方体。

Step 4　将创建的长方体全部连接，然后以"楼体"作为运算物体。运算连接后的长方体，创建出楼体上的窗洞。

Step 5　下面继续制作二层飘窗。在左视图中创建"长度"为 101.5、"宽度"为 1423、"高度"为 3533 的长方体，在左视图和前视图中将其移动到二层飘窗的阳台上。

Step 6　将该长方体转换为多边形，进入"多边形"层级，选择长方体底面，打开【倒角多边形】对话框，设置"高度"为 0，"轮廓量"为–85。

Step 7 单击 [应用] 按钮，调整"轮廓量"为0，"高度"为585。再次单击 [应用] 按钮，调整"轮廓量"为75，"高度"为0。继续单击 [应用] 按钮，调整"高度"为305，"轮廓量"为0，单击 [确定] 按钮确认，关闭【倒角多边形】对话框，结果如图2-82所示。

Step 8 在顶视图中的阳台位置创建长方体作为布尔运算对象，在前视图中进行调整，使长方体与阳台上半部分相交。然后进行布尔运算，完成阳台的制作，如图2-83所示。

图2-82 倒角多边形结果

图2-83 布尔运算后的阳台

Step 9 依照编辑多边形创建窗户的方法，制作出二楼的飘窗模型，结果如图2-84（左）所示。

Step 10 使用长方体命令创建各窗户的上、下窗台，然后显示被隐藏的对象，综合应用"移动变换克隆"和"镜像克隆"方法对窗户模型进行克隆，结果如图2-84（右）所示。

图2-84 制作飘窗并进行克隆

5. 制作六层飘窗

根据设计图纸显示，六层的飘窗与其他层的飘窗有很大不同，下面继续制作六层的飘窗和玻璃模型。

Step 1 首先将五层的飘窗阳台复制到六层阳台位置，然后在顶视图中创建"半径1"为2445、"半径2"为2205、"高度"为1800、"高度分段"为1、"边数"为4的管状体，并将其沿z轴旋转45°。

Step 2 在前视图中将管状体调整到六层的飘窗位置上，与图纸对齐后转换为多边形对象。

Step 3 进入"边"层级，在顶视图中选择上面的边，如图2-85（左）所示。将选择的边删除，然后进入"顶点"层级。选择删除边后的顶点，将其向下移动到墙体上，如图2-85（右）所示。

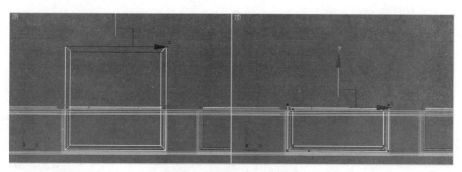

图 2-85　编辑多边形的效果

Step 4　继续进入"顶点"层级，在【编辑几何体】卷展栏下激活 `切割` 按钮，在透视图中依照六层飘窗图纸进行切割，如图 2-86 所示。

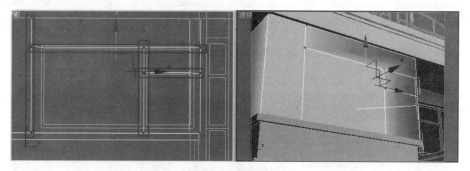

图 2-86　切割结果

> **提示：** 切割后要依据 CAD 图纸在前视图中对切割的边进行调整，使其与 CAD 图纸相吻合，否则编辑出的窗户不标准。

Step 5　进入"多边形"层级，按住 Ctrl 键选择切割后形成的多边形面，如图 2-87 所示。在【多边形：材质 ID】卷展栏下设置材质 ID 号为 1，然后执行【编辑】/【反选】命令，选择其他多边形面，设置材质 ID 号为 2。

Step 6　再次执行【编辑】/【反选】命令，然后在【编辑多边形】卷展栏下单击"挤出"旁的 □ "设置"按钮，打开【挤出多边形】对话框，参数设置如图 2-88 所示。

Step 7　单击 `确定` 按钮确认，关闭【挤出角多边形】对话框，然后单击"倒角"按钮旁的 □ "设置"按钮，打开【倒角多边形】对话框，参数设置如图 2-89 所示。

图 2-87　选择多边形面

图 2-88　"挤出多边形"对话框

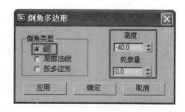

图 2-89　设置倒角参数

Step 8 单击 [应用] 按钮，修改另一组参数，如图 2-90 所示。

Step 9 单击 [应用] 按钮，重新设置参数，如图 2-91 所示。单击 [确定] 按钮确认，关闭【倒角多边形】对话框。

Step 10 在【多边形：材质ID】卷展栏下设置多边形面的材质ID号为3，制作完成的飘窗效果如图 2-92 所示。

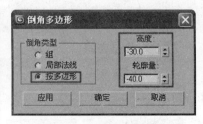

图 2-90　修改倒角参数　　　　图 2-91　设置倒角参数　　　　图 2-92　用倒角制作的飘窗

Step 11 在前视图中使用"镜像克隆"对象的方法，将制作的六层飘窗克隆到右边飘窗的位置上，完成六层飘窗的制作，结果如图 2-93 所示。

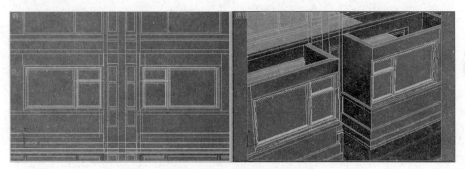

图 2-93　制作完成的六层飘窗

> 提示：由于六层飘窗与其他层飘窗的墙体、大窗框、小窗框以及玻璃均不同，因此对每一个对象所在的多边形面都要设置不同的材质ID号，否则最后制作材质时会很麻烦。

6. 六楼楼顶合并顶楼模型

Step 1 隐藏除 CAD 图纸之外的其他模型对象，在顶视图中创建"长度"为 13600、"宽度"为 22130、"高度"为 140、"宽度分段"为 3 的长方体，在左视图和前视图中将其与楼顶图纸对齐。

Step 2 将长方体转换为多边形对象，进入"边"层级，在顶视图中将长方体的宽分别向两边移动，使其位于飘窗的两边，如图 2-94 所示。

Step 3 进入"顶点"层级，在【编辑几何体】卷展栏下激活 [切割] 按钮，在顶视图中将长方体两边进行切割，如图 2-95 所示。

> 提示：切割时一定要在长方体的顶面、侧面和底面进行，如顶视图中不好切割，可在透视图中进行，然后在顶视图中对切割后的边进行调整，使切割后的边完全对齐。

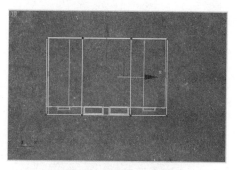

图 2-94　调整顶点位置

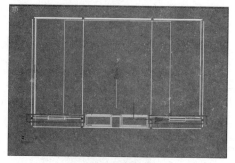

图 2-95　切割边

Step 4　在顶视图中框选长方体左右边角的顶点，如图 2-96 所示。将所选顶点删除，同时也删除该顶点所关联的多边形面，如图 2-97 所示。

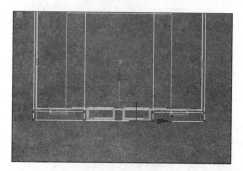

图 2-96　删除顶点

图 2-97　删除多边形面

Step 5　进入"边界"层级，在删除面后形成的左右两条边界上单击，然后单击【编辑边界】卷展栏下的　封口　按钮进行封口。

Step 6　隐藏除长方体和 CAD 图纸之外的其他对象，进入"多边形"层级，在透视图中选择长方体的底面多边形对象。

Step 7　打开【倒角多边形】对话框，参数设置如图 2-98 所示。单击　应用　按钮，对参数进行调整，如图 2-99 所示。

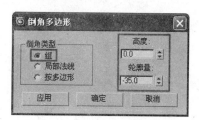

图 2-98　设置倒角参数

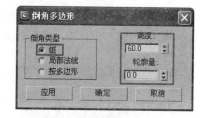

图 2-99　调整倒角参数

Step 8　单击　应用　按钮，调整参数设置，如图 2-100 所示。再次单击　应用　按钮，调整参数设置，如图 2-101 所示。

Step 9　单击　应用　按钮，调整参数设置，如图 2-102 所示。继续单击　应用　按钮，调整参数设置，如图 2-103 所示。

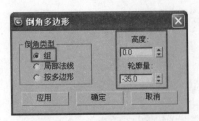

图 2-100 调整倒角参数 1

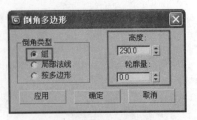

图 2-101 调整倒角参数 2

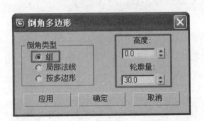

图 2-102 调整倒角参数 3

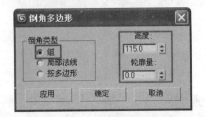

图 2-103 调整倒角参数 4

Step 10 单击 确定 按钮确认，关闭【倒角多边形】对话框，完成楼顶模型的制作，如图 2-104 所示。

图 2-104 制作完成的楼顶模型

Step 11 显示出所有隐藏对象，最后执行【合并】命令，合并"场景文件"目录下的"顶楼模型"组对象，在前视图和左视图中调整其位置，使其与 CAD 图纸对齐。

Step 12 调整透视图并进行快速渲染，结果如图 2-105 所示。

图 2-105 住宅楼模型渲染效果

归纳总结

这一节制作了住宅楼三维模型。住宅楼三维模型虽然看起来比较复杂，但是制作并不难。用户只要认真分析图纸，抓住模型结构的相同点，充分运用所学的建模知识，就会在很短时间内轻松完成该模型的制作。希望通过该三维模型的制作，使大家能养成一个良好的作图习惯，那就是在面对一个工程项目设计时，先不要急于动手制作，而是要认真分析图纸，找出模型的结构特点，规划好制作步骤后再开始制作，这样可以起到事半功倍的作用。

2.3 习题

2.3.1 单选题

01. 要创建具有方形底部的长方体，需要（　　）。

　　A. 按住 Alt 键　　　B. 按住 Ctrl 键　　　C. 按住 Shift 键　　　D. 按住 Shift＋C 组合键

02. 快速创建一个立方体的操作方法是（　　）。

　　A. 在【创建方法】卷展栏勾选"立方体"选项，在视图中拖曳

　　B. 按住 Shift 键在视图中拖曳

　　C. 按住 Ctrl 键在视图中拖曳

　　D. 按住 Ctrl＋Shift 组合键在视图中拖曳

03. 切角长方体除了具有长方体的所有参数设置之外，还增加了（　　）设置，用来产生切角效果。

　　A. "圆角"和"圆角分段"

　　B. "长度分段"和"圆角分段"

　　C. "长度分段"、"宽度分段"和"高度分段"

　　D. "圆角分段"

04. 修改一个长方体三维模型的原始参数，正确的操作是（　　）。

　　A. 选择长方体模型对象，进入【修改】面板 ，展开【参数】卷展栏进行修改

　　B. 选择长方体模型对象，使用"缩放变换"工具进行缩放修改

　　C. 选择长方体模型对象，进入"标准基本体"创建面板，激活"长方体"按钮，然后展开【参数】卷展栏进行修改

　　D. 选择长方体模型对象，为其添加【FFD】修改器后进行修改

2.3.2 多选题

01. 可以使用【编辑多边形】修改器编辑的对象类型为（　　）。

　　A. 所有三维模型　　　　　　　　　B. 所有二维图形

　　C. 所有 NURBS 物体　　　　　　　D. 闭合的二维图形

02. "可编辑多边形"对象的子对象是（　　）。

　　A. "顶点"和"边"　　　　　　　　B. "边"和"面"

C. "多边形"和"元素" D. "边界"

03. 进入一个多边形对象"顶点"层级的方法是（ ）。

　　A. 选择多边形对象，进入【修改】面板，单击【选择】卷展栏下的 ⁚∵ 按钮

　　B. 选择多边形对象，按数字键 1

　　C. 选择多边形对象，在"修改堆栈"下单击"顶点"层级

　　D. 选择多边形对象，按 F1 键

04. 选取一个圆柱体多边形对象一端的所有环形边，最快捷的方法是（ ）。

　　A. 进入多边形对象的"边"层级，激活选择工具，使用"窗口选择"对象的方法框选所有环形边

　　B. 进入多边形对象的"边"层级，选择一段环形边，然后单击【选择】卷展栏下的"循环"按钮

　　C. 进入多边形对象的"边"层级，选择一段环形边，然后单击【选择】卷展栏下的"环形"按钮

　　D. 进入多边形对象的"边"层级，选择一段环形边，然后单击【选择】卷展栏下的"扩大"按钮

2.3.3　操作题

依照所学的三维建模方法，根据提供的住宅楼 CAD 图纸（"CAD"目录下的"住宅正立面.dxf"和"住宅侧立面.dxf"）制作住宅楼顶楼模型，最终效果如图 2-106 所示。

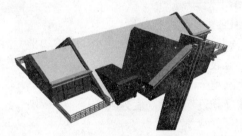

图 2-106　住宅楼顶楼模型

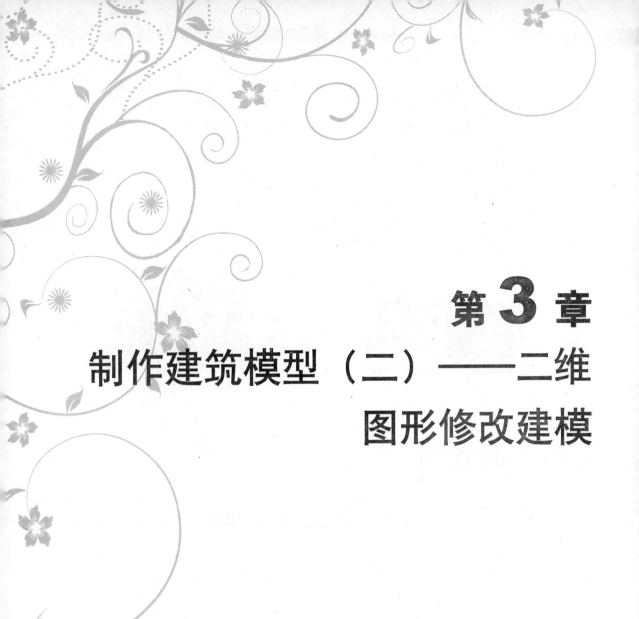

第3章
制作建筑模型（二）——二维
图形修改建模

在建筑设计中，根据建筑物的功能、用途以及所处的周围环境等，建筑物的模型往往复杂多变，其模型的制作也比较复杂。在 3ds max 2009 建筑设计中，使用三维基本体通常并不能完成一栋建筑物的所有模型。在大多数情况下，还需要使用 3ds max 2009 中二维图形的强大建模功能制作更为复杂的建筑模型。使用二维图形建模，不仅可以快速完成更复杂的三维建筑模型的制作，而且对模型的修改也更为方便、简单。同时，使用二维图形所创建的建筑模型，其模型精度要比使用三维基本体创建的更高，其面数也要比使用三维基本体创建的更少，这对制作模型材质、渲染输出、后期场景处理以及制作建筑动画等都有好处。

这一章将通过图 3-1 所示的"别墅一层建筑模型"和图 3-2 所示的"别墅二层建筑模型"两个工程案例，重点学习使用二维图形编辑创建建筑模型的方法。

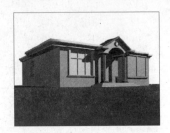

图 3-1　别墅一层建筑模型

图 3-2　别墅二层建筑模型

█3.1█ 重点知识

二维图形是由一条或多条曲线或直线组成的图形对象。图形常被用于充当三维对象的轮廓或创建三维对象时的路径或截面。大多数默认的二维图形是由样条线组成的，这些由样条线组成的图形对象，其编辑和修改都较为简单。

3ds max 2009 提供了"样条线"、"扩展样条线"和"NURBS 曲线"三种类型的二维线图形对象。在建筑设计中，通过对这些二维图形对象的编辑和修改，可以快速完成建筑模型的设计制作。

这一节只详细介绍对在建筑设计中较常用的"样条线"二维图形对象的创建、编辑，对于其他二维图形对象的创建与编辑，读者可以参阅其他相关书籍。

3.1.1　创建二维图形

3ds max 2009 共包括 11 种基本二维图形对象。单击【命令】面板上的 ⬚ "创建"按钮进入【创建】面板，单击 ⬚ "图形"按钮，在其下拉列表中选择"样条线"选项，如图 3-3 所示。在【对象类型】卷展栏下即可显示"样条线"的所有对象，如图 3-4 所示。

图 3-3　选择"样条线"选项

图 3-4　样条线对象按钮

所有"样条线"对象的创建方法基本相同，下面介绍在建筑设计中常用的样条线对象。

1．创建"线"

"线"是由多段自由形式样条线组成的二维图形对象。"线"也称为"线形"样条线，是"样条线"对象中最常用的一种，常用于充当三维模型的轮廓、路径、截面等，也可以通过设置"可渲染"属性，充当三维模型。

Step 1　在【对象类型】卷展栏下激活 线 按钮，如图 3-5 所示。

Step 2　展开【创建方法】卷展栏，选择一种创建方法，如图 3-6 所示。

图 3-5　激活"线"按钮　　　　　　　　　　　　　　图 3-6　选择创建方法

- 初始类型：即开始绘制时线形顶点的类型，包括"角点"和"平滑"。选择"角点"，将产生一个尖端；选择"平滑"，将通过顶点产生一条平滑、不可调整的曲线，通过顶点的间距可设置曲率的数量。

- 拖动类型：即线形结束时顶点的类型，包括"角点"、"平滑"和"Bezier"。选择"Bezier"，将通过顶点产生一条平滑、可调整的曲线，通过在每个顶点拖曳鼠标来设置曲率的值和曲线的方向。

Step 3　选择"初始类型"为"角点"，"拖动类型"为"Bezier"，在视图中单击鼠标确定线的起点，如图 3-7 所示。

Step 4　移动光标到合适位置单击并拖曳创建"Bezier"角点，依此方法创建一段样条线，如图 3-8 所示。

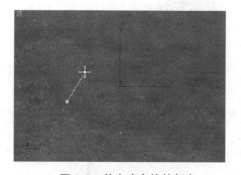
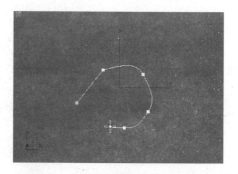

图 3-7　单击确定线的起点　　　　　　　　图 3-8　在合适位置拖曳光标创建线

提示：右击可结束线的创建；将光标移动到起点位置单击，此时弹出【样条线】提示栏，询问是否闭合样条线，单击 是(Y) 按钮即可创建闭合样条线。

2. 矩形的创建与修改

"矩形"是规则的方形或带有圆角效果的矩形样条线图形。与"线"一样，"矩形"也常用于充当三维模型的轮廓、路径、截面等，也可以通过设置"可渲染"属性，充当三维模型。

Step 1 在【对象类型】卷展栏下激活 矩形 按钮，在视图中拖曳光标，即可创建任意大小的矩形，如图 3-9 所示。

Step 2 进入【修改】面板，展开其【参数】卷展栏，其中可以修改矩形的参数，如图 3-10 所示。

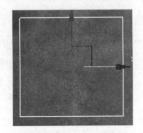

图 3-9　创建矩形　　　　　　　　　　　　图 3-10　修改矩形

Step 3 通过"长度"选项可设置矩形的长度参数，其单位取决于场景的单位设置。

Step 4 通过"宽度"选项可设置矩形的宽度参数，其单位取决于场景的单位设置。

Step 5 通过"角半径"选项可设置矩形的圆角半径，使矩形具有圆角效果，参数越大，矩形的圆角效果越明显。图 3-11 所示为"角半径"分别为 5 和 10 时的效果。

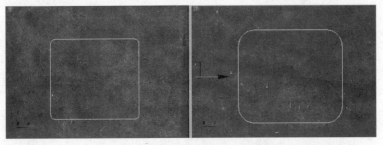

图 3-11　设置"角半径"的效果比较

3. "圆"的创建与修改

"圆"是由四个顶点组成的闭合圆形样条线。与"线"一样，"圆"也常用于充当三维模型的轮廓、路径、截面等，也可以通过设置"可渲染"属性，充当三维模型。

Step 1 在【对象类型】卷展栏激活 圆 按钮，在视图中拖曳光标，即可创建任意大小的圆，如图 3-12 所示。

Step 2 进入【修改】面板，展开【参数】卷展栏，通过设置"半径"参数可以修改圆的大小，如图 3-13 所示。

4. "弧"的创建与修改

"弧"是由四个顶点组成的打开或闭合的弧形样条线。与"线"一样，"弧"也常用于充当三维模型的轮廓、路径、截面等，也可以通过设置"可渲染"属性，充当三维模型。

Step 1 在【对象类型】卷展栏下激活  按钮，展开【创建方法】卷展栏，选择一种创建方法，如图 3-14 所示。

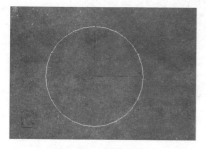

图 3-12 创建的圆　　　　图 3-13 设置圆的半径　　　图 3-14 弧的【创建方法】卷展栏

Step 2 选择"端点－端点－中央"创建方式，首先在视图中单击确定弧的起点，然后将光标拖曳到合适位置单击，确定弧的终点，如图 3-15（左）所示。释放鼠标左键后向上或向下移动光标确定弧的半径，如图 3-15（中）所示。单击鼠标完成弧的创建，如图 3-15（右）所示。

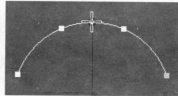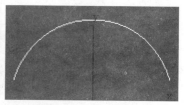

图 3-15 使用"端点－端点－中央"方式绘制弧的操作

Step 3 选择"中间－端点－端点"创建方式，在视图中单击鼠标确定弧的中心，将光标向左或向右拖曳到合适位置单击，确定弧的终点或起点，如图 3-16（左）所示。释放鼠标左键水平移动确定弧上的其他点，如图 3-16（中）所示。单击鼠标完成弧的创建，如图 3-16（右）所示。

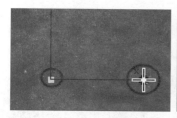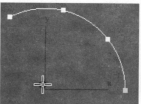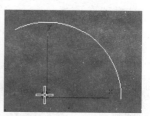

图 3-16 使用"中间－端点－端点"方式绘制

> 提示："端点－端点－中央"方式是首先确定弧的端点和终点，然后确定弧的半径，而"中间－端点－端点"方式是首先确定弧的中心，然后确定弧的终点，最后确定弧的起点。

Step 4 进入【修改】面板，在【参数】卷展栏中更改弧的各参数，如图 3-17 所示。

Step 5 通过"半径"选项更改弧形的半径；在"从"选项中设置从局部正 x 轴测量角度时指定弧的起点位置；在"到"选项中设置从局部正 x 轴测量角度时指定弧的端点位置。

Step 6 勾选"饼形切片"选项后，以扇形形式创建闭合样条线，由起点和端点将中心与直分

段连接起来，如图 3-18 所示。

图 3-17　修改弧的参数

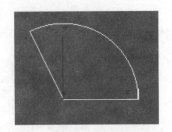

图 3-18　弧的饼形效果

3.1.2　二维图形的"可渲染"属性

3ds max 2009 中的所有二维图形都有相同的"可渲染"属性，通过在【渲染】卷展栏中设置"可渲染"，就可以使二维图形对象具有三维模型的外观特征，下面以"矩形"为例，学习二维图形"可渲染"属性的设置方法。

Step 1　首先在视图中创建一个矩形对象，如图 3-19 所示。

Step 2　进入【修改】面板，展开其【渲染】卷展栏，勾选"在渲染中启用"、"在视口中启用"以及"径向"选项，同时设置"厚度"为 15、"径向"为 20，"角度"为 0，如图 3-20 所示。创建二维矩形的圆柱体三维模型效果，如图 3-21 所示。

> 提示："厚度"决定图形的粗细，类似于圆柱体的"半径"设置；"边数"决定图形的平滑程度，类似于圆柱体的"边数"设置；"角度"可以调整图形横截面的旋转位置，不同厚度、边数以及角度的设置将产生不同的图形效果。

Step 3　重新勾选"矩形"选项，然后设置"长度"、"宽度"等参数，创建矩形的长方体三维模型效果，如图 3-22 所示。

Step 4　在"角度"选项中设置参数，以改变图像横截面的角度，使图形产生倒角效果，如图 3-23 所示。

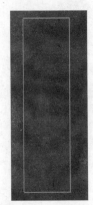

图 3-19　创建矩形　图 3-20　设置【渲染】　图 3-21　设置参数　图 3-22　长方体三　图 3-23　倒角效果
　　　　　　　　　　　　　　参数　　　　　　　　　后的效果　　　　　维模型

3.1.3　编辑样条线

在"样条线"对象中，"线"是一种"可编辑的样条线"，它提供了将对象作为样条线并以"顶点"、"线段"和"样条线"三个子对象层级进行操纵的控件，通过对这三个子对象的操作，从而改变样条线的形状，使其成为复杂模型的截面或轮廓。除了"线"之外的其他二维图形都不属于"可编辑的样条线"，在进行编辑操作中，需要对其添加【可编辑样条线】修改器，或转换为"可编辑的样条线"，才能进入其子对象进行编辑。将其他二维图像转换为"可编辑的样条线"对象的方法非常简单，只要右击该对象，执行【转换为】/【转换为可编辑样条线】命令即可。下面以"线"为例，重点学习可编辑样条线子对象的编辑方法。

1.　编辑样条线的"顶点"

在"可编辑样条线"对象中，"顶点"有 4 种类型，包括："Bezier 角点"、"Bezier"、"角点"和"平滑"。这 4 种类型的"顶点"是组成样条线对象的基本元素。下面学习编辑"顶点"的方法。

（1）移动和删除"顶点"

Step 1　在视图中绘制一段样条线，按数字键 1 进入"顶点"层级，在样条线上的顶点上单击，即可将其选择，被选择的"顶点"显示红色。

Step 2　使用移动工具可以将选择的"顶点"沿任意坐标移动到其他位置，如图 3-24 所示。

Step 3　如果按 Delete 键将该点删除，会删除连接该点的线段，如图 3-25 所示。

需要说明的是，不管是移动或删除顶点，都会影响样条线的形状。

（2）改变"顶点"类型

样条线中的每一个"顶点"都有可能属于"Bezier 角点"、"Bezier"、"角点"和"平滑"这 4 种类型之一，这 4 种类型的"顶点"将产生不同形状效果的样条线。在顶点上右击，会弹出快捷菜单，执行其中的命令，可以在这 4 种类型的顶点之间进行切换，如图 3-26 所示。

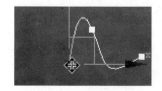 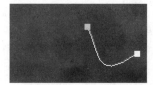 

图 3-24　移动顶点　　　图 3-25　删除"顶点"后的样条线形状　　　图 3-26　快捷菜单

- 平滑：可创建不可调节的平滑连续的曲线，其平滑处的曲率是由相邻顶点的间距决定的。
- 角点：可创建不可调节的锐角转角的曲线。
- Bezier：可创建带有连续的切线控制柄的"顶点"，可以沿 x、y、xy 轴调节控制柄，从而影响"顶点"两端的曲线形状，创建平滑曲线。顶点处的曲率由切线控制柄的方向和量级确定。
- Bezier 角点：可创建带有不连续的切线控制柄的"顶点"，可以沿 x、y、xy 轴调节控制柄，从而影响"顶点"一端的曲线，创建锐角转角曲线。线段离开转角时的曲率是由切线控制柄的方向和量级确定的。

图 3-27 所示依次为"平滑"点类型、"Bezier"点类型、"角点"类型和"Bezier 角点"类型。

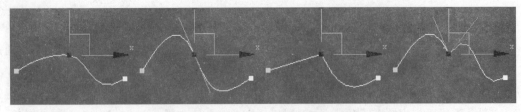

图 3-27　不同"顶点"类型的曲线效果

（3）焊接、连接、断开"顶点"

顶点与顶点之间可以进行焊接、连接或断开操作。下面通过一个简单的例子，讲解焊接、连接、断开"顶点"的方法。

Step 1　创建一个非闭合的样条线，选择样条线一端的一个"顶点"，展开【几何体】卷展栏，激活　连接　按钮，将光标移动到"顶点"上，光标显示为十字形状，如图 3-28 所示。

Step 2　按住鼠标左键将其拖到样条线另一端的"顶点"上，光标显示为"连接"图标，如图 3-29 所示。

Step 3　释放鼠标左键，连接两个"顶点"，此时开放的样条线被闭合，如图 3-30 所示。

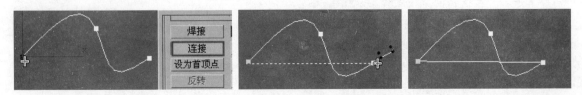

图 3-28　光标显示为十字形状　　　图 3-29　光标显示为"连接"图标　　图 3-30　顶点被连接

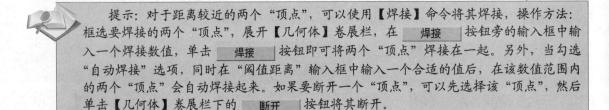

提示：对于距离较近的两个"顶点"，可以使用【焊接】命令将其焊接，操作方法：框选要焊接的两个"顶点"，展开【几何体】卷展栏，在　焊接　按钮旁的输入框中输入一个焊接数值，单击　焊接　按钮即可将两个"顶点"焊接在一起。另外，当勾选"自动焊接"选项，同时在"阈值距离"输入框中输入一个合适的值后，在该数值范围内的两个"顶点"会自动焊接起来。如果要断开一个"顶点"，可以先选择该"顶点"，然后单击【几何体】卷展栏下的　断开　按钮将其断开。

（4）设置"圆角"、"切角"顶点

使用"圆角"和"切角"命令，可以对一个"角点"类型的顶点设置圆角或切角。

Step 1　创建一个矩形对象，将其转换为"可编辑的样条线"对象。

Step 2　进入样条线的"顶点"层级，选择"角点"类型的顶点，在【几何体】卷展栏下激活　圆角　按钮。

Step 3　将光标移动到"顶点"上，光标显示为"圆角"图标，如图 3-31 所示，按住鼠标左键进行拖曳，"角点"被设置为"圆角"，如图 3-32 所示。

提示：可以对顶点进行切角处理，其操作与处理圆角效果相同，在此不再赘述。

图 3-31　光标显示为圆角图标

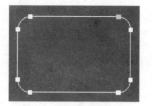

图 3-32　"圆角"效果

2. 编辑样条线的"线段"

两个"顶点"之间的线是"线段"。在进入"线段"层级时，可以选择一条或多条线段，并对其进行移动、旋转、缩放、删除、克隆等操作。

（1）"优化"与"插入"

Step 1　按数字键 2 进入样条线的"线段"层级，在视图中选择一条线段，被选中"线段"显示为红色。

Step 2　激活【几何体】卷展栏下的　优化　按钮，将光标移动到选择的"线段"上。此时，光标显示为"优化"图标，如图 3-33 所示。

Step 3　在"线段"上单击，每单击一次将添加一个顶点，如图 3-34 所示。

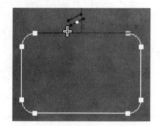

图 3-33　光标显示为"优化"图标

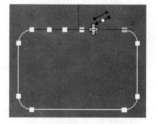

图 3-34　添加顶点

> 提示："优化"操作允许用户在"线段"上添加顶点，且无需更改样条线的曲率值。添加的"顶点"类型取决于要"优化"的线段端点上的顶点类型，例如，如果边界顶点都是"平滑"类型，"优化"操作将创建一个"平滑"类型的顶点。

（2）拆分、分离"线段"

【拆分】命令可以通过添加由微调器指定的"顶点"数来细分所选"线段"，而【分离】命令则可以将选择的"线段"从该样条线中分离出来，成为独立存在的样条线。

Step 1　选择一段"线段"，展开【几何体】卷展栏，在　拆分　按钮右边的输入框中输入拆分的"顶点"数，如图 3-35 所示。

Step 2　单击　拆分　按钮，此时"线段"上添加了 10 个"顶点"，"线段"被拆分为 11 段，如图 3-36 所示。

Step 3　选择另一段"线段"，展开【几何体】卷展栏，在　分离　按钮旁选择一种分离的方式，例如勾选"复制"选项，如图 3-37 所示。

Step 4　单击　分离　按钮，弹出的【分离】对话框，在该对话框中为分离的线段命名，如图 3-38 所示。

图 3-35 设置拆分的顶点数

图 3-36 拆分后的"线段"

图 3-37 选择"分离"方式　　图 3-38 为分离对象命名

Step 5 单击 确定 按钮确认，选择的"线段"被分离并复制为副本。

3. 编辑样条线的"样条线"

（1）编辑"轮廓"

Step 1 按数字键 3 进入"样条线"层级，选择"样条线"。

Step 2 在【几何体】卷展栏下激活 轮廓 按钮，将光标移动到"样条线"上，光标显示为"轮廓"图标，如图 3-39 所示。此时按住鼠标左键拖曳，为"样条线"添加轮廓，如图 3-40 所示。

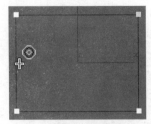

图 3-39 光标显示为"轮廓"图标

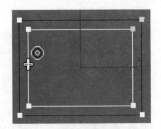

图 3-40 编辑"轮廓"后的效果

> 提示：通过编辑"轮廓"制作出"样条线"的副本，所有侧边上的距离偏移量由 轮廓 按钮右侧的微调器指定。选择样条线后，可以使用微调器动态地调整"轮廓"位置，也可以单击 轮廓 按钮后拖动样条线，两种方法都可以对"轮廓"进行设置。如果样条线是开口的，生成的"样条线"及其"轮廓"将是闭合的。

（2）2D "布尔" 操作

2D "布尔" 操作可以将两个闭合样条线在进行相加、相减或相交后，组合为一个新的图形对象。

执行 2D "布尔" 操作必须具备以下四个条件：

① 两个图形必须是附加的可编辑样条线图形。

② 两个图形必须是在同一平面内。

③ 两个图形必须是闭合的样条线图形。

④ 两个图形必须相交。

> 提示："附加"是指将以一个"可编辑的样条线"对象作为父物体，然后附加其他二维图形。操作方法：选择一个可编辑样条线对象，激活【几何体】卷展栏下的 附加 按钮，然后单击其他要附加的二维图形对象即可。

Step 1 在视图中绘制一个矩形和一个圆，并使两个对象相交，如图 3-41 所示。

Step 2 选择矩形并右击，在弹出的快捷菜单中执行【转换为】/【转换为可编辑样条线】命令，将矩形转换为可编辑的样条线。

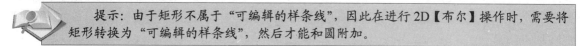
提示：由于矩形不属于"可编辑的样条线"，因此在进行 2D【布尔】操作时，需要将矩形转换为"可编辑的样条线"，然后才能和圆附加。

Step 3 进入【修改】面板，在【几何体】卷展栏下激活 ┃ 附加 ┃ 按钮，然后单击圆图形将其附加，如图 3-42 所示。

Step 4 按数字键 3 进入"样条线"层级，在视图中单击矩形，矩形显示为红色。

Step 5 在【几何体】卷展栏下激活 ┃ 布尔 ┃ 按钮，然后选择一种运算方式，有 ⊘ "并集"、⊘ "差集"以及 ⊘ "相交"。

- ⊘ 并集：将两个重叠样条线组合成一个样条线。在该样条线中，重叠的部分被删除，保留两个样条线不重叠的部分，构成一个样条线。

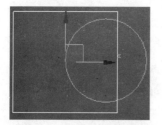
图 3-41 绘制的矩形和圆形

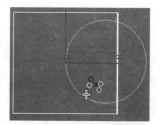
图 3-42 "附加"圆形

- ⊘ 差集：从第一个样条线中减去与第二个样条线重叠的部分，并删除第二个样条线中剩余的部分。
- ⊘ 相交：仅保留两个样条线的重叠部分，删除两者不重叠的部分。

Step 6 激活 ⊘ "并集"按钮，在视图中单击圆形进行"并集"的"布尔"操作。

Step 7 激活 ⊘ "差集"按钮，在视图中单击圆形进行"差集"的"布尔"操作。

Step 8 激活 ⊘ "相交"按钮，在视图中单击圆形进行"交集"的"布尔"操作。

"布尔"操作的最终效果如图 3-43 所示。

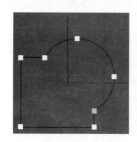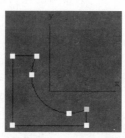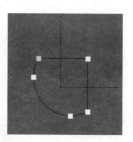

图 3-43 "布尔"操作的最终效果

3.1.4 二维图形编辑建模

在 3ds max 2009 建筑设计中，通过二维图形编辑创建建筑模型是较常用的手段。下面继续学习二维图形编辑建模的方法。

1. 使用【挤出】命令

"挤出"是指将二维图形沿其法线进行延伸，从而生成三维模型对象，该操作适用任意二维图形。在建筑设计中，通常使用【挤出】命令快速生成三维墙体模型。下面通过一个简单操作，学习【挤出】命令的使用方法。

Step 1　在视图中创建墙体截面图形，如图 3-44 所示。

Step 2　进入【修改】面板，在修改器列表中选择【挤出】修改器，展开其【参数】卷展栏，设置"数量"参数，生成三维墙体模型，如图 3-45 所示。

2. "放样"建模

"放样"是指将多个二维样条线图形（即截面）沿另一个二维样条线图形（即路径）"挤出"三维模型。要产生一个"放样"物体，至少需要两个以上的二维图形，这些二维图形可以是闭合的，也可以是开放的，其中一个作为路径，路径的长度决定了放样物体的深度，其他可以作为截面图形，截面图形用于定义放样物体的截面或横断面造型。

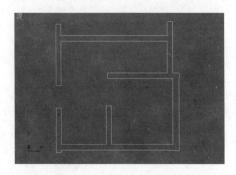

图 3-44　创建墙体截面图形

图 3-45　"挤出"墙体三维模型

在一个"放样"过程中，路径只能有一个，而截面可以是一个，也可以是多个，如图 3-46 所示。左图是有 4 个截面图形的放样效果，右图是只有一个截面图形的放样效果。

（1）"放样"的一般流程与创建方法

在建筑设计中，通常使用"放样"创建更为复杂的建筑模型，如欧式立柱、墙体装饰物等。"放样"操作可供设置的参数比较多，但是基本操作过程很简单，首先创建用于放样的截面图形（或路径图形），然后选择截面图形（或路径图形），进入【创建】面板，在 ◉ "几何体"下拉列表中选择"复合对象"选项，在【对象类型】卷展栏下激活　放样　按钮，并在【创建方法】卷展栏选择一种创建方法，如图 3-47 所示。

图 3-46　放样效果

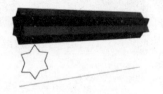

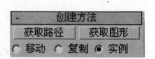

图 3-47　【创建方法】卷展栏

单击 获取路径 按钮，在视图中选择截面图形，可将截面指定给选定的路径进行"放样"操作；单击 获取图形 按钮，在视图中选择路径图形，可将路径指定给选定的截面进行"放样"操作。另外，可以选择使用"移动"、"复制"或"实例"的创建方法，选择"移动"，将不保留对象副本；选择"复制"或"实例"，将保留对象副本。一般情况下，如果"放样"后要编辑或修改路径及截面图形，应选择"实例"方式。

 提示： 如果要对放样对象进行参数设置，可以展开【曲面参数】卷展栏和【路径参数】卷展栏进行相关设置。这些设置比较简单，一般使用系统默认参数即可。

（2）"放样"对象的修改

修改"放样"对象有两种途径，一是在进行"放样"操作时，如果在【创建方法】卷展栏选择了"实例"方式进行放样，在修改"放样"对象时，就可以直接修改截面图形和路径图形的参数，从而修改"放样"对象；二是在修改堆栈下进入"放样"对象的子层级进行修改。下面主要讲解通过修改截面和路径参数修改"放样"对象的方法。

Step 1 创建截面图形和路径图形，以"实例"方式进行"放样"，生成放样对象，如图 3-48 所示。

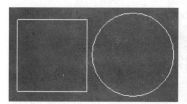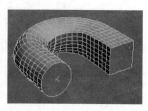

图 3-48 截面、路径及"放样"效果

Step 2 在视图中选择截面矩形，进入【修改】面板，修改矩形长度以及"圆角度"，使其产生圆角效果，如图 3-49（左）所示。此时"放样"对象发生变化，如图 3-49（右）所示。

Step 3 在视图中选择路径图形，进入路径的"顶点"层级，选择一个顶点并移动其位置，如图 3-50（左）所示。此时"放样"对象也发生了变化，如图 3-50（右）所示。

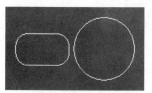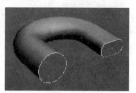

图 3-49 通过修改截面修改"放样"对象　　　图 3-50 通过修改路径修改"放样"对象

如果在进行"放样"时选择了"移动"或"复制"方式，这时可以进入"放样"对象的子层级进行修改。

Step 4 以"复制"方式创建放样对象，然后选择放样对象进入其【修改】面板，在修改堆栈展开"Loft"层级，激活"图形"选项。

Step 5 将光标移动到放样对象上，当光标显示为十字图标时单击截面，如图 3-51（左）所示。此时在堆栈下方显示出截面图形的名称，如图 3-51（右）所示。

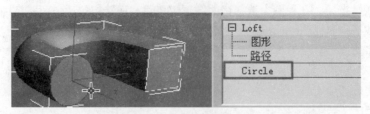

图 3-51　选择截面图形

Step 6　在堆栈中选择图形名称，展开图形【参数】卷展栏，修改图形参数，如图 3-52（左）所示。此时 "放样" 对象也被修改，如图 3-52（右）所示。

Step 7　路径的修改也可以使用同样的方法，在此不再讲解。

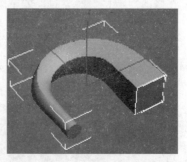

图 3-52　修改图形参数 "放样" 对象发生变化

（3）变形 "放样" 对象

通过对 "放样" 对象变形操作，可以使对象沿着路径 "缩放"、"扭曲"、"倾斜"、"倒角" 或 "拟合" 变形，从而制作更复杂的三维模型。

Step 1　运用【放样】命令创建图 3-53 所示的立柱。

图 3-53　创建的 "放样" 对象

Step 2　选择放样对象，进入【修改】面板，展开【变形】卷展栏，单击 缩放 按钮，如图 3-54（左）所示。打开【缩放变形】对话框，如图 3-54（右）所示。

　　提示：在该对话框中，用于 x 轴缩放的两条曲线为红色，而用于 y 轴缩放的曲线为绿色。

- 均衡：按下该按钮，锁定 xy 轴，此时可以沿 xy 轴缩放图形。
- ╱ ╲ ╳：这 3 个按钮分别表示 "显示 x 轴"、"显示 y 轴" 和 "显示 xy 轴"，按下哪个按钮将显示哪个轴线。
- 移动控制点：激活该按钮，可使用光标移动曲线上的控制点。

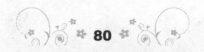

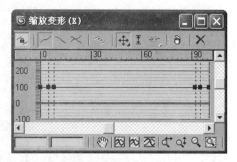

图 3-54 【变形】卷展栏和【缩放变形】对话框

- $\updownarrow$ 缩放控制点：激活该按钮，可使用光标缩放控制点。
- $\rightarrowtail$ 插入角点：激活该按钮，可使用光标在曲线上插入角点。
- θ 删除控制点：单击该按钮，删除当前选择的控制点。
- $\times$ 重置曲线：单击该按钮，使曲线恢复到初始状态。

> 提示：除了以上讲解的几个按钮之外，【缩放变形】对话框下方的按钮主要用于缩放、平移曲线，便于用户观察曲线的变形效果，这些按钮操作起来比较简单，在此不再讲解。

Step 3 使用放大工具将左端放大显示，激活 θ "均衡"按钮和 $\nearrow$ "显示 x 轴"按钮，然后激活 $\rightarrowtail$ "插入角点"按钮，在曲线上单击插入 2 个角点，如图 3-55（左）所示。

Step 4 激活 $\oplus$ "移动控制点"，选择添加的 2 个角点，在下方的"垂直数值"框中输入 160，如图 3-55（右）所示。

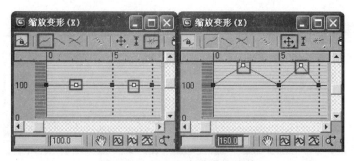

图 3-55 插入角点并进行调整

> 提示：在变形模型时应注意，默认曲线值为 100%，大于 100% 的值将使图形变得更大；介于 100% 和 0% 之间的值将使图形变得更小；而负值则缩放和镜像图形。在移动角点时可观察【缩放变形】对话框左下方输入框中的数值变化，也可以在该输入框中输入一个精确的数值进行精确变形。

Step 5 右击执行【Bezier-平滑】命令，然后拖动控制柄，调整曲线形态，如图 3-56（左）所示。

> 提示：在变形时，可随时观察视图中放样对象的变化，根据变化效果随时调整角点的位置，以便制作出满意的变形效果。

Step 6 关闭【缩放变形】对话框，变形后的对象效果如图 3-56（右）所示。

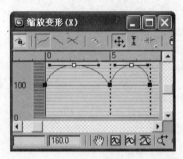

图 3-56　缩放变形放样对象

Step 7 使用相同的方法对放样对象的另一边进行变形，变形后的对象效果如图 3-57 所示。

图 3-57　缩放变形效果

Step 8 继续激活 扭曲 按钮，弹出【扭曲变形】对话框，激活 "插入角点" 按钮，在曲线上单击插入 2 个角点，如图 3-58 所示。

Step 9 激活 "移动控制点" 按钮，选择右边 2 个角点，在下方的 "垂直数值" 框中输入 180，如图 3-59 所示。

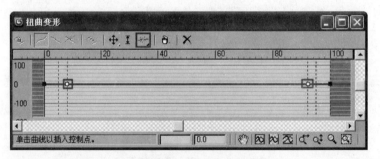

图 3-58　插入角点

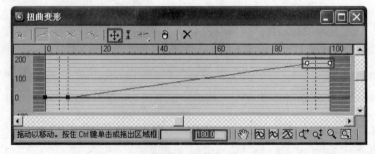

图 3-59　调整角点

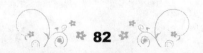

Step 10 关闭【扭曲变形】对话框，变形后的对象效果如图 3-60 所示。

图 3-60 扭曲变形效果

 提示：当关闭【缩放变形】和【扭曲变形】对话框后，在【变形】卷展栏下的 缩放 按钮和 扭曲 按钮后的 按钮显示为白色，表示应用当前的变形操作，如果单击该按钮，使其显示为灰色，表示不应用变形效果。

3.2 应用实践

别墅建筑既不同于普通住宅建筑，又有别于高层住宅或写字楼建筑。别墅从建筑结构上来分有独栋别墅和联排别墅，从建筑风格上来分有现代风格和古典欧式风格。就建筑外观和建筑环境而言，别墅建筑外观一般很注重整体结构和环境空间布局，一栋别墅建筑一般层高 2~4 层，占地面积较大，这主要是由别墅所特有的品质所决定的。在别墅的内部布局上，除了要保持个人相对独立空间的同时，也要使室内的布局具有一定的艺术性。

这一节将运用所学知识制作欧式独栋别墅的三维模型。

3.2.1 任务（一）——制作别墅一层建筑模型

本工程项目是制作一个欧式独栋别墅建筑。别墅层高为 2 层，总建筑面积约 400 平方米。这一节的主要任务是制作该别墅的一层建筑模型。

 任务要求

本工程项目是制作别墅一层的三维模型。任务要求根据 CAD 设计图纸，精确设计出该别墅一层的外墙、门楼、窗户等三维建筑模型，并很好地表现出该别墅一层典型的欧式外观效果。另外，别墅一层的内部结构模型可以不用制作。

 任务分析

通过对 CAD 设计图纸认真分析可以发现，该别墅一层总建筑面积为 200 平方米左右，一层的欧式门楼和大落地凸窗是其亮点，除此之外，其他结构都比较简单，主要包括一层外墙体、平面窗和一层屋面等。在具体制作过程中，应充分运用二维图形编辑建模及三维基本体修改建模等技巧，快速完成一层别墅建筑模型。

完成任务

下面开始制作别墅一层建筑模型，具体操作过程如下：

1. 制作别墅一层墙体模型

Step 1 启动 3ds max 2009 程序，并设置系统单位为"毫米"。

> 提示：CAD 建筑图纸一般采用"毫米"为制图单位，在 3ds max 建筑设计中，为了使制作的建筑模型能与 CAD 建筑图纸匹配，因此需要将 3ds max 的单位设置为"毫米"。

Step 2 使用【导入】命令，采用系统默认设置将"CAD"目录下名为"别墅一层平面.dxf"和"别墅正立面.dxf"文件导入到 3ds max 场景。

Step 3 在前视图中将导入的"别墅正立面.dxf"文件沿 x 轴方向旋转 90°，然后将"别墅正立面"和"别墅一层平面"图形移动到坐标原点位置对齐，如图 3-61 所示。

> 提示：导入的 CAD 图纸是以俯视图的形式出现在各视图中的，这样不利于在 3ds max 中进行参考建模，因此需要将 CAD 图纸旋转并调整位置，使其以三维立面图的形式存在，便于创建三维模型。

Step 4 使用【冻结】命令将导入的 CAD 文件冻结，以便在创建三维模型时不受影响。

> 提示：导入的 CAD 图纸被冻结后，不能进行任何修改，这样做的好处是可以在进行三维建模时不受影响。

Step 5 设置"顶点捕捉"，进入【样条线创建】面板，激活 线 按钮，在顶视图中沿一层墙体图纸绘制闭合的样条线，如图 3-62 所示。

Step 6 进入"样条线"层级，选择绘制的闭合线，在【几何体】卷展栏下设置"轮廓"参数为–24，然后按 Enter 键确认，制作一层墙体的轮廓线，如图 3-63 所示。

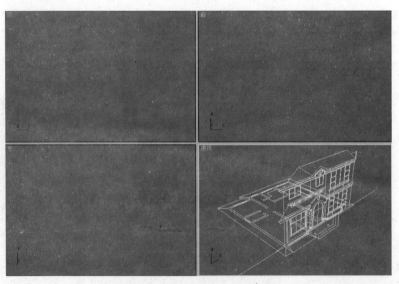

图 3-61 导入 CAD 文件并对齐

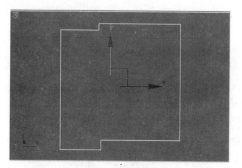

图 3-62　绘制样条线

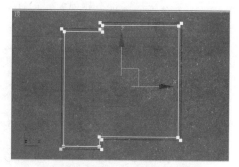

图 3-63　设置一层墙体的轮廓线

Step 7　退出"样条线"层级，在修改器列表中选择【挤出】修改器，设置"数量"为 300，设置墙体的高度，如图 3-64 所示。

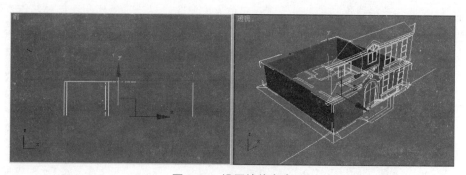

图 3-64　设置墙体高度

Step 8　继续导入"CAD"目录下的"别墅侧立面.dxf"文件，将其与正立面图纸对齐。

Step 9　进入【几何体创建】面板，配合"顶点捕捉"功能捕捉别墅正立面图和侧立面图中的窗户和门图线的顶点，分别在窗户和拱形门位置创建长方体和圆柱体作为制作门洞和窗洞的布尔运算对象，如图 3-65 所示。

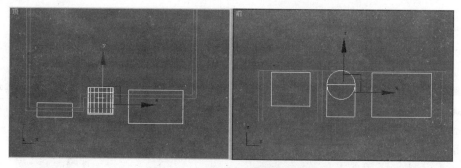

图 3-65　创建前墙体窗户和玻璃

提示：在创建长方体和圆柱体时不用考虑具体尺寸，只要捕捉 CAD 图纸的顶点绘制即可，需要注意的是，这些对象的高度一定要大于墙体的厚度（如 240），同时要使这些对象与一层墙体完全相交，这样才能进行布尔运算，制作出门洞和窗洞。

Step 10　在顶视图中调整创建的几何体对象使其与一层墙体相交。进入几何体的"复合对象"列表，使用"连接"命令将创建的三维对象连接，如图 3-66 所示。

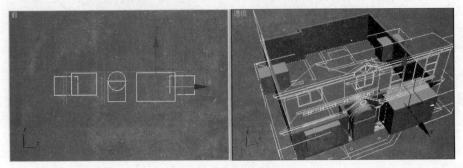

图 3-66　连接几何体对象

Step 11　选择一层墙体对象，激活【布尔运算】命令，以一层墙体和连接对象作为运算对象，在一层墙体上制作出门洞和窗洞，结果如图 3-67 所示。

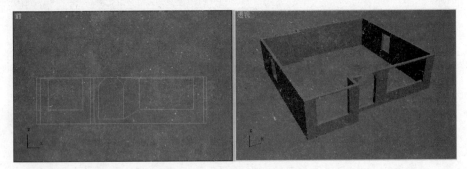

图 3-67　制作门洞和窗洞

提示：【连接】和【布尔运算】的详细操作，请参阅本书第 2 章重点知识一节。

2. 制作一层平面窗模型

Step 1　在前视图中创建"长度"为 200、"宽度"为 235、"高度"为 24、"长度分段"为 2、"宽度分段"为 5 的长方体，并将其调整到左边的平面窗上。

Step 2　进入"顶点"层级，调整各顶点，使其与 CAD 图纸中的平面窗图纸对齐，然后进入"多边形"层级，选择图 3-68（左）所示的多边形面。

Step 3　打开【挤出多边形】对话框，以"组"的方式设置"挤出高度"为–15，结果如图 3-68（右）所示。

Step 4　确认后关闭【挤出多边形】对话框，然后打开【插入多边形】对话框，以"按多边形"的方式设置"插入量"为 6，确认后关闭该对话框。

Step 5　进入"顶点"层级，在前视图中依照 CAD 图纸调整各顶点，使窗户与图纸相匹配，如图 3-69 所示。

Step 6　进入"多边形"层级，打开【挤出多边形】对话框，以"按多边形"的方式设置"挤出高度"为–5，确认后关闭该对话框，结果如图 3-70 所示。

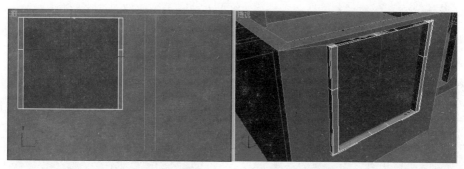

图 3-68　挤出多边形

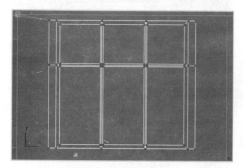

图 3-69　调整顶点

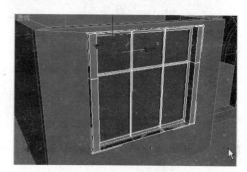

图 3-70　挤出多边形

Step 7　展开【多边形：材质 ID 号】卷展栏，设置当前多边形面的材质 ID 号为 1，然后执行【编辑】/【反选】命令，选择其他多边形面，设置材质 ID 号为 2，如图 3-71 所示。

Step 8　继续选择图 3-72 所示的多边形面，设置材质 ID 号为 3，然后退出"多边形"层级。

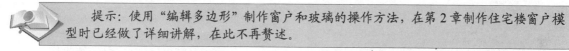

　　提示：使用"编辑多边形"制作窗户和玻璃的操作方法，在第 2 章制作住宅楼窗户模型时已经做了详细讲解，在此不再赘述。

Step 9　最后使用长方体创建窗户下的窗台模型，完成平面窗模型的制作。

图 3-71　设置材质 ID 号 1

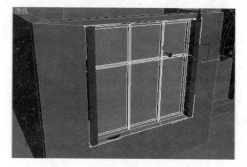

图 3-72　设置材质 ID 号 2

3. 制作拱形门模型

Step 1　进入【样条线创建】面板，配合"顶点捕捉"功能在前视图中沿拱形门位置创建矩形，

然后取消勾选"开始新图形"选项，继续创建圆弧，如图 3-73 所示。

Step 2 进入"线段"层级，选择矩形上水平边，将其删除。进入"顶点"层级，框选图 3-74 所示的顶点，在【几何体】卷展栏下单击 焊接 按钮进行焊接。

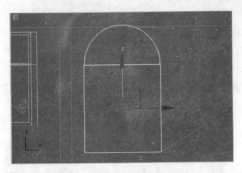

图 3-73 绘制拱形门图形

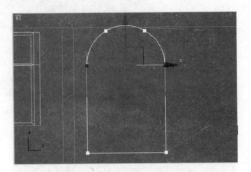

图 3-74 删除线段并焊接顶点

> 提示：在绘制矩形后，取消勾选"开始新图形"选项，继续绘制圆弧，此时圆弧和矩形会自动附加，并转换为可编辑的样条线对象，这样就可以直接进入其子对象进行编辑。

Step 3 进入"样条线"层级，选择焊接顶点后的图形，在【几何体】卷展栏下设置"轮廓"参数为-10，然后按 Enter 键确认，设置拱形门的宽度，如图 3-75 所示。

Step 4 继续选择拱形门内部的轮廓线，展开【几何体】卷展栏，在"分离"按钮下勾选"复制"选项，单击 分离 按钮，将该轮廓线复制并分离为"图形 01"，如图 3-76 所示。

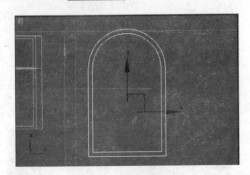

图 3-75 设置轮廓

图 3-76 分离图形

Step 5 选择拱形门图形，在修改器列表下选择【挤出】修改器，设置挤出"数量"为35，结果如图 3-77 所示。

Step 6 使用"按名称选择对象"的方法选择分离的"图形 01"，将其命名为"门玻璃"，然后为其添加【挤出】修改器，设置"数量"为5，如图 3-78 所示。

Step 7 使用"线"命令在前视图中依据门框位置绘制水平和垂直相交的线，如图 3-79 所示.

Step 8 进行【修改】面板，在【渲染】卷展栏下勾选"在视口中启用"、"在渲染中启用"以及"矩形"选项，并设置矩形的长和宽均为8，制作出拱形门的门框，如图 3-80 所示。

图 3-77 挤出拱形门

图 3-78 挤出玻璃

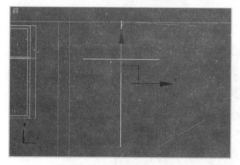

图 3-79 绘制相交线

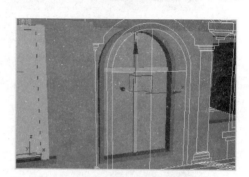

图 3-80 设置渲染属性

4. 制作多边形凸窗

Step 1 在顶视图中依据 CAD 图纸绘制图 3-81（左）所示的截面线。然后在前视图中依据窗台位置绘制图 3-81（右）所示的轮廓线。

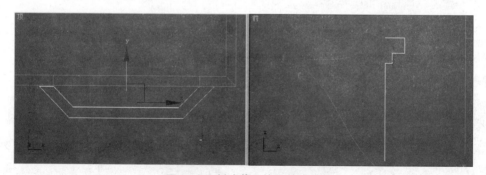

图 3-81 创建截面线和轮廓线

Step 2 选择截面线，在修改器列表中选择【倒角剖面】修改器，激活 ▉▉▉▉ 拾取剖面 ▉▉▉▉ 按钮，在前视图中单击轮廓线，创建多边形窗台，如图 3-82 所示。

> 提示：【倒角剖面】修改器通过将截面线沿轮廓图形挤出生成三维模型，在修改堆栈下展开"倒角剖面"层级，通过调整"解剖 Giam"以控制模型大小。

Step 3 继续使用"线"命令在顶视图中沿多边形窗绘制图 3-83（左）所示的图形。为其添加

【挤出】修改器，设置挤出"数量"为200，"分段"为3，制作出多边形窗的基本模型，如图3-83（右）所示。

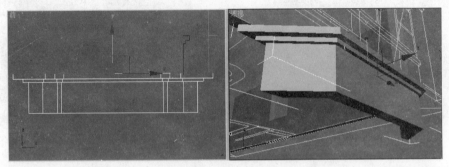

图 3-82　创建多边形窗台

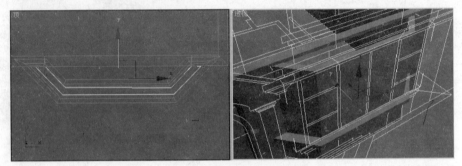

图 3-83　制作窗户基本模型

Step 4　将该模型转换为"可编辑的多边形"对象，进入其"顶点"层级，在前视图中根据窗框图纸调整水平边，然后对中间的多边形面进行垂直切割，如图3-84所示。

 提示：有关切割多边形面的操作，请参阅本书第2章的相关知识讲解。

Step 5　进入多边形的"边"层级，选择图3-85所示的边，将其删除。

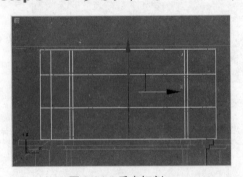

图 3-84　垂直切割

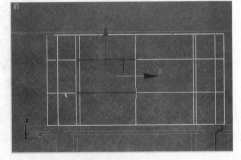

图 3-85　删除水平边

Step 6　进入"边界"层级，选择删除水平边形成的边界，单击【编辑边界】卷展栏下的 `封口` 按钮进行封口，结果如图3-86所示。

Step 7　选择右边两条水平边，删除后对其边界进行封口，如图 3-87 所示。

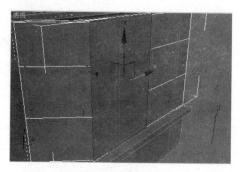
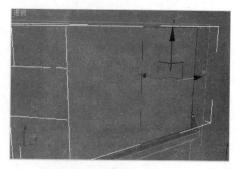

图 3-86　封口边界　　　　　　　　　　图 3-87　删除边后封口

Step 8　在透视图中选择窗户的多边形面，打开【插入多边形】对话框，以"按多边形"的方式设置"插入量"为 6，确认后关闭该对话框，如图 3-88（左）所示。

Step 9　继续打开【挤出多边形】对话框，以"按多边形"的方式设置"挤出高度"为–5，确认后关闭该对话框，结果如图 3-88（右）所示。

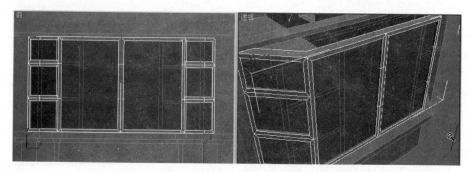

图 3-88　插入和挤出多边形

Step 10　展开【多边形：材质 ID 号】卷展栏，设置当前多边形面的材质 ID 号为 1，然后执行【编辑】/【反选】命令，选择其他多边形面，设置材质 ID 号为 2。

Step 11　依照制作别墅平面窗的方法，制作出侧墙的两个窗，然后使用【合并】命令将"场景文件"目录下的"别墅门厅.max"文件合并到场景中，完成别墅一层模型的制作。

Step 12　调整透视图，快速渲染后观察效果，如图 3-89 所示。

图 3-89　制作完成的别墅一层模型

归纳总结

这一节主要制作了别墅一层的建筑模型。虽然该模型的制作比较简单，但需要注意的是，在制作的过程中一定要按照CAD图纸尺寸进行建模，这样才能制作出精确的建筑模型。

3.2.2 任务（二）——制作别墅二层建筑模型

上一节制作了别墅一层的建筑模型，这一节继续来制作别墅二层的建筑模型，完成别墅建筑设计的制作。

任务要求

本工程项目是在别墅一层建筑模型的基础上继续制作别墅二层建筑的三维模型。任务要求要根据CAD设计图纸，精确制作出别墅二层的三维建筑模型，完成别墅建筑模型的整体效果设计。另外，别墅二层建筑的内部结构模型可以不用制作。

任务分析

对于任何一个建筑工程设计项目来说，当设计师拿到建筑图纸后，都要先认真分析图纸，了解建筑的基本结构，并从客户那里得到确切的设计要求，确定最重要的地方，避免因出错而浪费时间，从而提高作图效率。

通过对该别墅二层建筑结构的分析，发现二层建筑结构要比一层结构复杂。错落有致的斜面屋顶是该栋别墅的最大特点，同时也是整栋别墅的精华所在，因此在制作二层模型时，一定要严格按照设计图纸来进行，真正表现出该别墅的最大亮度与特色。除此之外，二层其他结构与一层结构除了面积之外基本相同，其制作方法也一样。

下面开始制作别墅二层模型。

完成任务

制作别墅二层模型的具体操作步骤如下：

1. 制作二层墙体和窗户模型

Step 1 继续"任务一"的操作，导入"CAD"目录下的名为"别墅二层平面.dxf"文件。

Step 2 将除"别墅正立面.dxf"和"别墅二层平面.dxf"文件之外的其他对象全部隐藏。

Step 3 激活主工具栏中的 🔺 "捕捉开关"按钮，并设置"顶点捕捉"模式。

Step 4 进入【样条线创建】面板，使用"线"命令在顶视图中依据二层墙体的图纸创建二层墙体的轮廓线，如图3-90所示。

Step 5 进入"样条线"层级，为该墙体的轮廓线设置"轮廓"为–24，结果如图3-91所示。

Step 6 进入【修改】面板，将轮廓线命名为"二层前墙体"，然后为其添加【挤出】修改器，并设置"数量"为300，创建二层墙体的三维模型，如图3-92所示。

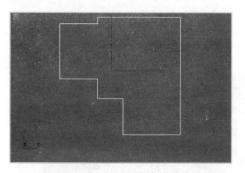

图 3-90　创建二层墙体的轮廓线

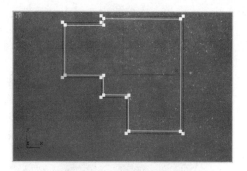

图 3-91　设置轮廓线

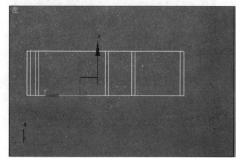
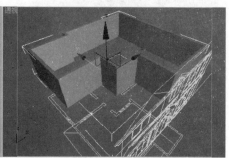

图 3-92　创建二层墙体的三维模型

Step 7　依照创建一层墙体的方法，在前视图和顶视图中的窗洞位置创建用于编辑窗洞的长方体，然后使用【连接】命令将其连接，如图 3-93 所示。

Step 8　使用三维【布尔】命令进行布尔运算，制作出窗洞，完成二层墙体的创建，如图 3-94 所示。

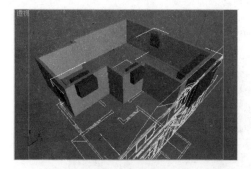

图 3-93　创建二层窗洞的三维对象

图 3-94　制作门窗洞

　　提示：从设计图上看，二层除了正面和侧面墙体上有窗户之外，后墙上也有窗户。一般情况下，后墙的窗户可以不去考虑，这是因为作为建筑设计效果图，在场景只有一架摄像机的情况下，一般只表现正前方和侧面的效果。因此，后墙窗户可以不用制作，这样不但减少模型面数，还有利于场景的渲染输出。

Step 9　继续在前视图中的各窗户位置创建长方体，然后依照制作一层平面窗的方法，使用"编

辑多边形"建模的方法制作出二层各平面窗户的模型，效果如图 3-95 所示。

Step 10　显示被隐藏的对象，在前视图中将一层的多边形凸窗和阳台沿 y 轴复制到二层的位置上，如图 3-96 所示。

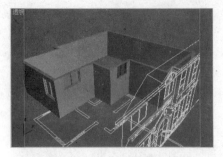

图 3-95　制作二层平面窗

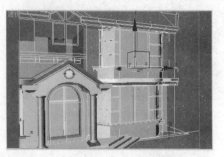

图 3-96　复制二层凸窗

2. 制作二层屋面模型

Step 1　在顶视图中沿二层墙体绘制图 3-97（左）所示的非闭合线作为路径。在前视图中绘制图 3-97（右）所示的闭合图形作为截面。

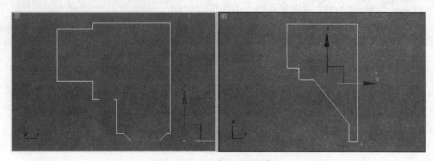

图 3-97　创建路径和截面

Step 2　使用"放样"建模的方法创建出二层屋面的屋檐模型，然后显示隐藏的所有对象，以查看模型效果，如图 3-98 所示。

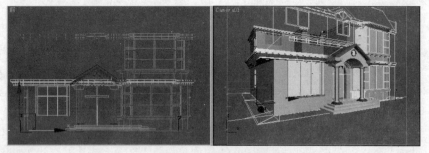

图 3-98　放样创建模型

　　提示：放样创建的模型有时会出现模型翻转等情况，这时可以通过调整原始截面、路径或进入放样对象的子对象层级调整截面和路径，对其进行校正。有关"放样"建模的操作，请参阅本章重点知识一节的详细讲解。

Step 3　继续在左视图中绘制图 3-99（左）所示的闭合图形作为截面。在前视图中绘制图 3-99（右）所示的线作为路径。

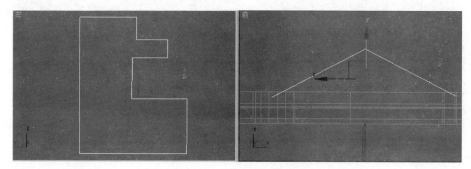

图 3-99　创建截面和路径

Step 4　使用"放样"建模的方法创建出二层斜面老虎窗的上窗沿模型，如图 3-100 所示。

Step 5　激活"线"命令，取消勾选"开始新图形"选项，在前视图中依据 CAD 图纸创建图 3-101 所示的附加图形。

图 3-100　放样创建老虎窗模型

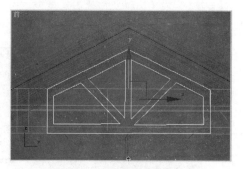

图 3-101　创建附加图形

Step 6　为该图形添加【挤出】修改器，并设置"数量"为 10，制作出老虎窗的窗框模型，如图 3-102 所示。

Step 7　将 Step 3 中的路径以"复制"方式克隆，进入其"样条线"层级，设置"轮廓"为 5，添加【挤出】修改器，设置"数量"为 250，制作出老虎窗的斜面屋顶模型，如图 3-103 所示。

图 3-102　创建老虎窗的窗框

图 3-103　制作老虎窗的斜面屋顶

Step 8　继续将 Step 3 中的路径以"复制"方式克隆，进入"顶点"层级，对其进行编辑，添

加【挤出】修改器，设置"数量"为2，制作出老虎窗的玻璃模型，如图 3-104 所示。

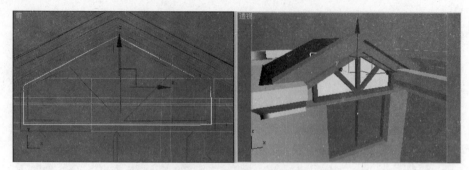

图 3-104　创建老虎窗玻璃

Step 9　在顶视图中沿二层屋面创建"长度"为583、"宽度"为1154、"高度"为147、"宽度分段"为2的长方体，如图 3-105 所示。

Step 10　将长方体转换为多边形对象，进入"顶点"层级，将分段形成的顶点向左调整，使其与图纸相匹配，如图 3-106 所示。

Step 11　在【编辑几何体】卷展栏下激活 切割 按钮，在透视图中沿左边屋面造型进行切割，如图 3-107 所示。

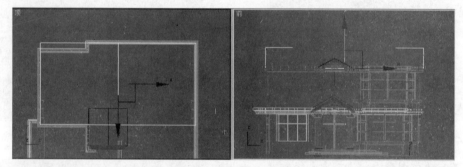

图 3-105　创建长方体

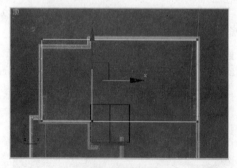

图 3-106　调整分段线

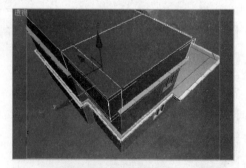

图 3-107　切割多边形面

Step 12　在顶视图中选择左上角的顶点将其删除，同时删除该顶点所关联的多边形面，然后进入"边界"层级，在透视图中选择删除顶点后形成的边界，如图 3-108 所示。

Step 13　在【编辑边界】卷展栏下单击 封口 按钮将边界封口，结果如图 3-109 所示。

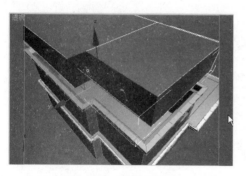

图 3-108　删除点和面

图 3-109　封口边界

Step 14　在顶视图中选择长方体上边的顶点，将其沿 y 轴向下移动，制作出屋顶的一个斜面，如图 3-110 所示。

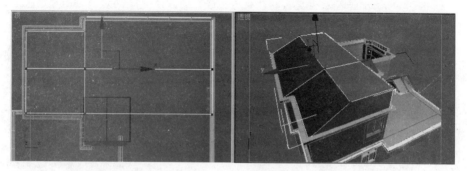

图 3-110　制作屋顶斜面

Step 15　继续在顶视图中选择长方体下边的顶点，将其沿 y 轴向上移动，制作出屋顶的另一个斜面，如图 3-111 所示。

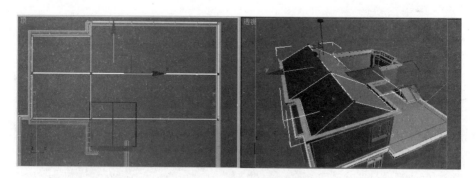

图 3-111　制作屋顶另一个斜面

提示：在顶视图中框选顶点后，一定要在前视图中使用减选择的方法减去下边的顶点，否则将无法制作出斜面屋顶。

Step 16　在前视图中分别选取左上角和右上角的顶点，将其向内移动，对斜面屋顶进行完善，如图 3-112 所示。

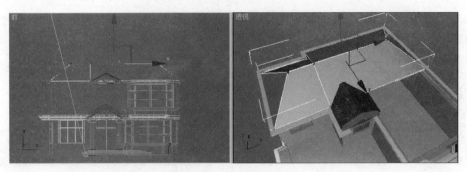

图 3-112　完善斜面屋顶

Step 17　使用相同的方法在二层屋顶右边创建长方体，进行编辑后制作出二层另一个斜面屋顶模型，如图 3-113 所示。

Step 18　在前视图中将二层老虎窗以"旋转克隆"的方法克隆到右边斜面屋顶位置，完成别墅二层屋面的制作，如图 3-114 所示。

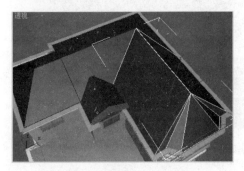

图 3-113　制作另一个斜面屋顶

图 3-114　克隆老虎窗

3. 制作二层平台栏杆

Step 1　在顶视图中沿二层平台绘制图 3-115（左）所示的闭合图形。然后将该图形"挤出"102mm，如图 3-115（右）所示。

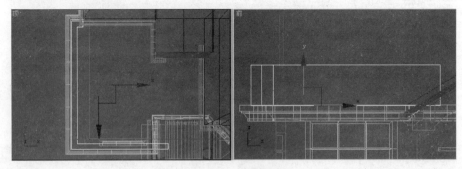

图 3-115　绘制栏杆

Step 2　将该模型转换为多边形对象，进入"顶点"层级，依照图纸在前视图中将其向右移动到合适的位置，制作出平台栏杆的倾斜面，如图 3-116 所示。

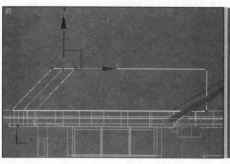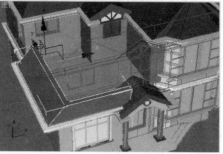

图 3-116　制作栏杆倾斜面

Step 3　继续在顶视图中选择下方的顶点，将其沿 y 轴向上移动，制作出栏杆另一个倾斜面，如图 3-117 所示。

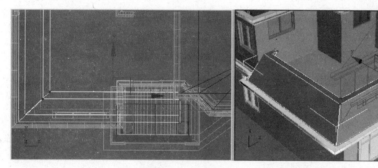

图 3-117　制作另一个栏杆倾斜面

Step 4　在平台栏杆斜面上创建长方体，使用三维布尔运算对其进行运算，然后使用长方体、圆柱体等创建斜面上的栏杆造型，完成平台栏杆的制作。该操作比较简单，在此不再详述，读者可以自己尝试操作。

Step 5　调整透视图，快速渲染场景，观察别墅的模型效果，如图 3-118 所示。

图 3-118　制作完成的别墅三维模型

 归纳总结

这一节主要制作了别墅二层的建筑模型。该模型的制作方法与一层模型的制作方法基本相同，都

是使用二维图形编辑完成的。需要注意的是，在制作二层人字形屋面时，一定要依照 CAD 设计图纸来定位屋面的倾斜度和高度，这样才能设计出精确、合格的别墅模型。

3.3 习题

3.3.1 单选题

01. 属于"可编辑样条线"的二维对象是（　　）。

　　A. 线　　　　　　　B. 矩形　　　　　　　C. 圆　　　　　　　D. 椭圆

02. "可编辑样条线"的子对象包括（　　）。

　　A. 顶点、面　　　　B. 边界、样条线　　　C. 边、样条线　　　D. 顶点、线段、样条线

03. 在"可编辑样条线"的子对象中，"顶点"包括（　　）。

　　A. "Bezier 角点"、"Bezier"、"角点"和"平滑"四种类型

　　B. "Bezier 角点"、"Bezier"和"角点"三种类型

　　C. "Bezier 角点"、"角点"和"平滑"三种类型

　　D. "Bezier"和"角点"和"平滑"三种类型

04. 附加二维图形时，最关键的条件是（　　）。

　　A. 必须有一个二维图形是"可编辑的样条线"对象，或为二维图形添加了【编辑样条线】修改器

　　B. 要附加的二维图形对象必须相交

　　C. 要附加的二维图形对象不能相交

　　D. 要附加的二维图形对象必须全部是"可编辑的样条线"对象，或为二维图形添加了【编辑样条线】修改器

3.3.2 多选题

01. 要在一条线段上增加多个顶点时，可执行的操作有（　　）。

　　A. 进入"顶点"层级，使用"优化"命令在线段上插入"顶点"

　　B. 进入"顶点"层级，使用"插入"命令在线段上插入"顶点"

　　C. 进入"样条线"层级，使用"拆分"命令通过拆分样条线添加顶点

　　D. 进入"线段"层级，使用"拆分"命令通过拆分线段添加顶点

02. 要将一个开放的样条线编辑为一个闭合的样条线，可执行的操作有（　　）。

　　A. 进入"顶点"层级，选择线段的起点和端点，将其"焊接"在一起

　　B. 进入"顶点"层级，使用"连接"命令将起点和端点连接在一起

　　C. 进入"顶点"层级，直接将起点拖到端点上进行自动焊接

　　D. 进入"顶点"层级，选择起点和端点，单击【几何体】卷展栏下的"融合"按钮

03. 将一个二维图形转换为三维模型的方法有（　　）。

　　A. 添加【挤出】修改器，生成三维模型

　　B. 进行【放样】操作，生成三维模型

C．添加【车削】修改器，生成三维模型

D．添加【倒角】修改器，生成三维模型

04．二维放样操作中，关于路径和截面，说法正确的是（　　　）。

A．路径可以是开放的二维图形，也可以是闭合的二维图形

B．截面可以是开放的二维图形，也可以是闭合的二维图形

C．只能有一个二维图形充当路径，但可以有多个二维图形充当截面

D．路径和截面只能有一个二维图形来充当

3.3.3　操作题

使用所学知识，依据 CAD 图纸（"CAD"目录下的"别墅一层平面.dxf"和"别墅正立面.dxf"）制作出图 3-119 所示的别墅门厅三维建筑模型。

图 3-119　别墅门厅三维建筑模型

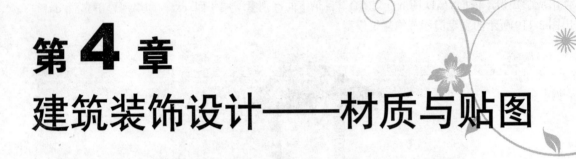

第4章
建筑装饰设计——材质与贴图

在建筑设计中，材质是反映建筑物外观效果的重要元素。如果说建筑模型是骨架，那么材质就是建筑物的皮肤和肌肉，它可以赋予建筑物生动、真实的生活气息。

3ds max 2009 系统支持多种类型的材质，包括【标准】材质、【多维/子对象】材质、【光线跟踪】材质、【建筑】材质、【建筑与设计】材质、【mental ray】材质、【高级照明覆盖】材质以及"Vray 渲染器"的材质等，这些材质类型都支持特定的渲染器，使用特定渲染器渲染即可得到逼真的材质效果。

3ds max 2009 同样支持多种类型的贴图，包括【2D】贴图、【3D】贴图、【合成器】贴图、【颜色修改器】贴图、【VRay 渲染器】贴图以及【反射/折射】贴图，不同的贴图类型包含多种贴图方式，会产生不同的贴图效果。

本章将通过为住宅楼和别墅两个建筑模型制作"V-Ray 渲染器"的材质和贴图的实例，重点讲解建筑设计中常用材质和贴图的制作方法和表现技巧。图 4-1 所示为未制作材质（左）与制作材质并设置灯光（右）后的效果比较。

图 4-1　制作材质前后的效果比较

由于篇幅所限，其他材质的应用方法，读者可以参阅其他相关书籍的讲解。

4.1 重点知识

简单地说，材质是 3ds max 系统对真实物体视觉效果的一种模拟，它包括颜色、光感、透明性、表面特性以及表面纹理结构等诸多因素。在现实生活中，任何物体都有它自身的表面特征，例如石头表面是粗糙、坚硬的；织布表面是光滑、柔软的；金属表面具有反光效果；玻璃具有透明和反射的表面特性；等等。

在制作材质时，除了通过调整材质本身的参数来模拟现实生活中的物体表面特征之外，还可以使用贴图来模拟真实物体的表面特征。贴图其实就是二维图像，使用贴图通常是为了改善材质的外观和真实感。贴图可以模拟纹理、反射、折射以及其他一些材质无法表现的效果，如图 4-1（右）所示的场景中，使用贴图模拟砖墙体和屋面瓦，使用材质模拟其他墙体和窗户等。

这一节将重点学习有关材质和贴图的相关知识。

4.1.1 【材质编辑器】及其应用

在 3ds max 2009 建筑设计中，建筑模型材质的制作是在【材质编辑器】中完成的，【材质编辑器】提供创建和编辑材质的所有功能。单击主工具栏中的 ❖❖ "材质编辑器" 按钮（或按 M 键），弹出【材质编辑器】对话框，如图 4-2 所示。

【材质编辑器】主要包括 "菜单栏"、"示例窗"、"工具行/工具列"、"材质名称" 和 "卷展栏" 等。"示例窗" 用于显示材质和贴图的预览效果。【材质编辑器】共有 24 个示例窗，一个示例窗可以编辑一种材质。

 提示：系统默认下【材质编辑器】只显示 6 个示例窗。将光标放在示例窗上，光标显示为小推手图标，此时按住鼠标左键进行拖曳，可以查看其他示例窗。另外，在示例窗上右击，选择 "3×2 示例窗"、"5×3 示例窗" 或 "6×4 示例窗" 选项，可以设置示例窗的显示数目。

在制作材质时，需要先激活一个示例窗，被激活的示例窗边框显示为白色，如图 4-3（左）所示；未被激活的示例窗边框显示为灰色，如图 4-3（中）所示。在激活的示例窗上制作材质，制作好的材质会显示在示例窗中，如图 4-3（右）所示。

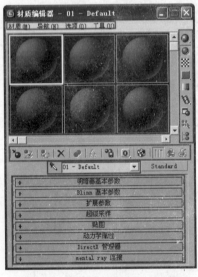

图 4-2 【材质编辑器】对话框

图 4-3 示例窗的操作

当示例窗中的材质指定给场景中的一个或多个模型对象时，示例窗四周显示出白色三角形，则称该示例窗为 "热材质（或热示例窗）"，如图 4-4（左）所示。当调整 "热材质" 时，场景中的材质也会同时更改，如图 4-4（右）所示。

图 4-4 热材质示例

提示：当删除指定了材质的对象或者为对象重新指定了其他材质后，当前"热材质"即可变为"冷材质"，"冷材质"也包括没有向任何对象指定的材质，冷材质示例窗四周不显示白色三角形。

　　"示例窗"的下方和右侧是"工具行/工具列"，"工具行/工具列"中的各种工具按钮主要用于向对象指定材质、在场景中显示材质以及获取材质、保存材质等，这些按钮与材质本身的设置无关。

　　下面对常用按钮进行讲解。

- ● "背光"按钮：按下该按钮，将显示材质的背光效果，如图 4-5 所示。左图为显示背光，右图为不显示背光。
- ● "背景"按钮：用于显示背景。该功能在制作玻璃、不锈钢金属等透明材质和反光较强的材质时非常有用。图 4-6 所示为不锈钢金属材质在显示背景和不显示背景时的效果比较。

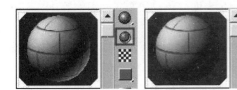 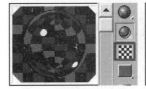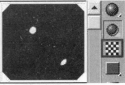

图 4-5　显示背光和不显示背光的效果　　　　图 4-6　显示背景和不显示背景的效果比较

- ● "将材质指定给选定对象"按钮：单击该按钮，将材质指定给当前选择的模型对象。
- ● "在视口中显示贴图"按钮：激活该按钮，可在视图中看到贴图和材质，但是只能显示一个层级的贴图和材质。
- ● "转到父对象"按钮：单击该按钮，返回上一级材质层级。该按钮只能在次一级的层级上才能被激活。

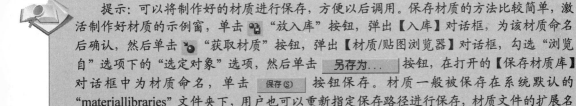
　　提示：可以将制作好的材质进行保存，方便以后调用。保存材质的方法比较简单，激活制作好材质的示例窗，单击 "放入库"按钮，弹出【入库】对话框，为该材质命名后确认，然后单击 "获取材质"按钮，弹出【材质/贴图浏览器】对话框，勾选"浏览自"选项下的"选定对象"选项，然后单击 另存为... 按钮，在打开的【保存材质库】对话框中为材质命名，单击 保存(S) 按钮保存。材质一般被保存在系统默认的"materiallibraries"文件夹下，用户也可以重新指定保存路径进行保存，材质文件的扩展名为.mat。

4.1.2　制作材质

　　在 3ds max 2009 中，制作材质是表现模型对象表面特征的唯一途径。当为模型对象制作了材质后，使用材质支持的特定渲染器渲染场景，就会得到逼真的场景效果。这一节重点对常用材质类型进行详细讲解。

1.【标准】材质

　　在众多的材质类型中，【标准】材质是【材质编辑器】示例窗中的默认材质。【标准】材质为表面建模提供了非常直观的方式。在现实世界中，物体表面的外观取决于它如何反射光线，而在 3ds max

2009 中，【标准】材质可模拟物体表面的反射属性。如果不使用贴图，【标准】材质会为对象提供单一的颜色。

　　通常情况下，【标准】材质需要贴图，最常用的贴图是【位图】贴图。下面通过一个简单操作，学习【标准】材质应用【位图】贴图的相关技巧。

Step 1　打开"场景文件"目录下的"广场路灯.max"场景文件。

Step 2　打开【材质编辑器】对话框，选择一个空的示例窗，该示例窗默认使用"标准"材质。

　　在【标准】材质层级，需要在【明暗器基本参数】卷展栏下根据模型对象的表面属性选择着色类型和着色方式，主要有 8 种着色类型，4 种着色方式，如图 4-7 所示。

　　8 种着色方式如下：

* Blinn：系统默认的着色类型。这种着色类型比较常用，一般为较软的物体表面着色，如布料、织物等。
* 各向异性：该着色类型可以在模型表面产生椭圆形的高光，用于模拟具有反光异向性的材料，如头发、玻璃和有棱角的金属表面等。
* 金属：专门用于模拟金属材质表面的着色效果。
* 多层：可以产生椭圆形的高光，并同时拥有两套高光控制参数，能生成更复杂的高光效果。
* Oren-Nayar-Blinn：主要用于模拟粗糙的布、陶土等物体的表面着色。
* Phong：可以很好地模拟从高光到阴影区自然色彩变化的材质效果，适用于塑料质感较强的物体表面着色，也可

图 4-7　选择着色类型

用于大理石等较坚硬的物体的表面着色。

* Strauss：用于生成金属材质，但比"金属"类型更简单。
* 半透明暗器：同灯光配合使用可以制作出灯光的透射效果。

4 种着色类型如下：

* 线框：该方式将以"线框"方式进行着色，只表现物体的线框结构。在建筑设计中，常用"线框"方式表现高层建筑的玻璃幕墙等。其操作很简单，例如为图 4-8（1）所示的楼体制作玻璃幕墙效果。可以先为"楼体"对象制作玻璃材质，如图 4-8（2）所示；然后在"楼体"对象上再创建长方体作为玻璃幕墙的玻璃分割线，如图 4-8（3）所示；最后为长方体指定一个着色类型为"线框"的材质即可，如图 4-8（4）所示。

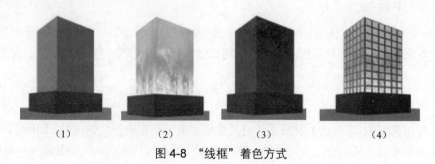

| (1) | (2) | (3) | (4) |

图 4-8　"线框"着色方式

提示：当选择"线框"着色类型后，可以在【扩展参数】卷展栏下的"线框"选项下设置线框值，值越大线框越粗。另外，也可以为线框应用贴图、制作材质等。

- 双面：该方式将使用双面材质对单面物体进行着色，尤其对于改善放样生成对象（如窗帘等）时的法线翻转问题很管用。
- 面贴图：该方式在物体每个多边形的边上进行贴图，一般不常用。
- 面状：该方式使物体每一个面出现棱角，一般不常用。

当选择一种着色类型后，还需要在【Phong 基本参数】卷展栏下根据模型属性设置其"反射高光"的高光级别和"光泽度"等，如图 4-9 所示。

- 环境光：是物体在阴影中的颜色。单击该颜色块，弹出【颜色选择器】对话框，设置颜色。也可以使用一种纹理贴图来替代颜色。
- 漫反射：是物体在良好的光照条件下的颜色。单击该颜色块，弹出【颜色选择器】对话框，设置颜色。也可以使用一种纹理贴图来替代颜色，只要单击颜色块右边的 ■ "贴图通道"按钮，在弹出的【材质/贴图浏览器】对话框中选择一种贴图即可。
- 高光反射：是物体在良好的光照条件下的高光颜色。单击该颜色块，弹出【颜色选择器】对话框，设置颜色。也可以使用一种纹理贴图来替代颜色，只要单击颜色块右边的 ■ "贴图通道"按钮，在弹出的【材质/贴图浏览器】对话框中选择一种贴图即可。
- 自发光：用于设置材质自发光效果。有两种方法可以指定自发光，一种是启用复选框，使用自发光颜色；另一种是禁用复选框，使用单色微调器调整自发光度。

 提示：勾选"颜色"选项，可以重新设置一种自发光颜色；取消勾选"颜色"选项，则"自发光"使用漫反射颜色作为自发光颜色，可以通过调整自发光值设置发光强度。

- 不透明度：设置材质的不透明度。参数值为 100 时完全不透明，为 0 时完全透明，为 50 时半透明，该设置常用来制作玻璃效果。
- 高光级别：设置物体高光强度。不同质感的物体具有不同的高光强度。一般情况下，木头为 20～40，大理石为 30～40，墙体为 10 左右，玻璃为 50～70，金属为 100 或者更高。
- 光泽度：设置光线的扩散值，但这前提是需要有高光值才行。

Step 3　继续上面的操作。选择场景中的"地面"对象，单击【材质编辑器】工具行中的 ■ "将材质指定给选定对象"按钮，将【标准】材质指定给场景对象，快速渲染场景，效果如图 4-10 所示。

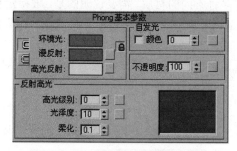

图 4-9　【Phong 基本参数】卷展栏

图 4-10　未使用贴图的着色效果

由于没有使用任何贴图，因此【标准】材质为对象提供了单一的颜色，下面在【标准】材质上使用贴图。

Step 4　继续上面的操作。在【Phong 基本参数】卷展栏下单击"漫反射"右边的贴图按钮，弹出【材质/贴图浏览器】对话框，在"浏览自"组中选择"新建"选项，然后双击【位图】选项，如图 4-11 所示。

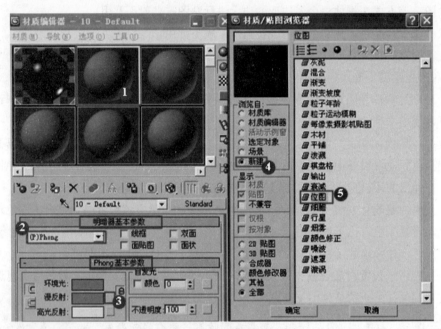

图 4-11　应用贴图的操作

Step 5　弹出【选择位图图像】对话框，选择"贴图"目录下的"DW250.jpg"文件将其打开。

Step 6　按 F9 键快速渲染场景，此时【标准】材质为对象提供了一种贴图，效果如图 4-12 所示。

贴图不仅可应用于【标准】材质，还可应用于其他材质，如【多维/子对象】材质、"V-Ray 渲染器"材质等。当应用了贴图后，需要对贴图进行相关设置，如设置贴图的平铺次数、模糊度等。有关贴图的相关设置，将在下面的章节进行详细讲解。

2.【多维/子对象】材质

【多维/子对象】材质属于复合材质的一种，使用【多维/子对象】材质可以采用几何体的子对象级别分配不同的材质，也就是说，可以为一个模型对象指定多种不同的材质。需要说明的是，被指定【多维/子对象】材质的对象一般属于"可编辑多边形"、"可编辑网格"或者施加了【编辑多边形】或【编辑网格】修改器的对象。

在建筑设计中，【多维/子对象】材质的应用非常广泛。下面通过一个简单实例学习【多维/子对象】材质的操作方法。

Step 1　打开"场景文件"目录下的"欧式柱.max"文件，快速渲染场景，效果如图 4-13 所示。

Step 2　选择欧式柱对象后右击，在弹出的快捷菜单中执行【转换为】/【转换为可编辑多边形】命令，将其转换为多边形对象。

图 4-12 使用【位图】贴图着色的效果

图 4-13 欧式柱渲染效果

Step 3 按数字键 4 进入"多边形"层级，按住 Ctrl 键在前视图中分别框选择欧式柱的 2 个方形柱头，如图 4-14（左）所示。

Step 4 展开【多边形：材质 ID】卷展栏，在"设置 ID"数值框中输入 1，如图 4-14（右）所示。

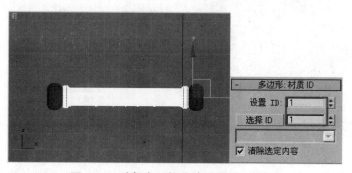

图 4-14 选择方形柱头并设置材质 ID 号

Step 5 继续在前视图中选择欧式立柱的圆形柱头，如图 4-15（左）所示。使用相同的方法设置其材质 ID 号为 2，如图 4-15（右）所示。

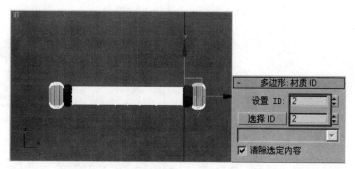

图 4-15 选择圆形柱头并设置材质 ID 号

Step 6 选择欧式柱中间的螺旋形柱身，如图 4-16（左）所示。设置柱身的材质 ID 号为 3，如图 4-16（右）所示。

Step 7 退出"多边形"层级，打开【材质编辑器】对话框，选择一个示例窗，单击 `Standard` "标准"按钮，弹出【材质/贴图浏览器】对话框，双击【多维/子对象】材质，如图 4-17 所示。

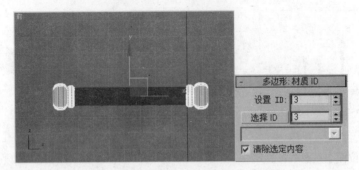

图 4-16　选择柱身并设置材质 ID 号

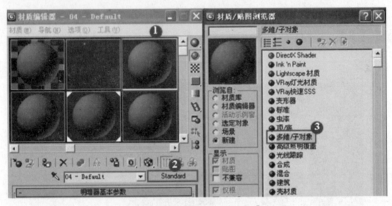

图 4-17　选择【多维/子对象】材质

Step 8　进入【多维/子对象基本参数】卷展栏，如图 4-18（左）所示。单击 设置数量 按钮，弹出【设置材质数量】对话框，设置"材质数量"为 3，如图 4-18（右）所示。

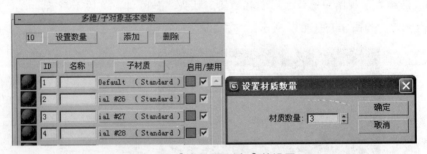

图 4-18　【多维/子对象】的设置

> 提示：该卷展栏一次最多显示 10 个子材质，拖动右边的滚动栏，可显示其他子材质。另外，在此设置"材质数量"为 3，表示只制作 3 种材质，如果对象需要 4 个或更多材质时，可以单击 添加 按钮，每单击一次该按钮将添加一个子材质；当要删除某个子材质时，可单击 删除 按钮，每单击一次将删除一个子材质。

设置好子材质的数目之后，可以为每一个子材质制作【标准】材质或其他材质。

Step 9　单击 确定 按钮确认，然后单击名为"ID1"的子材质贴图按钮，返回到该子材质

的【标准】材质层级。

Step 10　在【基本参数】卷展栏下单击"漫反射"颜色按钮，设置为蓝色，如图 4-19（左）所示。

Step 11　单击 🔧 "转到父对象"按钮返回【多维/子对象基本参数】卷展栏，继续单击"ID2"子材质的贴图按钮，进入该子材质的【标准】材质层级，设置"漫反射"颜色为红色，如图 4-19（右）所示。

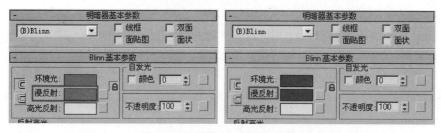

图 4-19　设置 ID1 和 ID2 颜色

Step 12　再次返回【多维/子对象基本参数】卷展栏，继续单击"ID3"子材质的贴图按钮，在【标准】材质层级中设置"漫反射"颜色为绿色，如图 4-20 所示。

Step 13　这样，一个"多维/子对象"材质就制作完成了，如图 4-21 所示。

Step 14　选择欧式柱对象，单击 🔧 "将材质指定给选定对象"按钮将制作的材质指定给欧式柱，快速渲染场景，结果如图 4-22 所示。

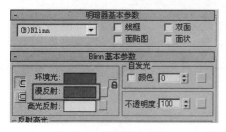

图 4-20　设置 ID3 颜色　　图 4-21　制作的多位子对象材质　图 4-22　设置材质颜色并指定给对象

默认情况下，"多维/子对象"材质的每一个子材质使用【标准】材质，当不使用贴图时，【标准】材质只能使用一种颜色进行着色，但是也可以使用贴图来代替这三种颜色，其操作非常简单。分别单击各子材质的"漫反射"颜色块后的"贴图"按钮，弹出【材质/贴图浏览器】对话框，双击【位图】选项，如图 4-23 所示。

图 4-23　选择位图贴图

在弹出的【选择位图图像文件】对话框中选择合适的位图，单击"打开"按钮，即可使用位图代

替颜色，结果如图 4-24 所示。

> 提示：还可以为【多维/子材质】中的每一个子材质使用其他材质，例如 VRay 材质或建筑材质等。如果要为各子材质应用【标准】材质以外其他类型的材质，可以在进入子材质的【标准】材质层级后，单击 Standard "标准"按钮，在弹出的【材质/贴图浏览】对话框中选择需要的其他类型的材质。

3.【VRayMtl】材质

【VRayMtl】是"V-Ray 渲染器"专用的特殊材质，使用【VRayMtl】可以得到比其他渲染器更好的照明、反射/折射、凹凸、纹理等材质效果。需要说明的是，只有指定"V-Ray 渲染器"为当前渲染器时，才能使用这些材质。

【VRayMtl】材质的操作与【标准】材质的操作基本相同，但其参数设置要比"标准"材质的设置复杂很多，渲染效果也要比【标准】材质更真实。

打开【材质编辑器】对话框，选择一个空白的示例窗，单击 Standard "标准"材质按钮，弹出【材质/贴图浏览器】对话框，双击【VRayMtl】将其应用到示例窗，如图 4-25 所示。

图 4-24 指定材质后的效果

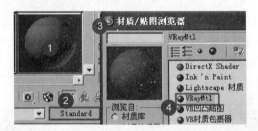

图 4-25 选择【VRayMtl】材质

下面重点对【VRayMtl】的【基本参数】卷展栏进行详细讲解。由于其他卷展栏的设置比较简单，因此不再讲解。

【VRayMtl】的【基本参数】卷展栏不同于【标准】材质的【基本参数】设置，它提供了 4 组设置，分别为"漫反射"、"反射"、"折射"和"半透明"，如图 4-26 所示。

下面讲解"漫反射"和"反射"组的相关设置。

- 漫反射：用于设置材质的漫反射颜色，与【标准】材质的"漫反射"相同，但在实际渲染时，该颜色会受反射和折射颜色的影响。单击颜色块后面的 ■ "贴图通道"按钮，可以使用【位图】或其他贴图代替该颜色。

- 反射：用于设置材质的反射颜色。单击颜色块后面的 ■ "贴图通道"按钮，可以使用【位图】或其他贴图代替颜色。设置此处的颜色可表现材质的反射效果，颜色一般在黑色和白色之间（特殊情况出外）。例如，在制作金属或玻璃材质时，该颜色越接近黑色，材质反射效果越不明显；越接近白色，材质反射效果越明显。图 4-27 所示为"反射"颜色的 RGB 值分别为 0、128、255 时的反射效果。

- 高光光泽度：用于控制【VRayMtl】的高光效果。单击 L 按钮使其浮起即可设置参数，值越大高光越明显，值越小高光越不明显。图 4-28 所示为"高光光泽度"分别为 0.8 和 0.5 时的高光效果。

- 菲涅耳反射：勾选该选项，反射的强度将取决于物体表面的入射角。例如玻璃等物体的反

射就是这种效果，不过该效果受材质折射率的影响较大。

- 反射光泽度：用于设置材质反射的锐利程度。值为 1 时是一种完美的镜面反射效果，如图 4-29（左）所示。随着该值的减小，反射效果会逐渐模糊，如图 4-29（右）所示。

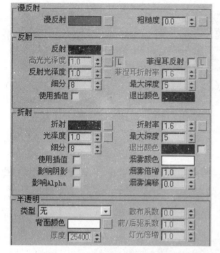

图 4-26　【VRayMtl】的【基本参数】卷展栏

图 4-27　不同"反射"颜色下的反射效果

图 4-28　不同"高光光泽度"下的效果

图 4-29　不同"反射光泽度"下的效果

- 细分：用于控制平滑反射的品质，默认值为 8，值越小渲染速度越快，但会出现很多噪波。一般在制作玻璃材质时，可以设置较大的"细分"值，可得到较平滑的反射效果。
- 使用插值：勾选该选项能够使用一种类似发光贴图的缓存方案来加快模糊反射的计算速度。
- 最大深度：定义反射能完成的最大次数。需要注意的是，当场景中有大量反射或折射的表面时，这个参数要设置的足够大才会产生真实的效果。
- 退出颜色：设置反射追踪光线的颜色。

下面继续讲解"折射"组的相关设置。该组主要用于设置材质的折射效果。

- 折射：用于设置折射颜色，一般配合"反射"颜色制作透明材质。
- 光泽度：用于设置折射的光泽度。值为 1 时是一种完美的镜面反射效果，随着该值的减小，折射效果会逐渐模糊，效果如图 4-30 所示。左图是"光泽度"为 1 时的反射效果，右图是"光泽度"为 0.3 时的反射效果。
- 细分：用于控制平滑反射的品质，默认值为 8，值越小渲染速度越快，但会出现很多噪波。一般在制作玻璃材质时，可以设置较大的"细分"值，会得到较平滑的折射效果。
- 影响阴影：勾选该选项，可使物体投射透明阴影，透明阴影的颜色取决于折射颜色和雾的颜色。一般用于表现光照穿过玻璃等透明材质时所投射的阴影。需要说明的是，该效果仅在灯光的阴影为"VRay 阴影"时有效，如图 4-31 所示。左图为没有勾选"影响阴影"选项时产生的不透明阴影，右图为勾选"影响阴影"选项时产生的透明阴影。

图 4-30　不同"光泽度"下的效果

图 4-31　产生不透明阴影与产生透明阴影

- 影响 Alpha：勾选该选项时雾效将影响 Alpha 通道。
- "烟雾颜色" / "烟雾倍增"：由于光线穿透透明材质时会变稀薄，因此可通过设置烟雾颜色和烟雾强度来模拟厚的透明物体比薄的透明物体透明度低的效果，如图 4-32 所示。左图是"烟雾倍增"为 0.03 时的透明效果，右图是"烟雾倍增"为 0.5 时的透明效果。

图 4-32　不同烟雾强度下的透明效果比较

下面继续讲解"半透明"组的相关设置。该组主要用于设置材质的半透明效果。其"类型"列表有 3 种，分别是"无"、"硬模型"和"软模型"。

- 无：不产生半透明效果。
- 硬（蜡）模型：产生较坚硬的半透明效果。
- 软（水）模型：产生较柔软的类似于水的半透明效果。
- 混合模型：产生混合透明效果。单击下方的"背面颜色"颜色块，设置半透明物体的颜色，当使用了贴图后，会在透明对象的背面应用贴图。

图 4-33（左）所示为"硬（蜡）模型"的半透明效果，图 4-33（中）所示为设置贴图的"硬（蜡）模型"的半透明效果，图 4-33（右）所示为"软（水）模型"的半透明效果。

图 4-33　"半透明"效果

4.1.3　应用贴图

贴图主要是配合材质使用的，不管是【标准】材质、【多维/子对象】材质还是【VRayMtl】材质，都可以使用贴图。贴图可以很好地表现材质的纹理以及质感效果。在 3ds max 2009 建筑设计中，常用的贴图类型包括【位图】、【VRayHDRI】和【VRay 天光】和"透空贴图"。下面主要对这四种贴图进行讲解。

1.【位图】贴图及其设置

【位图】贴图是最简单也最常用的 2D 贴图，【位图】贴图一般使用位图图像作为纹理进行贴图。位图图像很常见，例如 Photoshop 合成的图像、3ds max 输出的图像以及使用数码相机拍摄的图像等都属于位图图像，这些图像可以保存为多种格式，如 ".tga"、".bmp"、".jpg"、".tif" 等。另外，"位图"贴图还可以使用动画文件（动画本质上是静止图像的序列），如 .avi、.mov 或 .ifl 格式的动画。

3ds max 2009 支持的任何位图（或动画）文件类型都可以用于材质中的【位图】贴图，【位图】贴图可以更真实地表现对象的外观。

当在【标准】材质、【多维/子对象】材质或【VRayMtl】材质中使用了【位图】贴图后，需要对【位图】贴图进行一系列的设置，包括平铺、位置变化、角度等，使其符合材质的制作要求。下面以【标准】材质应用【位图】贴图为例，主要讲解【位图】贴图的相关设置。

在【标准】材质中使用了【位图】贴图之后，系统会自动切换到【位图】贴图的一系列参数设置卷展栏，其中，在【坐标】卷展栏中，通过调整坐标参数，可以相对于对象表面移动贴图，使其更符合模型要求。

下面通过一个简单的实例操作，对常用的【坐标】卷展栏进行详细讲解，其他卷展栏将在后面通过具体案例进行讲解。

Step 1　在场景中创建一个长方体对象，在【材质编辑器】中选择一个空白的示例窗，为【标准】材质的"漫反射"指定"贴图"目录下的"汽车 045.psd"位图文件，然后将其指定给长方体对象。

Step 2　单击【材质编辑器】工具行中的 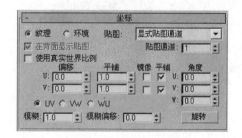 "在视口中显示贴图"按钮，使贴图在视图中显示，如图 4-34 所示。

Step 3　此时系统自动进入位图的【坐标】卷展栏，如图 4-35 所示。

图 4-34　显示贴图

图 4-35　【坐标】卷展栏

下面讲解【坐标】卷展栏中的相关设置。

- 纹理：将贴图作为"纹理"贴图应用到物体表面，除制作环境贴图之外，大多数情况下都使用"纹理"贴图。可以从"贴图"列表中选择坐标类型。
- 环境：当制作建筑背景贴图时选择该选项，可以将贴图作为"环境"贴图，然后从"贴图"

列表中选择"屏幕"坐标类型。

- "贴图"列表：其选项因选择"纹理"贴图或"环境"贴图而异，当选择"纹理"贴图时，"贴图"列表包括"显示贴图通道"、"顶点颜色通道"、"对象 *xyz* 平面"及"世界 *xyz* 平面"；当选择"环境"贴图时，"贴图"列表包括"屏幕"、"球形环境"、"柱形环境"及"收缩包裹环境"。下面主要讲解贴图的平铺、偏移等设置。

- 使用真实世界比例：勾选此选项之后，将使用位图本身真实的"宽度"和"高度"应用于对象。取消勾选该选项，将使用 UV 值应用于对象。不管是否勾选该选项，都可以通过设置"偏移"和"平铺"参数调整贴图。一般情况下，应取消该选项的勾选。

- 偏移：沿 U（水平）或 V（垂直）方向对贴图进行水平或垂直偏移，如图 4-36 所示。左图为水平偏移，右图为垂直偏移。

- 平铺：设置贴图 U 向或 V 向的平铺次数，效果如图 4-37 所示。左图 U 向和 V 向的平铺次数为 1，表示贴图平铺 1 次；右图 U 向和 V 向的平铺次数为 3，表示贴图平铺 3 次。

图 4-36　设置"偏移"的效果　　　　　　图 4-37　设置"平铺"的效果

- 镜像/平铺：使贴图在 U 向或 V 向以"镜像"方式平铺或以"平铺"方式平铺，如图 4-38 所示。左图在 U 向镜像，在 V 向平铺；右图分别在 U 向和 V 向进行镜像。

- 角度：设置贴图沿 U（*x*）、V（*y*）、W（*z*）轴向的旋转角度，一般情况下选择默认设置即可。

- 模糊：根据贴图离视图的距离，从而影响贴图的锐度或模糊度。贴图距离越远，模糊就越大。模糊主要是用于消除锯齿，如图 4-39 所示。左图"模糊"值为 1，右图"模糊"值为 10。

图 4-38　"镜像"效果　　　　　　图 4-39　"模糊"效果比较

- 模糊偏移：影响贴图的锐度或模糊度，与贴图离视图的距离无关，只模糊对象空间中自身的图像。如果需要对贴图的细节进行软化处理或散焦处理以达到模糊图像的效果时，可使用此选项。

2.【VRayHDRI】贴图

【VRayHDRI】贴图主要用于使用高动态范围图像（HDRI）作为"环境"贴图，并且只有在指定"V-Ray 渲染器"作为当前渲染器时才可以使用。【VRayHDRI】贴图不仅能很好地表现高反射物体（如

不锈钢、玻璃等）的反射效果，使这些物体的反射更加丰富，同时还能提供很好地光照效果，这在【标准】材质中是无法实现的。

在 Photoshop CS3 中，可以将位图文件处理后存储为 HDRI 高动态范围图像。下面通过一个简单的实例，学习【VRayHDRI】贴图的应用方法。

Step 1　指定 "V-Ray 渲染器" 为当前场景渲染器，在场景中创建一个平面物体和一个茶壶对象，然后为这两个对象应用【VRayMtl】材质。

Step 2　打开【材质编辑器】，选择一个示例窗并应用【VRaymtl】材质，为其 "漫射" 指定 "贴图" 目录下的 "格子布.jpg"，文件，然后将其指定给平面物体。

Step 3　重新选择一个示例窗并应用【VRayMtl】材质，设置其 "漫反射" 为灰色（R: 240、G: 240、B: 240）、"反射" 为白色（R: 255、G: 255、B: 255）、"高光光泽度" 为 0.9、"光泽度" 为 1，其他设置默认，然后将其指定给茶壶对象。

Step 4　快速渲染场景，发现不锈钢茶壶靠近地面的部分有反射效果，而其他地方一片黑，如图 4-40 所示。

由渲染结果可以看出，由于没有光照，同时环境色又为黑色，因此不锈钢只能反射平面对象和环境色。下面制作一个 "VRayHDRI" 贴图作为 "环境" 贴图，使其反射效果更加丰富。

Step 5　重新选择一个示例窗，单击 🎇 "获取材质" 按钮，弹出【材质/贴图浏览】对话框，双击【VRayHDRI】贴图，此时在【材质编辑器】中出现【VRayHDRI】贴图的卷展栏。

Step 6　在【VRayHDRI】贴图的【参数】卷展栏中单击 浏览 按钮，选择 "贴图" 目录下的 "HDR-01.hdr" 的图像，其他参数设置如图 4-41 所示。

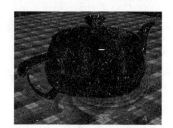

图 4-40　不锈钢茶壶的渲染效果

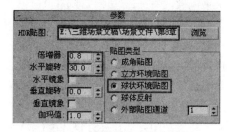

图 4-41　【参数】卷展栏设置

Step 7　执行【渲染】/【环境】命令，弹出【环境和效果】对话框，在【材质编辑器】中将 VRayHDRI 按钮拖曳到【环境和效果】对话框中的 "环境贴图" 按钮上释放鼠标左键，弹出【实例（副本）贴图】对话框，选择 "实例" 选项，单击 确定 按钮，将【VRayHDRI】贴图复制给环境，如图 4-42 所示。

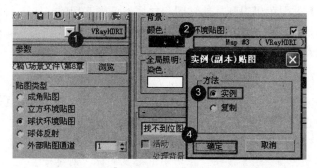

图 4-42　将【VRayHDRI】贴图复制给环境

Step 8 快速渲染场景，发现不锈钢茶壶有了环境反射效果，但没有灯光效果，如图 4-43 所示。下面设置【VRayHDRI】贴图的光照效果。

Step 9 单击主工具栏中的 "渲染场景对话框" 按钮，弹出【渲染场景】对话框，进入 "渲染器" 选项卡，在【全局开关】卷展栏下的 "灯光" 组中取消 "默认灯光" 的勾选；在【间接照明（GI）】卷展栏下勾选 "开" 选项；在【环境】卷展栏下勾选 "全局光环境（天光）覆盖" 选项下的 "开" 选项，然后依照 Step 7 的操作，将 "VRayHDRI" 贴图以 "实例" 方式复制给环境，再次渲染场景，发现场景不仅有环境反射效果，同时也有了光照效果，如图 4-44 所示。

图 4-43 【VRayHDRI】贴图的渲染效果

图 4-44 【VRayHDRI】贴图的光照效果

以上讲解了【VRayHDRI】贴图的应用方法，下面对【VRayHDRI】贴图的参数设置进行详细讲解。

- HDR 贴图：用于显示 HDRI 贴图的路径，单击 浏览 按钮可以选择一个 .hdr 格式的图像。
- 倍增器：控制 HDRI 图像的亮度，相当于灯光的倍增器，值越大，亮度越高。
- 水平旋转：设置 HDRI 图像的水平旋转角度，旋转角度不同，环境贴图对场景的反射效果不同。
- 水平镜像：勾选该选项，使 HDRI 图像进行水平镜像。
- 垂直旋转：设置 HDRI 图像的垂直旋转角度，旋转角度不同，环境贴图对场景的反射效果不同。
- 垂直镜像：勾选该选项，使 HDRI 图像进行垂直镜像。
- 伽玛值：设置 HDRI 图像的伽玛值。
- 贴图类型：设置环境贴图的类型，共有 5 种类型。
- 成角贴图：使 HDRI 图像成某种角度作为 "环境" 贴图。
- 立方环境贴图：选择立方体环境作为 "环境" 贴图。
- 球状环境贴图：选择球状环境作为 "环境" 贴图，这是最常用的一种贴图方式，能得到很好的环境反射效果。
- 球体反射：以球体反射作为 "环境" 贴图。
- 外部贴图通道：选择外部贴图通道作为 "环境" 贴图，不常用。

使用【VRayHDRI】贴图可以得到其他贴图和材质不可能实现的光照、反射和折射效果。但需要说明的是，只有通过多次调试和测试渲染，最终确定一个合适的参数后，才能得到满意的效果，任何一个参数的变化，都会产生差异很大的贴图效果。

3.【VRay 天光】贴图

【VRay 天光】贴图是 "V-Ray 渲染器" 自带的一种贴图，该贴图主要是配合 "VRay 阳光" 系统设置环境照明。下面通过一个简单的实例操作，讲解【VRay 天光】贴图的使用方法。

Step 1 在【创建】面板中激活 "灯光" 按钮，在其下拉列表中选择 "VRay" 选项，在【对象类型】卷展栏中激活 VR阳光 按钮，在场景中拖曳鼠标，创建一个 VRay 阳光系统。

Step 2 此时系统会弹出一个询问对话框，询问是否创建一个【VRay 天光】环境贴图，如图 4-45

所示。

Step 3　单击  按钮，系统自动添加一个【VRay 天光】环境贴图，如图 4-46 所示。

图 4-45　询问对话框　　　　　　　图 4-46　添加 VRay 天光环境贴图

Step 4　打开【材质编辑器】对话框，选择一个空的示例窗，单击 "获取材质" 按钮，弹出
【材质/贴图浏览器】对话框，双击【VRay 天光】贴图，然后在【材质编辑器】对话框中展开【VRay
天光参数】卷展栏，如图 4-47 所示。

Step 5　勾选 "手动阳光节点" 选项，然后激活 "阳光节点" 右侧的贴图按钮，按 H 键，弹出
【从场景选择】对话框，选择 "VR 阳光 01" 选项，如图 4-48 所示。

图 4-47　【VRay 天光参数】卷展栏　　　　　图 4-48　选择 "VR 阳光 01" 选项

Step 6　单击 确定 按钮确认，然后在【VRay 天光参数】卷展栏中取消 "手动阳光节点"
选项的勾选。此时，"VRay 天光" 与 "VRay 阳光" 参数同步。

Step 7　在场景中选择创建的 "VRay 阳光"，进入【修改】面板，展开【VRay 阳光参数】卷展
栏设置各参数，此时 "VRay 天光" 贴图会随 "VRay 阳光" 参数的改变而有所变化，如图 4-49 所示。

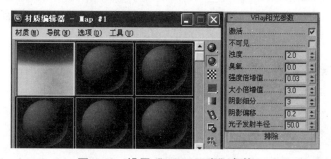

图 4-49　设置 "VRay 阳光" 参数

有关"VRay 天光"贴图与"VRay 阳光"的应用，请参阅本书第 5 章具体实例的操作。

4. 透空贴图

在建筑设计中，透空贴图的应用非常重要。在制作建筑浏览动画时，建筑环境中的人物、车辆、树木等模型对象，大多数情况下是使用透空贴图来模拟三维对象实现的。但在制作透空贴图时，必须要有位图及投影图，投影图也就是位图图像的剪影图，可以在 Photoshop 软件中轻松制作出位图的剪影图像，有关制作透空贴图剪影图的方法，将在本书第 7 章中进行详细讲解。下面通过在场景中实现一排树木的实例操作，学习透空贴图的制作方法。

Step 1 在前视图中创建一个平面物体，并将其"克隆"出多个，结果如图 4-50 所示。

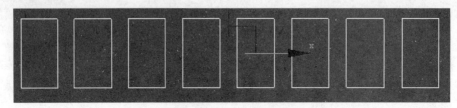

图 4-50 创建并克隆平面物体

Step 2 打开【材质编辑器】对话框，选择一个空的示例窗，在【标准】材质下展开【贴图】卷展栏。

Step 3 单击"自发光"贴图按钮，弹出【材质/贴图浏览器】对话框，双击【位图】选项，然后选择"贴图"目录下的"001.jpg"文件。

Step 4 使用相同的方法，在【贴图】卷展栏中为"不透明度"贴图通道选择"贴图"目录下的"001a.jpg"文件，这样就完成了透空贴图的制作。

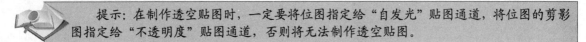

提示：在制作透空贴图时，一定要将位图指定给"自发光"贴图通道，将位图的剪影图指定给"不透明度"贴图通道，否则将无法制作透空贴图。

Step 5 将制作好的透空贴图指定给场景中的平面对象，渲染视图，结果如图 4-51 所示。

图 4-51 使用透空贴图制作的树木效果

4.1.4 贴图坐标及其应用

在大多数情况下，调整【坐标】卷展栏中的设置并不能完全使贴图正确投影到对象表面，这时需要为对象应用贴图坐标修改器，以纠正贴图。

在建筑设计中，常用的贴图坐标修改器主要有两种，一种是【UVW 贴图】修改器，另一种是【贴图缩放器绑定（WSM）】修改器。使用这两种修改器，可以控制在对象表面如何显示贴图以及如何将

图像投影到对象上。下面分别对这两个贴图修改器进行讲解。

1.【UVW 贴图】修改器

该修改器应用比较简单，主要用于对规则表面的贴图进行矫正，如墙体、地面、立柱、球形屋面等贴图。一般情况下，这些规则表面不用添加【UVW 贴图】修改器系统也会正确将贴图投影到这些表面上，但在特殊情况下，例如这些对象被指定了"多维/子对象"材质时，就需要使用【UVW 贴图】修改器分别对其进行矫正。其坐标系与 xyz 坐标系相似，位图的 U 轴和 V 轴对应于 x 轴和 y 轴，对应于 z 轴的 W 轴一般仅用于程序贴图。

选择场景中指定了贴图的对象，在修改器列表中选择【UVW 贴图】修改器，同时展开【UVW 贴图】修改器的【参数】卷展栏，如图 4-52 所示。

由于【UVW 贴图】修改器的【参数】卷展栏设置比较多，因此这里只对"贴图"组中在建筑设计中常用的"柱形"、"球形"和"长方体"三种贴图方式进行讲解。

- 柱形：柱形投影用于基于形状为圆柱形的对象（如建筑物的立柱等），通过从圆柱体投影来包裹对象，勾选"封口"选项后可实现无缝贴图效果，如图 4-53 所示。

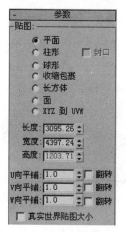

图 4-52　【参数】卷展栏

图 4-53　"柱形"投影方式

- 球形：球形投影用于基于形状为球形的对象，通过从球体投影贴图来包裹对象。在球体的顶部、底部，以及位图边与球体两极交汇处会看到接缝和贴图奇点，如图 4-54 所示。
- 长方体：长方体投影用于基于形状为长方体的对象，通过从长方体的六个侧面投影贴图来包裹对象。每个侧面投影为一个平面贴图，且表面上的效果取决于曲面法线，如图 4-55 所示。

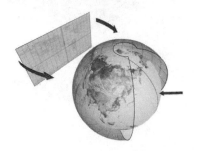

图 4-54　"球形"投影方式

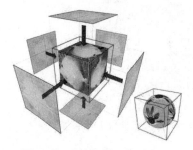

图 4-55　"长方体"投影方式

- 长度/宽度/高度：指定 "UVW 贴图" gizmo 的尺寸。在应用修改器时，贴图图标的默认缩放由对象的最大尺寸定义。用户可以在 Gizmo 层级设置投影的动画。
- U 向平铺/V 向平铺/W 向平铺：用于指定 "UVW 贴图" 的尺寸以便平铺图像，类似于在【坐标】卷展栏设置 U 向和 V 向的平铺次数。

2.【贴图缩放器（绑定）WSM】修改器

该修改器主要用于保持物体的贴图坐标在整个空间中恒定不变，不受物体本身形态变化的影响。这是一个空间扭曲性质的贴图坐标指定修改器，它在宏观上进行贴图坐标的指定，主要用于不规则表面处贴图的矫正，如人字型屋面等，下面通过一个简单的操作讲解该修改器的应用。

Step 1 打开场景文件 "屋面.max"，这是一个人字型屋面的模型。

Step 2 打开【材质编辑器】对话框，选择一个空的示例窗，应用前面所讲的方法，在【标准】材质中为其选择 "贴图" 目录下的 "瓦片 032.jpg" 贴图文件。

Step 3 将该材质指定给屋面对象，并使其在视图中显示出来，此时发现贴图并没有按照每一个面进行正确贴图，如图 4-56 所示。

Step 4 在修改器列表中选择【贴图缩放器（绑定）WSM】修改器，此时，贴图会自动根据每一个面进行矫正，如图 4-57 所示。

图 4-56 指定贴图后的效果

图 4-57 添加了修改器后的贴图效果

下面对【贴图缩放器（绑定）WSM】修改器的【参数】卷展栏进行设置，如图 4-58 所示。

- 比例：用于设置贴图的比例，值越大，贴图越大，反之贴图越小，如图 4-59 所示。上图是 "比例" 为 300 时的贴图效果，下图是 "比例" 为 50 时的贴图效果。

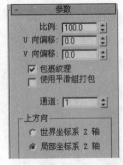

图 4-58 设置【参数】卷展栏

图 4-59 不同比例时的贴图效果

- U 向偏移/V 向偏移：用于设置贴图的偏移，类似于在【坐标】卷展栏下设置 U/V 偏移效果。

▌4.2▌ 实践应用

以上主要学习了建筑装饰设计中材质与贴图的相关知识，这一节将应用所学知识为住宅楼建筑模型和别墅建筑模型制作材质和贴图。

4.2.1　任务（一）——制作住宅楼的材质和贴图

住宅楼模型是第 2 章制作的一个建筑模型，这一节的主要任务是为其制作外墙材质和贴图。通过制作材质和贴图，真实再现该建筑模型的外墙装饰效果。

 任务要求

这是一栋住宅楼模型，根据设计要求，住宅楼一层外墙面将使用红砖，二层～六层（包括阁楼）外墙面将使用乳白色防水乳胶漆涂刷，六层的部分飘窗外墙和阁楼的部分窗户外墙面将使用红砖，人字型屋面将使用藏蓝色瓦面铺装，门窗将使用钢材质，表面涂刷绿色防锈漆，安装深蓝色防晒、防紫外线玻璃。最后要求所有材质使用"V-Ray 渲染器"支持的材质，便于最后使用"V-Ray 渲染器"渲染输出场景，其他并无特殊要求。

 任务分析

根据任务要求，首先设置当前的场景渲染器为"V-Ray 渲染器"，然后再逐一制作各模型的材质。在制作材质时，要根据模型的结构和材质的要求去操作，首先为一层墙体和人字型屋面制作【VRayMtl】材质，并分别指定位图贴图文件，以模拟红砖砌墙和瓦面铺装的真实效果，然后为二层～六层（包括阁楼）外墙面制作【VRayMtl】材质，并设置为乳白色，以模拟白色乳胶漆的涂刷效果。对于所有门窗，由于其模型使用了编辑多边形建模，同时还分别为门窗框模型和玻璃模型指定了不同的材质 ID号，因此需要制作【多维/子对象】材质，并分别为各子材质再指定【VRayMtl】材质，制作出金属门窗框和玻璃效果。

对住宅楼模型的所有材质分析完成后，下面开始制作材质。

 完成任务

1. 制作一层墙体砖材质

Step 1　打开"第 2 章线架"目录下的"住宅楼设计.max"文件

Step 2　按 F10 键，弹出【渲染设置】对话框，设置输出分辨率为 320×240，并指定当前渲染器为"V-Ray 渲染器"。

　提示：有关设置出图分辨率及指定渲染器的详细操作，将在第 6 章进行详细讲解。

Step 3　打开【材质编辑器】对话框，选择一个空的实例窗，将其命名为"一层外墙"。

Step 4 单击"标准"按钮，弹出【材质/贴图浏览器】对话框，双击【VRayMtl】选项。

Step 5 在【材质编辑器】的【基本参数】卷展栏中单击"漫反射"按钮，弹出【材质/贴图浏览器】对话框，双击"位图"选项，然后选择"贴图"目录下的"红砖.jpg"贴图文件，其他设置默认。

Step 6 进入该贴图的【坐标】卷展栏，设置"U：偏移"为–0.005，"U：平铺"为3.0，"V：平铺"为1.5，其他设置默认，如图4-60所示。

Step 7 返回【VRayMtl】材质层级，展开【贴图】卷展栏，将"漫反射"贴图通道中的贴图以"实例"方式复制到"凹凸"贴图通道中，然后设置其参数为100，如图4-61所示。

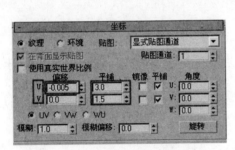

图 4-60 【坐标】卷展栏的设置　　　　　图 4-61 【贴图】卷展栏的设置

Step 8 选择场景中的"一层墙体"、阁楼中间人字型屋面外墙体以及左右两个方窗外墙体的模型，将制作的材质指定给选择的对象，并分别为这些对象指定【UVW贴图】修改器，选择"长方体"贴图方式。

2. 制作墙体乳胶漆材质

Step 1 重新选择一个空的示例窗，将其命名为"墙体乳胶漆"，并为其指定【VRayMtl】材质。

Step 2 在【VRayMtl】材质的【基本参数】卷展栏中设置"漫反射"颜色为乳白色（R：239、G：233、B：219），其他设置默认。

Step 3 在场景中选择除一层墙体、窗户、六层中间飘窗外墙体、阁楼中间人字型屋面外墙体、人字型屋面、楼顶栏杆之外的所有模型，将制作好的材质指定给选择对象。

3. 制作窗户【多维/子对象】材质

Step 1 重新选择一个空的示例窗，将其命名为"窗户"，然后为其选择【多维/子对象】材质，并设置其材质数量为2。

 提示：有关选择【多维/子对象】材质以及设置材质数目的方法，请参阅前面章节。

Step 2 为1号材质选择【VRayMtl】，然后为"漫反射"指定"贴图"目录下的"室外玻璃045.jpg"文件。

Step 3 为"反射"应用【衰减】贴图，展开【衰减参数】卷展栏，设置"前"的颜色为深灰色（R：12、G：12、B：12），"后"的颜色为浅灰色（R：133、G：133、B：133），如图4-62所示。

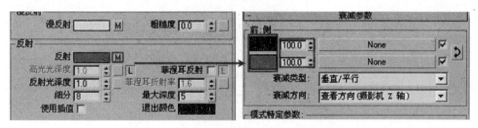

图 4-62　应用【衰减】贴图并设置参数

Step 4　勾选"折射"组中的"影响阴影"选项，并设置"烟雾倍增"为 0.03，使光线能穿透窗户玻璃。

Step 5　将"反射"上的【衰减】贴图以"复制"方式复制给"折射"，然后进入其【衰减参数】卷展栏，设置"前"的颜色为白色（R: 253、G: 253、B: 253），"后"的颜色为浅灰色（R: 181、G: 181、B: 181）。

Step 6　为 2 号材质选择【VRayMtl】，设置"漫反射"的颜色为绿色（R: 53、G: 93、B: 51），"反射"的颜色为深灰色（R: 5、G: 5、B: 5）、"高光光泽度"为 0.9、"反射光泽度"为 0.7，其他设置默认。

Step 7　选择场景中除六层中间飘窗之外的所有窗户对象，将制作的材质指定给选择的对象，并为这些对象指定【UVW 贴图】修改器，选择"长方体"贴图方式。

Step 8　继续选择一个实例窗，将其命名为"窗户 01"，为其应用【多维/子对象】材质，设置材质数目为 3。

Step 9　依照前面制作窗户材质的方法再次制作六层中间的窗户和外墙材质，其中 1 号材质和 3 号材质的设置与"窗户"材质中的 1 号材质和 2 号材质设置相同，2 号材质的设置与"一层墙体"材质的设置相同。

Step 10　制作完毕后，将该材质指定给六层中间飘窗模型，并为其指定【UVW 贴图】修改器，选择"长方体"贴图方式。

> 提示：对于场景中所有窗户模型窗框和窗户玻璃分别指定了不同的材质 ID 号，因此在制作【多维/子对象】材质时，要根据模型材质 ID 号制作相应的材质。

4. 制作屋面瓦材质

Step 1　重新选择一个空的实例窗，将其命名为"屋面瓦"，并为其选择【VRayMtl】材质。

Step 2　为"漫反射"指定"贴图"目录下的"蓝瓦.jpg"贴图文件，其他设置默认。

Step 3　展开【贴图】卷展栏，将"漫反射"贴图通道中的贴图以"实例"方式复制到"凹凸"贴图通道中，然后设置其参数为 100。

Step 4　将制作好的"屋面瓦"材质指定给场景中的人字型屋面对象，然后为该对象添加【UVW 贴图】修改器，选择"长方体"贴图方式。

至此，住宅楼模型材质制作完毕。最后为场景设置灯光、摄像机，并使用"V-Ray 渲染器"进行场景渲染。有关场景灯光、渲染等设置，请参阅后面相关章节的详细讲解。

归纳总结

这一节主要为住宅楼模型制作了材质和贴图。在制作窗户材质时，要注意【多维/子材质】的材质号与模型本身的材质 ID 号相对应，在赋予人字型屋面模型材质后，要注意添加【UVW 贴图】修改器，同时要根据各个模型的大小和方向分别调整【UVW 贴图】修改器 Gizmo 的方向和大小，以使贴图能正确赋予模型表面。

4.2.2　任务（二）——制作别墅材质和贴图

别墅模型是第 3 章制作的一个建筑模型，这一节的主要任务是为该建筑模型制作外墙材质和贴图。通过制作材质和贴图，能很好地表现出该建筑模型的外墙装饰效果。

任务要求

这是一栋独栋别墅模型，根据设计要求，别墅一层外墙将使用红砖砌墙，二层外墙面将使用乳白色防水乳胶漆涂刷，别墅人字型屋面将使用藏蓝色瓦面铺装，别墅门窗将使用塑钢材质，门窗将安装深蓝色防晒、防紫外线玻璃。最后要求所有材质使用"V-Ray 渲染器"支持的材质，便于最后使用"V-Ray 渲染器"渲染输出场景，其他并无特殊要求。

任务分析

根据任务要求，首先设置当前的场景渲染器为"V-Ray 渲染器"，然后再逐一制作各模型的材质。首先为一层墙体和人字型屋面制作【VRayMtl】材质，并分别指定位图贴图文件，以模拟红砖砌墙和瓦面铺装的真实效果，然后为二层外墙面制作【VRayMtl】材质，并设置为乳白色，以模拟白色乳胶漆的涂刷效果。对于别墅门窗，由于其模型使用了编辑多边形建模，同时还分别为门窗框模型和玻璃模型指定了不同的材质 ID 号，因此需要制作【多维/子对象】材质，并分别为各子材质再指定【VRayMtl】材质，制作出塑钢门窗框和玻璃效果。

对别墅模型的所有材质分析完成后，下面开始制作材质。

完成任务

1.　制作一层墙体砖材质

Step 1　打开"第 3 章线架"目录下的"别墅二层设计.max"文件。

Step 2　按 F10 键，弹出【渲染设置】对话框，设置输出分辨率为 320×240，并指定当前渲染器为"V-Ray 渲染器"。

Step 3　打开【材质编辑器】对话框，选择一个空的实例窗，将其命名为"一层外墙"。

Step 4　为该示例窗选择【VRayMtl】材质，然后单击"漫反射"按钮，为其选择"贴图"目录下的"红砖.jpg"贴图文件，其他设置默认。

Step 5　展开【贴图】卷展栏，将"漫反射"贴图通道中的贴图以"实例"方式复制到"凹凸"贴图通道中，并设置其参数为 100。

Step 6　选择场景中的"一层墙体"模型，将制作的材质指定给选择的对象，并为该对象指定【UVW 贴图】修改器，选择"长方体"贴图方式。

2. 制作墙体乳胶漆材质

Step 1　重新选择一个空的示例窗，将其命名为"墙体乳胶漆"，并为其指定【VRayMtl】材质。

Step 2　在【VRayMtl】材质的【基本参数】卷展栏中设置"漫反射"的颜色为乳白色（R: 247、G: 244、B: 236），其他设置默认。

Step 3　在场景中选择除一层墙体、所有门窗、二层阳台斜面、二层阳台金属栏杆以及人字型屋面之外的所有模型，将制作好的材质指定给选择的对象。

3. 制作窗户【多维/子对象】材质

Step 1　重新选择一个空的示例窗，将其命名为"窗户"，然后为其选择【多维/子对象】材质，并设置材质数量为 2。

Step 2　为 1 号材质选择【VRayMtl】，然后为"漫反射"指定"贴图"目录下的"室外玻璃 047.jpg"文件。

Step 3　为"反射"应用【衰减】贴图，展开【衰减参数】卷展栏，设置"前"的颜色为深灰色（R: 12、G: 12、B: 12），"后"的颜色为浅灰色（R: 123、G: 123、B: 123），如图 4-63 所示。

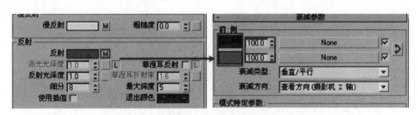

图 4-63　应用【衰减】贴图并设置参数

Step 4　勾选"折射"组中的"影响阴影"选项，并设置"烟雾倍增"为 0.03，使光线能穿透窗户玻璃。

Step 5　将"反射"上的【衰减】贴图以"复制"方式复制给"折射"，然后展开其【衰减参数】卷展栏，设置"前"的颜色为灰色（R: 123、G: 123、B: 123），"后"的颜色为浅灰色（R: 208、G: 208、B: 208）。

Step 6　为 2 号材质选择【VRayMtl】，设置"漫反射"的颜色为乳黄色（R: 239、G: 233、B: 217），其他设置默认。

Step 7　选择场景中的所有窗户和门对象，将制作的材质指定给选择的对象，并为这些对象指定【UVW 贴图】修改器，选择"长方体"贴图方式。

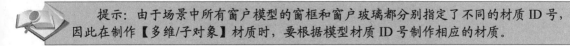

提示：由于场景中所有窗户模型的窗框和窗户玻璃都分别指定了不同的材质 ID 号，因此在制作【多维/子对象】材质时，要根据模型材质 ID 号制作相应的材质。

4. 制作屋面瓦材质

Step 1　重新选择一个空的实例窗，将其命名为"屋面瓦"，并为其选择【VRayMtl】材质。

Step 2　为"漫反射"指定"贴图"目录下的"蓝瓦.jpg"贴图文件，展开该贴图的【坐标】卷

展栏，设置"U：平铺"和"V：平铺"均为 0.5，其他设置默认。

Step 3 展开【贴图】卷展栏，将"漫反射"贴图通道中的贴图以"实例"方式复制到"凹凸"贴图通道中，然后设置其参数为 100。

Step 4 将制作好的"屋面瓦"材质指定给场景中的人字型屋面对象，然后为该对象添加【贴图缩放器绑定（WSM）】修改器，其他设置默认。

至此，别墅模型材质制作完毕。最后为场景设置灯光、摄像机，并使用"V-Ray 渲染器"进行场景渲染。有关场景灯光、渲染等设置，请参阅后面的相关章节。

归纳总结

这一节为别墅模型制作了材质和贴图，该场景的材质制作比较简单，其方法与住宅楼材质的制作方法完全相同。在制作窗户材质时，要注意【多维/子材质】的材质号与模型本身的材质 ID 号相对应，在赋予人字型屋面模型材质后，要为其添加【贴图缩放器绑定（WSM）】修改器，同时要设置贴图的平铺次数，使其能以合适的比例赋予模型表面。

▌4.3▌ 习题

4.3.1 单选题

01. 单击【材质编辑器】中的（   ）按钮可以将材质指定给选择对象。
　　A. ⬚　　　　　　B. ⬚　　　　　　C. ⬚　　　　　　D. ⬚

02. 单击【材质编辑器】中的（   ）按钮可以将材质放入材质库进行保存。
　　A. ⬚　　　　　　B. ⬚　　　　　　C. ⬚　　　　　　D. ⬚

03. 单击【材质编辑器】中的（   ）按钮可以从材质库中获取一个新的材质。
　　A. ⬚　　　　　　B. ⬚　　　　　　C. ⬚　　　　　　D. ⬚

04. 单击【材质编辑器】中的（   ）按钮可以使材质在场景中显示。
　　A. ⬚　　　　　　B. ⬚　　　　　　C. ⬚　　　　　　D. ⬚

4.3.2 多选题

01. 将当前材质赋予选择对象的方法有（   ）。
　　A. 选择场景对象，单击【材质编辑器】中的 ⬚ 按钮
　　B. 用光标将【材质编辑器】中的材质实例窗拖曳到场景对象上
　　C. 选择场景对象，单击【材质编辑器】中的 ⬚ 按钮
　　D. 选择场景对象，单击【材质编辑器】中的 ⬚ 按钮

02.【VRayMtl】材质与【标准】材质不同，【VRayMtl】材质的【基本参数】卷展栏提供了（   ）设置。
　　A. "漫反射"参数　B. "反射"参数　　C. "折射"参数　　D. "半透明"参数

03．下面的材质中，属于 VRay 材质的是（　　）。

　　A．VRay 合成纹理　　　　　　　　B．VRay 位图过滤器

　　C．VRay 凹凸贴图　　　　　　　　D．VRay 材质包裹器

04．下面的材质中，既可以使用"默认扫描线渲染器"渲染，又可以使用"V-Ray 渲染器"渲染的材质是（　　）。

　　A．"多维/子对象"材质　　　　　　B．"高级照明覆盖"材质

　　C．"光线跟踪"材质　　　　　　　　D．"标准"材质

4.3.3　操作题

运用所学知识，为八角亭（位置："场景文件"/"八角亭.max"）场景制作材质，八角亭模型及最终效果如图 4-64 所示。

图 4-64　"八角亭"的模型及最终效果

 提示：解压"第 4 章线架"目录下的"八角亭（材质）"压缩包，查看场景的材质设置。

第 5 章
建筑照明设计——设置场景灯光

设置场景灯光是建筑设计中的重要操作环节。灯光可以为建筑场景提供照明，再现建筑场景真实的明暗阴影效果，增强建筑模型的立体感和空间感。

在 3ds max 2009 系统中，灯光是照亮场景的唯一设备，通过在场景中设置灯光可以模拟出实际灯光或日光的照明效果，如室内的灯光照明和室外的日光照明等。不同种类的灯光对象应使用不同的方法投射灯光，来模拟真实世界中不同种类的光源。当场景中未设置灯光时，系统将使用默认的照明进行着色或渲染建筑场景。默认照明包含两个不可见的灯光：一个灯光位于场景的左上方，另一个位于场景的右下方。有了默认照明，即使没有设置灯光，用户也能看到场景中的对象，而一旦创建了一个灯光，那么默认的照明就会被禁用，场景将使用用户设置的灯光照明。如果用户删除了场景中设置的灯光，系统将重新启用默认照明。

一般情况下，默认照明并不能很好地表现建筑场景模型的立体感以及光影效果，如图 5-1 所示。通常情况下需要用户重新设置场景的灯光增强场景的清晰度、质感和光影效果，如图 5-2 所示。

图 5-1　默认灯光的照明效果

图 5-2　自定义灯光的照明效果

这一章将通过为"住宅楼设计"和"别墅设计"两个建筑场景分别设置 3ds max 标准灯光和"V-Ray 渲染器"灯光，重点学习建筑设计中照明设计的相关要领以及 3ds max 2009 灯光系统的应用技巧，如图 5-3 所示。

"V-Ray 渲染器"灯光效果　　　　　3ds max 标准灯光效果

"V-Ray 渲染器"灯光效果　　　　　3ds max 标准灯光效果

图 5-3　3ds max 标准灯光和"V-Ray 渲染器"灯光的效果比较

5.1 重点知识

3ds max 2009 提供了两种类型的灯光，即标准灯光与光度学灯光。标准灯光是最常用也最简单的灯光系统。标准灯光是基于计算机的对象，用于模拟如家用或办公室用灯、舞台和影视用灯以及太阳光本身。不同种类的灯光对象可用不同的方式投射灯光，模拟真实世界中不同种类的光源。与光度学灯光不同，标准灯光不具有基于物理的强度值。比起标准灯光，光度学灯光则更复杂，可以提供真实世界照明的精确物理模型。

除了标准灯光与光度学灯光之外，当用户安装 V-Ray 渲染器插件后，还会有 VRay 灯光。VRay 灯光是"V-Ray 渲染器"自带的专用灯光系统，在与"V-Ray 渲染器"专业材质、贴图以及阴影类型相结合使用的时候，其效果明显要优于使用 3ds max 的标准灯光类型。下面开始学习标准灯光、光度学灯光以及 VRay 灯光的相关知识。

5.1.1 创建灯光

不管是标准灯光、光度学灯光，还是 VRay 灯光，其创建方法都非常简单。下面通过几个简单的实例操作，分别学习这几种灯光的创建方法。

1. 创建标准灯光

Step 1 打开"场景文件"目录下的"八角亭.max"文件。

Step 2 进入【创建】面板，激活 🔦 "灯光"按钮，在其下拉列表中选择"标准"选项，然后展开【对象类型】卷展栏，显示出标准灯光的几种灯光类型，如图 5-4 所示。

Step 3 激活 目标聚光灯 按钮，在视图中拖曳鼠标创建目标聚光灯，初始点是聚光灯的位置，释放鼠标左键时的点就是目标位置，如图 5-5 所示。

图 5-4　选择"标准"选项

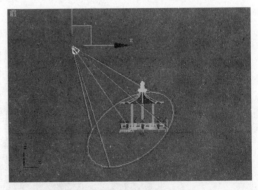

图 5-5　创建的目标聚光灯

提示：聚光灯像闪光灯一样投射聚焦的光束，适合模拟射灯等聚光的灯光效果。目标聚光灯使用目标对象指向摄像机。当添加"目标聚光灯"时，系统将为该灯光自动指定注视控制器，灯光目标对象被指定为"注视"目标。另外，当在场景中创建目标聚光灯后，该目标聚光灯将成为场景的一部分，可以使用移动、旋转、缩放工具对灯光进行调整。

Step 4 继续在【对象类型】卷展栏下激活 `目标平行光` 按钮，在视图中拖曳鼠标创建目标平行光，初始点是平行光的位置，释放鼠标左键时的点就是目标位置，如图 5-6 所示。

> 提示：3ds max 中的平行光（目标平行光与自由平行光）主要用于模拟太阳光，用户可以调整灯光的颜色和位置并在 3D 空间中旋转灯光。与目标聚光灯相同，目标平行光使用目标对象指向灯光。但由于平行光线是平行的，因此平行光线呈圆形或棱柱形而不是"圆锥体"。

Step 5 继续在【对象类型】卷展栏下激活 `泛光灯` 按钮，在视图中单击，即可创建一盏泛光灯，如图 5-7 所示。

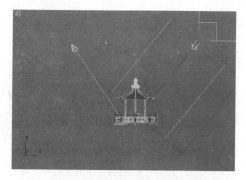

图 5-6 创建的目标平行光

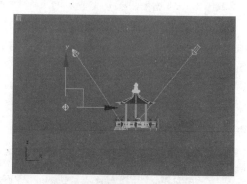

图 5-7 创建的泛光灯

> 提示：泛光灯从单个光源向各个方向投射光线。泛光灯用于将"辅助照明"添加到场景中，或模拟点光源。泛光灯可以投射阴影与投影，单个投射阴影的泛光灯等同于六个投射阴影的聚光灯，方向是从中心指向外侧。

标准灯光除了聚光灯和泛光灯之外，还包括其他类型的灯光，如图 5-8 所示。这些灯光的创建方法基本相同，在此不再讲解。下面继续学习创建光度学灯光。

2．创建光度学灯光

光度学灯光使用光度学（光能）参数可以使用户更精确地定义灯光，就像在真实世界一样。用户可以设置灯光的分布、强度、色温，以及真实世界其他灯光的特性。也可以导入照明制造商的特定光度学文件以便设计基于商用灯光的照明。

Step 1 进入【创建】面板，激活 "灯光"按钮，在其下拉列表中选择"光度学"选项，然后展开【对象类型】卷展栏，显示出光度学灯光的几种灯光类型，如图 5-9 所示。

图 5-8 标准灯光类型

图 5-9 光度学灯光类型

Step 2 在【对象类型】卷展栏下激活 目标灯光 按钮，在视图中拖曳鼠标创建目标灯光，初始点是灯光的位置，释放鼠标左键时的点就是目标位置，创建的目标灯光将成为场景的一部分。

> 提示：当添加目标灯光时，3ds max 2009 会自动为其指定注视控制器，且灯光目标对象指定为"注视"目标。用户可以使用【运动】面板上的控制器设置将场景中的任意对象指定为"注视"目标。另外，当创建目标灯光后，可进入【修改】面板，展开【常规参数】卷展栏，在"灯光分布"列表中选择"球形分布"、"聚光灯分布"或"Web 分布"类型。当选择"Web 分布"类型时，可以导入照明制造商的特定光度学文件，以便设计出基于商用灯光的照明。各分布类型在视图中的显示效果如图 5-10 所示。

Step 3 通过使用移动变换，可调整灯光的位置和方向。

Step 4 继续激活 自由灯光 按钮，在视图中单击，创建一个自由灯光。此时，灯光成为了场景的一部分。最初，在用户单击的视口中，自由灯光指向用户的相反方向（沿视口的负 z 轴向下），如图 5-11 所示。

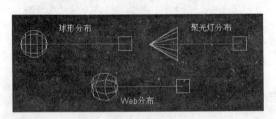

图 5-10　目标灯光的分布类型

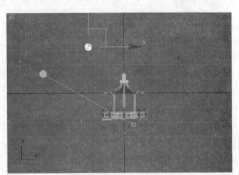

图 5-11　创建自由灯光

> 提示：自由灯光不具备目标子对象。用户可以使用变换工具或"灯光"视口定位和调整灯光对象，也可以使用"放置高光"命令调整灯光的位置。另外，可以进入【修改】面板，展开【常规参数】卷展栏，在"灯光分布"列表中选择"球形分布"、"聚光灯分布"或"Web 分布"类型。当选择"Web 分布"类型时，可以导入照明制造商的特定光度学文件，以便设计出基于商用灯光的照明。各分布类型在视图中的显示效果如图 5-12 所示。

Step 5 激活 mr Sky 门户 按钮，在视图中拖曳鼠标，创建一个 mr Sky 门户，如图 5-13 所示。

图 5-12　自由灯光的分布类型

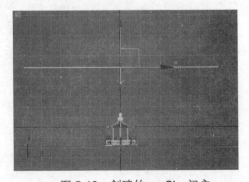

图 5-13　创建的 mr Sky 门户

mr Sky 门户对象提供了一种"聚集"内部场景中现有天空照明的有效方法，无需高度最终聚集或全局照明设置（这会使渲染时间过长）。实际上，门户就是一个区域灯光，可以从环境中导出其亮度和颜色。需要特别说明的是，为使 mr Sky 门户正确工作，场景必须包含天光组件，此组件可以是 IES 天光、mr 天光，也可以是天光。下面通过一个简单实例，学习使用 mr Sky 门户的方法。

Step 1　重置系统，然后创建一个三维场景，并设置摄像机，然后将透视图转换为摄像机视图，如图 5-14 所示。

Step 2　单击主工具栏中的 按钮，弹出【渲染设置】对话框，进入"公用"选项卡，展开【指定渲染器】卷展栏，设置"mental ray 渲染器"为当前场景渲染器，如图 5-15 所示。

提示：创建摄像机以及指定渲染器的具体操作方法，请参阅本书第 6 章的相关内容。

图 5-14　创建三维场景

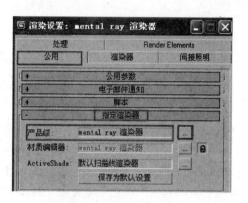

图 5-15　指定渲染器

Step 3　激活创建面板上的 "系统"按钮，在【对象类型】卷展栏下单击 日光 按钮，弹出【创建日光系统】对话框，如图 5-16 所示。

图 5-16　【创建日光系统】对话框

Step 4　单击"是"按钮，在视图中创建一个日光系统（为了获得最佳效果，请确定太阳的位置，使其不会直接照射到房间内部，或将日光系统关闭，否则直接光照明会淹没入口处的间接光照明，尤其是在使用最终聚集或全局照明时），如图 5-17 所示。

Step 5　执行【渲染】/【环境】命令，弹出【环境和效果】对话框，进入【环境】选项卡，展开【曝光控制】卷展栏，选择"mr 摄影曝光控制"选项。然后展开【mr 摄影曝光控制】卷展栏，将"预设值"设置为"物理性灯光、室内日光"，同时设置"曝光值"为 10，如图 5-18 所示。

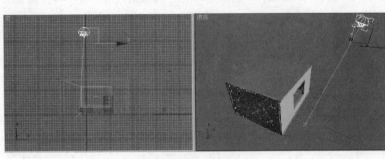

图 5-17　创建的日光系统

图 5-18　设置曝光控制

Step 6　关闭该对话框，然后在"光度学"的【对象类型】卷展栏下激活 mr Sky 门户 按钮，在场景的窗户位置创建一个 mr Sky 门户对象，如图 5-19 所示。

> 提示：mr Sky 门户对象是线框矩形，中间有一个垂直的箭头显示灯光流或光通量的方向，确保门户箭头指向内部。如果门户的箭头指向外部，在"mr Sky 门户"【参数】卷展栏中勾选"翻转光流动方向"选项即可。另外，在创建时可使每个门户比其各自的开口稍大一些，然后置于开口外部或内部。

Step 7　选择创建的日光系统，进入【修改】面板，在【日光参数】卷展栏下将"太阳光"设置为"mr Sun"，将"天光"设置为"mr Sky"，如图 5-20 所示。

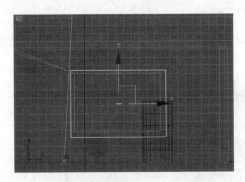

图 5-19　创建 mr Sky 门户对象

图 5-20　设置"太阳光"和"天光"

Step 8　单击主工具栏中的 按钮，弹出【渲染设置】对话框，进入"间接照明"选项卡，在【最终聚焦】卷展栏下勾选"启用最终聚焦"选项，设置最终聚焦精度为"高"，然后在"最终聚焦贴图"组中单击 ... "预览"按钮，弹出【另存为】对话框，将最终聚焦贴图进行保存，如图 5-21 所示。

Step 9　单击 立即生成最终聚集贴图文件 按钮，生成最终的聚焦文件，该过程需要一些时间，如图 5-22 所示。

Step 10　等最终聚焦文件生成后，单击"渲染"按钮，进行最后的渲染（如果渲染图像看起来较粗糙，可以在【mr Sky 天光门户参数】卷展栏上增加"阴影采样"的值，系统默认该值为 16），结果如图 5-23 所示。

图 5-21　最终聚焦设置　　　　　　　　　图 5-22　正在生成的聚焦文件

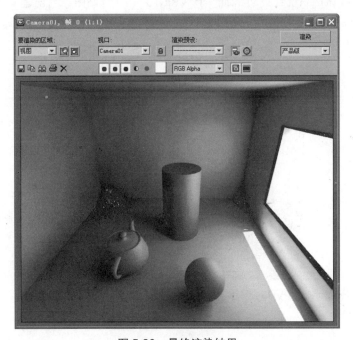

图 5-23　最终渲染结果

提示："太阳光"和"日光"系统用于创建室外照明，该照明是基于日、月、年的位置和时间模拟太阳光的照明，用户可以设置天的时间动画以创建阴影演示等，有关"太阳光"和"日光"系统的应用，请参阅本章"实践应用"一节。

3. 创建 VRay 灯光

VRay 灯光是 "V-Ray 渲染器" 自带的专用灯光系统，在与 "V-Ray 渲染器" 中专业材质、贴图以及阴影类型相结合使用的时候，其效果显然要优于使用 3ds max 的标准灯光类型。

进入【创建】面板，激活 「 "灯光" 按钮，在其下拉列表中选择 "VRay" 选项，然后展开【对象类型】卷展栏，显示出 VRay 灯光的几种类型，如图 5-24 所示。

VRay 灯光包括 "VRay 灯光"、"VRayIES" 和 "VR 阳光"。"VRay 灯光" 主要用于室内环境的照明，而在室外建筑设计中，常用 "VRayIES" 和 "VR 阳光" 来设置场景照明。创建 "VRayIES" 或 "VR 阳光" 非常简单，只要激活相关按钮，在场景中拖曳光标即可。需要说明的是，在创建 "VR 阳光" 时，系统会弹出一个询问对话框，询问是否创建 VRay 天光环境贴图，如图 5-25 所示。

图 5-24　VRay 灯光

图 5-25　询问对话框

单击 是(Y) 按钮，系统会自动添加一个 VRay 天光环境贴图。当创建了 "VRayIES" 或 "VR 阳光" 后，可以进入【修改】面板，展开【VRay 阳光参数】卷展栏或【VRayIES 参数】卷展栏，设置各参数，如图 5-26 所示。

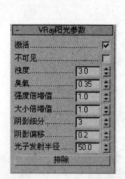

图 5-26　【VRay 阳光参数】卷展栏和【VRayIES 参数】卷展栏

有关【VRay 阳光参数】卷展栏和【VRayIES 参数】卷展栏的设置及应用，在后面章节将通过具体实例进行讲解。

5.1.2　灯光的公用参数

在 3ds max 2009 众多的灯光系统中，大多数的灯光都有其公用的照明设置，主要包括【常规参数】、【强度/颜色/衰减】与【阴影参数】（"天光"、"IES 天光" 以及 VRay 灯光没有【阴影参数】卷展栏，

其阴影受其他设置控制）等设置。这些设置是 3ds max 2009 常用照明系统所共有的设置，下面通过对灯光的这些公共设置进行详细讲解。

1.【常规参数】卷展栏的设置

对于除 VRay 灯光之外所有类型的灯光，都有【常规参数】卷展栏。该卷展栏中的设置用于启用或禁用灯光、排除或包含场景中的对象、控制灯光的目标对象，以及将灯光从一种类型更改为另一种类型。下面以"目标平行光"为例，通过一个简单的实例操作，讲解【常规参数】卷展栏中的相关设置。

Step 1　打开"场景文件"目录下的"八角亭.max"文件，在顶视图中为该场景创建一盏目标平行光，然后激活主工具栏中的  "移动工具"，在前视图中选择平行光，将其沿 y 轴正方向进行调整，如图 5-27 所示。

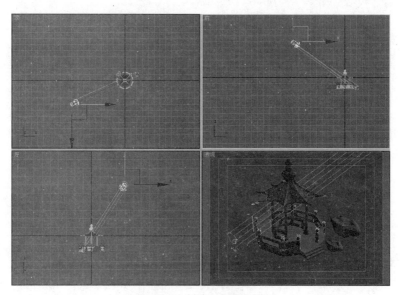

图 5-27　创建目标平行光

Step 2　进入【修改】面板，展开【常规参数】卷展栏，如图 5-28 所示。

Step 3　在"灯光类型"组中勾选"启用"选项，表示将使用该灯光进行着色和渲染，以照亮场景（取消该选项的勾选，进行着色或渲染时则不会使用该灯光）。

Step 4　在"启用"右侧的列表中可以更改灯光的类型，如更改为泛光灯、聚光灯等。

Step 5　在"阴影"组中设置当前灯光是否投射阴影。勾选"启用"选项，灯光将产生阴影；取消勾选"启用"选项，灯光将不投射阴影，如图 5-29 所示。左图为"启用"阴影时灯光产生阴影，右图为禁用阴影时灯光不产生阴影。

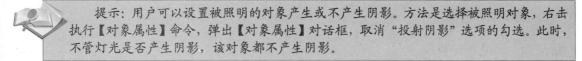

> 提示：用户可以设置被照明的对象产生或不产生阴影。方法是选择被照明对象，右击执行【对象属性】命令，弹出【对象属性】对话框，取消"投射阴影"选项的勾选。此时，不管灯光是否产生阴影，该对象都不产生阴影。

Step 6　当"启用"阴影后，可以在"阴影"组中的下拉列表中选择生成阴影的类型，包括"阴影贴图"、"光线跟踪阴影"、"高级光线跟踪"、"mental ray 阴影贴图"、"区域阴影"等。另外，如果安装了 VRay 渲染器，还可以选择"VRay 阴影"。

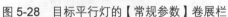

图 5-28 目标平行灯的【常规参数】卷展栏　　　　图 5-29 阴影效果比较

 提示：当想要 "不透明度" 贴图对象投射的阴影时，可选择 "光线跟踪阴影" 或 "高级光线跟踪阴影" 选项。"阴影贴图" 不识别贴图的透明部分，因此该阴影看起来并不真实。

下面介绍不同类型的阴影方式所投射阴影的优缺点，如表 5-1 所示。

表 5-1　各类型投影的优点和缺点比较

阴影类型	优 点	缺 点
高级光线跟踪	支持透明度和不透明度贴图；使用不少于 RAM 的标准光线跟踪阴影（建议对复杂场景使用一些灯光或面）	比阴影贴图更慢；不支持柔和阴影
区域阴影	支持透明度和不透明度贴图；使用很少的 RAM（建议对复杂场景使用一些灯光或面）；支持区域阴影的不同格式	比阴影贴图更慢
mental ray 阴影贴图	配合 "mental ray 渲染器" 的使用比光线跟踪阴影更快	不如光线跟踪阴影精确
光线跟踪阴影	支持透明度和不透明度贴图；如果不存在对象动画，则只处理一次	可能比阴影贴图更慢；不支持柔和阴影
阴影贴图	产生柔和阴影；如果不存在对象动画，则只处理一次，是最快的阴影类型	使用很多 RAM；不支持使用透明度或不透明度贴图的对象

Step 7　单击 排除… 按钮，弹出【排除/包含】对话框，如图 5-30 所示。该对话框是一个无模式对话框，可以基于灯光包含或排除对象。当排除对象时，对象不由选定灯光照明，并且不接收阴影。

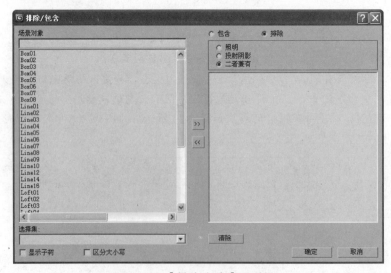

图 5-30 【排除/包含】对话框

Step 8 在【排除/包含】对话框中，左边的列表框中显示场景中的所有对象，右边的列表框中显示"包含"或"排除"的对象。例如，要使当前灯光不照射场景中的"石头"对象，则在对话框左边选择"石头"，如图 5-31 所示。单击 >> 按钮将其导入右边的列表框中，并选择"排除"选项，表示当前灯光将排除"石头"对象，也就是说不照射"石头"对象，如图 5-32 所示。

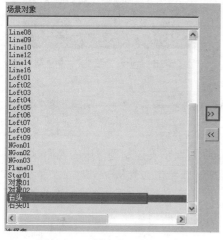

图 5-31 选择"石头"对象

图 5-32 将其导入右边的列表框中

Step 9 选择"二者兼有"选项，单击 确定 按钮确认。单击主工具栏中的 ._渲染产品"按钮，使用默认设置快速渲染场景，发现"石头"对象没有被当前灯光照亮，也不产生投影，如图 5-33 所示。

 提示：单击主工具栏中的 "渲染产品"按钮，可以使用系统默认的渲染器对场景进行快速着色渲染，这是查看灯光效果的唯一方法。有关场景的渲染设置，将在第 6 章进行详细讲解。

Step 10 如果选择"照明"选项，则表示当前灯光只排除对"石头"对象的照亮，但"石头"对象会产生投影，如图 5-34 所示。

图 5-33 "石头"的"二者兼有"效果

图 5-34 排除"石头"的"照明"效果

Step 11 如果选择"投射阴影"选项，则表示当前灯光只排除"石头"对象的阴影，但"石头"对象会被照明，如图 5-35 所示。

Step 12 如果选择"包含"选项，则表示当前灯光只包含"石头"对象，而排除了场景中的其他对象，结果如图 5-36 所示。

图 5-35 排除"石头"的"投射阴影"效果

图 5-36 包含"石头"的效果

提示: 如果要取消灯光对"石头"对象的排除, 可以在右侧列表框中选择"石头"对象, 单击 « 按钮将其导入左边的列表框中即可。

虽然灯光的"排除"在自然情况下不会出现, 但该功能在需要精确控制场景中的照明时非常有用。例如, 有时专门添加灯光来照亮单个对象而不是其周围环境、或希望灯光从一个对象(而不是其他对象)投射阴影时, 就可以使用"排除/包括"功能。

2.【强度/颜色/衰减】卷展栏与【平行光参数】卷展栏的设置

【强度/颜色/衰减】卷展栏用于设置灯光的强度、颜色和衰减等, 如图 5-37 所示。【平行光参数】卷展栏用于设置平行光的"聚光区/光束"范围、"衰减区/区域"范围以及光锥形状等, 如图 5-38 所示。

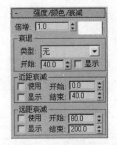

图 5-37 【强度/颜色/衰减】卷展栏

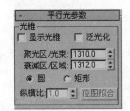

图 5-38 【平行光参数】卷展栏

继续使用"石头"对象的排除进行操作。设置平行光产生阴影, 然后展开【强度/颜色/衰减】卷展栏, 各选项说明如下:

- 倍增: 用于设置灯光的功率(强度)。例如, 如果将"倍增"设置为 2, 灯光的亮度将提高两倍, 结果如图 5-39 所示。

图 5-39 不同"倍增"值的照亮效果比较

- 色样块：用于设置灯光的颜色，结果如图 5-40 所示。

灯光颜色为白色（R:255、G：255、B：255）时的照明效果　　灯光颜色为黄色（R:253、G：223、B：105）时的照明效果

图 5-40　设置颜色后的照明效果比较

- 衰退：设置远处灯光强度减小的另一种方法，可以在"类型"下拉列表中选择一种类型。选择"无"选项，将不应用衰退，从"源"到"无穷大"灯光仍然保持全部强度，除非启用远距衰减；选择"倒数"选项，应用反向衰退；选择"平方反比"选项，应用平方反比衰退。

> 提示：衰退开始的点取决于是否使用衰减。如果不使用衰减，则从光源处开始衰退，使用"近距衰减"，则从近距结束位置开始衰退。建立开始点之后，衰退遵循其公式，或直到灯光本身由"远距结束"距离切除为止。换句话说，"近距结束"和"远距结束"不成比例，否则影响衰退灯光的明显坡度。另外，由于随着灯光距离的增加，衰减会继续计算越来越暗的衰减效果，因此最好设置衰减的"远距结束"值，以消除不必要的计算。

- 近距衰减：不常用的衰减方式，其设置与远距衰减设置相同。
- 远距衰减：最常用的衰减方式，勾选"使用"选项，将应用远距离衰减。用户可以在"开始"与"结束"数值框中设置灯光开始淡入以及减弱到 0 的距离。勾选"显示"选项，在视口中显示远距衰减范围，"远距开始"为浅黄色区域，"远距结束"为深棕色区域。

需要说明的是，衰减会使灯光产生由强到弱的变化。因此，处于衰减开始范围的对象会比处于衰减结束范围的对象暗，处于衰减结束之外的对象几乎不受灯光的照射，如图 5-41 所示。

不应用灯光的"衰减"　　　　　应用灯光的"衰减"

图 5-41　"远距衰减"效果比较

以上是灯光的【强度/颜色/衰减】卷展栏的相关设置，下面继续讲解【平行光参数】卷展栏。该卷展栏主要用于设置平行光的光束范围，可以在"聚光区/光束"和"衰减区/区域"数值框中进行设置。"聚光区/光束"范围越大，照明范围越大，反之照射范围越小，如图 5-42 所示。

但是，当"衰减区/区域"的值大于"聚光区/光束"的值时，会产生一定的衰减效果，如图 5-43 所示。

"聚光区/光束"范围为1000时的照射效果　　　"聚光区/光束"范围为200时的照射效果

图 5-42　"聚光区/光束"范围的照射效果比较

3. 【阴影参数】卷展栏的设置

所有灯光类型（除了"天光"、"IES 天光"和 VRay 灯光）和所有阴影类型都具有【阴影参数】
卷展栏。设置该选项可以改变阴影颜色和常规阴影属性。例如创建目标平行光后，展开【阴影参数】
卷展栏，如图 5-44 所示。

"聚光区/光束"与"衰减区/区域"均为200　　　"聚光区/光束"为200，"衰减区/区域"为1300

图 5-43　"聚光区/光束"与"衰减区/区域"不同设置效果　　　　　图 5-44　【阴影参数】卷展栏

- 颜色：用于设置灯光投射的阴影颜色，默认颜色为黑色。
- 密度：用于调整阴影的密度，值越大阴影越明显，反之阴影不明显，如图 5-45 所示。

"密度"值为1时的阴影效果　　　　　　　"密度"值为0.5时的阴影效果

图 5-45　不同"密度"下的阴影效果比较

　　提示："密度"可以有负值，使用该值可以模拟反射灯光的效果。白色阴影颜色和负
"密度"值渲染黑色阴影的质量没有黑色阴影颜色和正"密度"值渲染的质量好。

- 贴图：勾选该选项后，可以使用"贴图"按钮指定贴图作为阴影，且贴图颜色可以与阴影颜色混合起来。
- 灯光影响阴影颜色：勾选此选项后，可使灯光颜色与阴影颜色（如果阴影已设置贴图）混合起来。

- 大气阴影：设置后可以让大气效果投射阴影，但不常用。

5.1.3　灯光属性与照明

在现实世界中，当光线到达物体曲面后会反射到我们的眼睛中，这样我们就会看到对象。由此可以看出，对象的外观（即我们看到的外观）取决于到达它的光以及物体材质的属性，如颜色、平滑度和不透明度等。

3ds max 2009 依靠系统灯光来模拟现实世界中的灯光以照亮场景，但是，由于受灯光的强弱、照射方向、光线颜色以及被照射物体表面的光滑程度、材质属性等各种因素，灯光照明的效果不尽相同，主要有以下几种因素。

1. 灯光强度、颜色与照明

在 3ds max 2009 中，灯光强度主要被灯光的"倍增"及颜色所影响。当灯光的"倍增"越高、颜色越亮（白色）时，灯光强度就越强，灯光照射的对象也就越亮；反之，灯光照射的对象越暗。

2. 灯光入射角度与照明

对象曲面法线相对于光源的角度称为入射角。对象曲面与光源倾斜的越多，曲面接收到的光越少，被照射的对象看上去越暗。3ds max 2009 使用从灯光对象到该面的一个向量和面法线来计算入射角，当入射角为 0°（即光源垂直曲面入射）时，曲面完全照亮，如图 5-46 所示。当灯光入射角度与楼体面垂直时，楼体被完全照亮，如图 5-47 所示。

图 5-46　灯光入射角度示意图

图 5-47　灯光垂直照射时的效果

如果入射角增加，则曲面接收的光线就会变少，曲面就会变暗。如图 5-48 所示。当灯光入射时与

楼体正面成一定的倾斜角度，楼体被照亮的效果如图 5-49 所示。

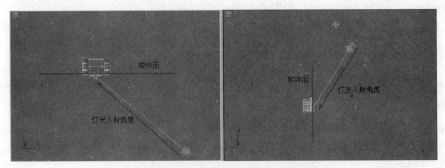

图 5-48　灯光入射角度示意图

图 5-49　灯光成角度照射时的效果

3．灯光衰减与照明

在现实世界中，灯光的强度将随着距离的加长而减弱，远离光源的对象看起来更暗靠近，光源的对象看起来更亮，这种效果称为衰减。在 3ds max 2009 中，标准灯光的所有类型都支持衰减，并在衰减开始和结束的位置显示设置。通过设置衰减，制作出逼真的空间效果，如图 5-50 所示。左图中使用灯光衰减，亮度产生明暗变化，场景距离感和空间感较强；右图中没有使用衰减，亮度没有明暗变化，场景距离感和空间感不强。

图 5-50　衰减前后的效果比较

4．反射光、环境光与照明

对象反射光可以照亮其他对象。曲面的反射光越多，用于照明环境中其他对象的光也越多。用反射光创建出的环境光具有均匀的强度，并且属于均质漫反射，但是不具有可辨别的光源和方向。需要

说明的是，在 3ds max 2009 中，使用"默认扫描线渲染器"进行渲染时，标准灯光不计算场景中对象反射的灯光效果。因此，使用标准灯光照明场景时通常要添加比实际需要更多的灯光对象。但是，当使用"mental ray 渲染器"或"V-Ray 渲染器"渲染场景时，可以获得较好的反射光和环境光效果，该效果常用于室内灯光设置中。

▌5.2▌ 实践应用

以上主要学习了 3ds max 2009 标准灯光、光度学灯光及 VRay 灯光的相关知识，这一节将应用所学知识，为"住宅楼"和"别墅"两个三维场景分别设置标准灯光和 VRay 灯光。

5.2.1　任务（一）——"住宅楼"三维场景照明设置

这一节的主要任务是为住宅楼三维场景设置 3ds max 2009 标准灯光和 VRay 灯光，增强住宅楼模型的立体感和光影效果，同时学习 3ds max 2009 标准灯光和 VRay 灯光在建筑设计中的应用技巧。

 任务要求

"住宅楼"是前面制作的一个建筑设计项目，已经被赋予了"V-Ray 渲染器"支持的材质。这一节的主要任务是为该场景分别设置 3ds max 2009 标准灯光和 VRay 灯光，从而更好地表现出住宅楼的材质质感以及光影效果。

 任务分析

在 3ds max 2009 中，标准灯光既支持"默认扫描线渲染器"，又支持"V-Ray 渲染器"。但是，VRay 灯光只支持"V-Ray 渲染器"，且只有配合 VRay 材质使用"V-Ray 渲染器"渲染时，才能得到较好的渲染效果。因此，在设置灯光时，最好在标准材质场景中设置标准灯光，并使用"默认扫描线渲染器"渲染场景；在 VRay 材质场景中设置 VRay 灯光，并使用"V-Ray 渲染器"渲染场景。

下面就为住宅楼场景分别设置标准灯光和 VRay 灯光。

 完成任务

1. 设置住宅楼场景的标准灯光

Step 1　解压"第 4 章线架"目录下的"住宅楼设计（标准灯光）.max"文件，然后打开"住宅楼设计（标准灯光）.max"文件。

该场景已经制作了 3ds max 2009 标准材质，为其设置 3ds max 2009 标准灯光。需要说明的是，在设置灯光时，需要随时快速渲染场景以查看灯光效果，因此还需要简单设置一下渲染功能。

Step 2　单击主工具栏中的 🖼 "渲染设置"按钮，弹出【渲染设置】对话框，进入"公用"选项卡，展开【公用参数】卷展栏，在"要渲染的区域"下拉列表中选择"放大"选项，然后在摄像机视图中调整放大框，使住宅楼模型完全放大，如图 5-51 所示。

Step 3　将"输出大小"设置为 320×240，展开【指定渲染器】卷展栏，指定"默认扫描线渲染

器"为当前场景的渲染器,如图 5-52 所示。

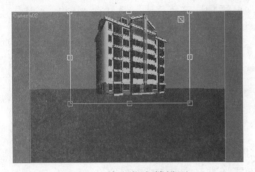

图 5-51 放大住宅楼模型

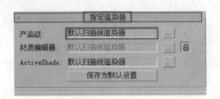

图 5-52 指定渲染器

Step 4 单击"渲染"按钮,快速渲染场景后查看场景效果,结果如图 5-53 所示。

下面设置主光源。一般情况下,一个场景中的主光源只能有一个。主光源是照亮场景的主要光源,可以使对象产生投影及明暗变化。在室外场景中,主要使用目标平行光来充当主光源。

Step 5 进入【创建】面板,激活 "灯光"按钮,在其下拉列表中选择"标准"选项,展开【对象类型】卷展栏,激活 目标平行光 按钮,在顶视图中拖曳,创建目标平行光,如图 5-54 所示。

Step 6 选择目标平行光的区域,在前视图中将其沿 y 轴正方向调整到图 5-55 所示的高度。

Step 7 进入【修改】面板,展开【常规参数】卷展栏,在"阴影"组中勾选"启用"选项,然后在下拉列表中选择"光线跟踪阴影"选项。

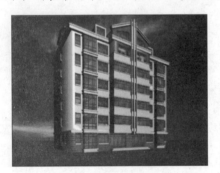

图 5-53 渲染场景效果

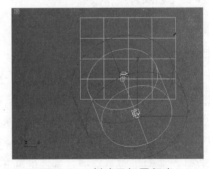

图 5-54 创建目标平行光

Step 8 展开【强度/颜色/衰减】卷展栏,设置"倍增"为 1.3,灯光颜色为浅蓝色(R: 217、G: 224、B: 249)。

提示:在室外环境中,由于建筑物受天光的影响较大,因此主光源的颜色应偏向于天光,即浅蓝色。

Step 9 展开【平行光参数】卷展栏,设置"聚光区/光束"为 89882,设置"衰减区/区域"为 130143。

提示:在该场景中,主光源与住宅楼的入射角有一定的倾斜角度,按照光的衰减原理,平行光照射到住宅楼后会有一定的衰减。因此,设置"衰减区/区域"值大于"聚光区/光束"值,可产生一个光的衰减过渡。

Step 10　展开【阴影参数】卷展栏，设置阴影"密度"为 0.85，快速渲染场景，看主光源的照明效果，结果如图 5-56 所示。

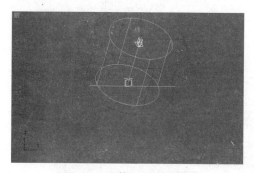

图 5-55　调整平行光的高度

图 5-56　主光源的渲染效果

由此渲染效果可以看出，住宅楼正面的亮度不够，同时侧面也太暗，下面继续设置辅助光源。辅助光源是对主光源的一个补充，辅助光源不产生投影，常用于对暗部进行一定的补光。一般情况下，多使用泛光灯充当辅助光源。

Step 11　展开【对象类型】卷展栏，激活 泛光灯 按钮，在顶视图中的住宅楼左下方单击，创建一个泛光灯，然后在前视图中调整其高度，如图 5-57 所示。

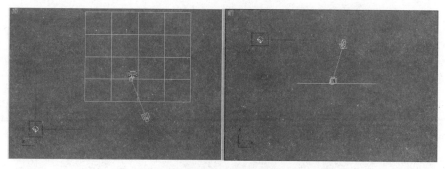

图 5-57　创建泛光灯

Step 12　选择创建的泛光灯，展开其【常规参数】卷展栏，取消勾选"阴影"组中的"启用"选项，然后在【强度/颜色/衰减】卷展栏将"倍增"设置为 0.4，其他参数默认。

Step 13　再次快速渲染场景，查看灯光效果，结果如图 5-58 所示。

图 5-58　设置辅助光后的渲染效果

由此渲染可以看出，住宅楼正面的亮度恰到好处，但侧面和阳台底面太暗，下面继续设置辅助光源将这些区域照亮。

Step 14 在顶视图中的住宅楼正前面位置创建一盏泛光灯，在前视图中将其移动到住宅楼下方，使其照亮住宅楼阳台和窗户底面，如图 5-59 所示。

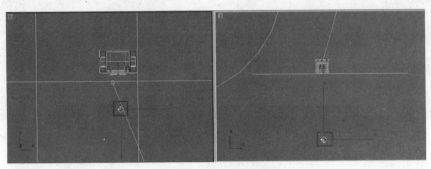

图 5-59 泛光灯的位置 1

Step 15 选择该泛光灯，展开【常规参数】卷展栏，在"阴影"组中取消勾选"启用"选项，然后在【强度/颜色/衰减】卷展栏下设置"倍增"为 0.4，其他参数默认。

Step 16 在顶视图中的住宅楼左上方再次创建一盏泛光灯，在前视图中将其移动到住宅楼的左上方，如图 5-60 所示。

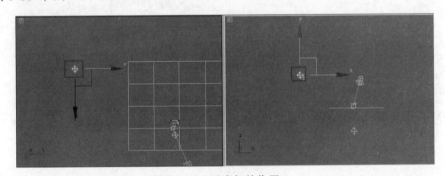

图 5-60 泛光灯的位置 2

Step 17 选择该泛光灯，展开【常规参数】卷展栏，在"阴影"组中取消勾选"启用"选项，在【强度/颜色/衰减】卷展栏下设置"倍增"为 0.45，设置灯光颜色为浅蓝色（R：183、G：186、B：249），勾选"远距衰减"组中的"使用"和"选项"选项，然后设置"开始"为 171354，"结束"为 517443，其他参数默认。

Step 18 快速渲染场景查看灯光效果，结果如图 5-61 所示。

至此，住宅楼场景的标准灯光设置完毕。执行【文件】/【另存为】命令将场景存储为"住宅楼设计（标准灯光结果）.max"文件。下一章将对该住宅楼场景进行最后的渲染输出。

2. 设置住宅楼场景的 VRay 灯光

下面继续为住宅楼场景设置 VRay 灯光。在设置该场景灯光时，将设置一个"VR 阳光"，然后结合太阳光系统作为该场景的

图 5-61 渲染效果

照明系统。需要说明的是，除了设置灯光系统之外，还需要制作天光环境贴图来配合灯光系统照明场景。

Step 1　解压"第 4 章线架"目录下的"住宅楼（VR 材质）.max"文件，然后打开"住宅楼（VR 材质）.max"文件，该场景已经制作了 VRay 材质。

Step 2　依照前面指定渲染器的方法指定"V-Ray 渲染器"为当前渲染器，并设置输出比例为 320×240。

Step 3　进入【创建】面板，激活 **系统**"系统"按钮，在其【对象类型】卷展栏下激活 **太阳光** 按钮，在顶视图中创建一个太阳光系统，然后进入【修改】面板，将其关闭，如图 5-62 所示。

图 5-62　创建的太阳光系统

Step 4　进入 VRay 灯光【创建】面板，激活 **VR阳光** 按钮，在顶视图中创建一个 VRay 阳光，如图 5-63 所示。

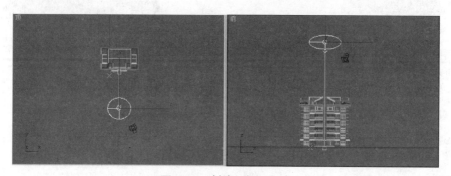

图 5-63　创建 VRay 阳光

Step 5　进入【修改】面板，展开【VRay 阳光参数】卷展栏，设置"浊度"为 2.0，"臭氧"为 0，"强度倍增值"为 0.02，"大小倍增值"为 3.0，"阴影细分"为 15，"光子发射半径"为 145。

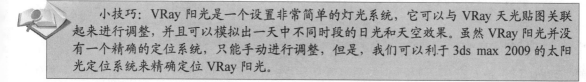

小技巧：VRay 阳光是一个设置非常简单的灯光系统，它可以与 VRay 天光贴图关联起来进行调整，并且可以模拟出一天中不同时段的日光和天空效果。虽然 VRay 阳光并没有一个精确的定位系统，只能手动进行调整，但是，我们可以利于 3ds max 2009 的太阳光定位系统来精确定位 VRay 阳光。

Step 6　选择 VRay 阳光，单击主工具栏中的 **选择并链接**"选择并链接"按钮，将场景中的 VRay 阳光拖曳到太阳光上，释放鼠标左键，将其作为子物体链接到太阳光上，如图 5-64 所示。

Step 7　继续选择 VRay 阳光，激活主工具栏中的 **对齐**"对齐"按钮，单击太阳光，弹出【对齐

当前选择】对话框，勾选"X 位置"、"Y 位置"、"Z 位置"选项，同时勾选"轴点"选项，使其对齐。

Step 8 单击 确定 按钮关闭该对话框，使两个灯光对齐，如图 5-65 所示。

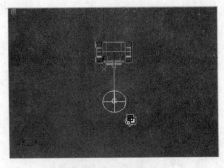
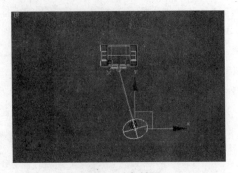

图 5-64 链接操作　　　　　　　　　　　　图 5-65 对齐结果

Step 9 在场景中选择太阳光，进入【运动】面板，在【控制参数】卷展栏下可以设置地区、年月日、时分秒等，以定位 VRay 阳光在某一地区、某一天、某一时的光照效果，如图 5-66 所示。

下面制作一个 VRay 天光贴图。

Step 10 打开【材质编辑器】对话框，选择一个空的示例窗，并为其指定一个 VRay 天光的贴图。

Step 11 勾选"手动太阳节点"选项，然后单击"阳光节点"右侧的按钮，按的 H 键，弹出【拾取对象】对话框，选择"VR 阳光 01"选项，如图 5-67 所示。

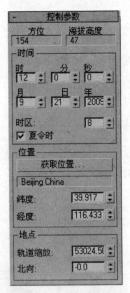

图 5-66 设置太阳光参数　　　　　　　　　图 5-67 选择一个 VRay 阳光

Step 12 单击 拾取 按钮，然后取消勾选"手动太阳节点"选项，此时 VRay 天光贴图的参数完全与 VRay 阳光同步，改变灯光的参数和位置，VRay 天光贴图会有相应变化。

Step 13 按 F10 键，弹出【渲染设置】对话框，进入"V-Ray"选项卡，展开【V-Ray：环境】卷展栏，将 VRay 天光贴图以"实例"方式复制给环境，如图 5-68 所示。

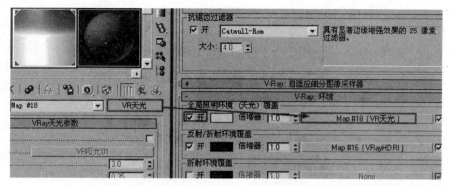

图 5-68　复制 VRay 天光贴图

至此，住宅楼场景中的 VRay 灯光就设置完成了。使用【另存为】命令将该场景存储为"住宅楼设计（VR 灯光）.max"文件，最后设置渲染参数，对进行场景进行渲染。有关渲染设置和渲染输出的内容，将在第 6 章进行讲解。

归纳总结

这一节主要为住宅楼场景设置了 3ds max 2009 标准灯光和 VRay 灯光。在使用标准灯光照亮场景时，往往需要设置很多个灯光，而在使用 VRay 灯光照亮场景时，只需要一盏灯光，同时配合 VRay 天光贴图即可。需要说明的是，不管使用哪种灯光系统，都是以照亮场景为目的。另外，还要搞清楚每一个灯光系统所支持的渲染器。在使用标准灯光时，要注意主光源与辅助光源之间的关系和作用。在使用 VRay 灯光时，要记得制作一个 VRay 天光贴图，并将其复制到环境中，以配合 VRay 灯光照亮场景。

5.2.2　任务（二）——"别墅"三维场景照明设置

这一节将继续为"别墅"三维场景设置 3ds max 2009 标准灯光和 VRay 灯光系统，学习 3ds max 2009 标准灯光和 VRay 灯光在建筑设计中的应用技巧。

任务要求

"别墅"是前面制作的一个建筑设计项目，该项目已经被赋予了"V-Ray 渲染器"支持的材质。这一节的主要任务是为该场景分别设置 3ds max 2009 标准灯光和 VRay 灯光，从而更好地表现出别墅的材质质感以及光影效果。

任务分析

该场景的灯光设置与住宅楼场景的灯光设置基本相同。首先设置标准灯光，并使用目标平行光作为主光源，同时设置一盏泛光灯作为辅助光源。在设置 VRay 灯光时，可直接创建一个 VRay 阳光，再制作一个 VRay 天光贴图来配合 VRay 阳光照亮场景。

下面为别墅场景分别设置标准灯光和 VRay 灯光。

完成任务

1. 设置别墅场景的 VRay 灯光

图 5-69　默认灯光渲染效果

Step 1　解压 "第 4 章线架" 目录下的 "别墅设计（VR 材质）.max" 文件，然后打开 "别墅设计（VR 材质）.max" 文件，该场景已经制作了符合 "V-Ray 渲染器" 要求的材质。

Step 2　指定 "V-Ray 渲染器" 作为当前场景渲染器，设置渲染分辨率为 320×240。使用默认灯光快速渲染场景，结果如图 5-69 所示。

Step 3　下面为场景设置 VRay 灯光。进入 VRay 灯光的【创建】面板，激活 VR阳光 按钮，在顶视图中创建一个 VRay 阳光，在前视图中调整其高度，如图 5-70 所示。

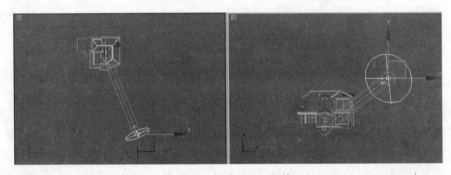

图 5-70　创建 VRay 阳光

Step 4　进入【修改】面板，展开【VRay 阳光参数】卷展栏，设置 "浊度" 为 2.0，"臭氧" 为 0.0，"强度倍增值" 为 0.02，"大小倍增值" 为 3.0，"阴影细分" 为 15，"光子发射半径" 为 145.0，如图 5-71 所示。

Step 5　快速渲染场景后查看灯光效果，结果如图 5-72 所示。

图 5-71　设置 VRay 阳光参数　　　　　　图 5-72　渲染效果

由此渲染结果可以看出，场景光线不足。下面打开 "V-Ray 渲染器" 的全局照明。

Step 6　打开【渲染设置】对话框，进入 "间接照明" 选项卡，在【V-Ray：间接照明（GI）】卷展栏下勾选 "开" 选项，打开全局照明，然后设置其他参数，如图 5-73 所示。

Step 7　展开【V-Ray：发光贴图】卷展栏，在 "当前预置" 下拉列表中选择 "低" 选项，然后

设置其他参数，如图 5-74 所示。

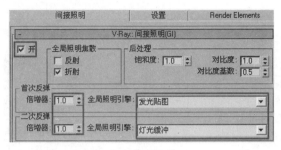

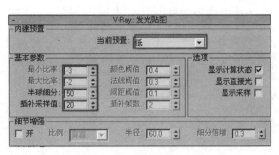

图 5-73　设置间接照明　　　　　　　　　　　图 5-74　设置发光贴图

Step 8　快速渲染场景，结果如图 5-75 所示。

由此渲染结果可以看出，场景太亮，显得不真实。下面制作一个 VRay 天光贴图，以配合 VRay 阳光照明场景。

Step 9　打开【材质编辑器】对话框，选择一个空的示例窗，单击 ![icon] "获取材质"按钮，弹出【材质/贴图浏览器】对话框，双击 "VR 天光"选项，将其指定给选择的示例窗，如图 5-76 所示。

图 5-75　间接照明下的渲染结果

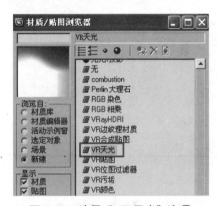

图 5-76　选择 "VR 天光"选项

Step 10　在【材质编辑器】的【VRay 天光参数】卷展栏下勾选 "手动太阳节点"选项，激活 "阳光节点"右侧的贴图按钮，然后按 H 键，弹出【拾取对象】对话框，选择 "VR 阳光 01"选项，如图 5-77 所示。

Step 11　单击 ![拾取] 按钮，然后取消勾选 "手动太阳节点"选项，此时 VRay 天光贴图的参数完全与 VRay 阳光同步。改变灯光的参数和位置，VRay 天光贴图会有相应变化。

Step 12　按 F10 键，弹出【渲染设置】对话框，进入 "V-Ray"选项卡，展开【V-Ray: 环境】卷展栏，将 VRay 天光贴图以 "实例"方式复制给环境，如图 5-78 所示。

Step 13　再次渲染场景，结果如图 5-79 所示。

至此，别墅场景的 VRay 灯光设置完毕。使用【另存为】命令将其保存为 "别墅设计（VR 灯光）.max"文件。最后可以使用 "V-Ray

图 5-77　选择 "VR 阳光 01"选项

渲染器"对场景进行渲染输出，其渲染输出。有关场景渲染输出的具体设置，将在第 6 章进行讲解。

下面继续为别墅场景设置 3ds max 2009 的标准灯光。

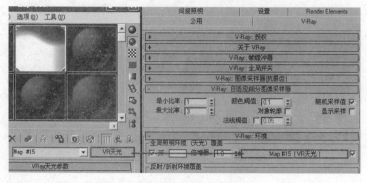

图 5-78　复制 VRay 天光贴图

图 5-79　渲染结果

2. 设置别墅场景标准灯光

在设置别墅场景标准灯光时，只有在其标准材质场景中进行设置，灯光才能与其材质相匹配。

图 5-80　别墅场景渲染效果

Step 1　解压"第 4 章线架"目录下的"别墅设计（标准材质）.max"文件，该场景使用的是 3ds amx 2009 标准材质。

Step 2　指定当前渲染器为"默认扫描线渲染器"，设置出图分辨率为 320×240，然后使用默认灯光快速渲染场景，结果如图 5-80 所示。

首先使用目标平行光作为主光源。

Step 3　进入【创建】面板，激活 "灯光"按钮，在其下拉列表中选择"标准"选项，然后展开【对象类型】卷展栏，激活 目标平行光 按钮，在顶视图中拖曳，创建目标平行光，然后在前视图中调整其高度，如图 5-81 所示。

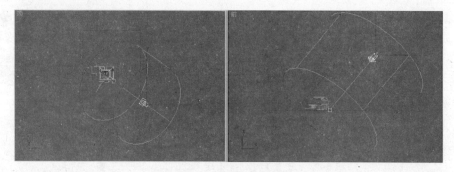

图 5-81　创建目标平行光

Step 4　进入【修改】面板，展开【常规参数】卷展栏，在"阴影"组中勾选"启用"选项，然后在阴影列表中选择"光线跟踪阴影"选项。

Step 5　展开【强度/颜色/衰减】卷展栏，设置"倍增"为 1.5，设置灯光颜色为系统默认的白色，如图 5-82 所示。

Step 6　展开【平行光参数】卷展栏，设置"聚光区/光束"为 3519，设置"衰减区/区域"为 3523。

Step 7　展开【阴影参数】卷展栏，设置阴影"密度"为 0.85，其他参数默认，如图 5-83 所示。

Step 8　快速渲染场景，查看主光源的照明效果，结果如图 5-84 所示。

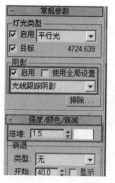  

图 5-82　设置常规参数　图 5-83　设置平行光参数和阴影参数　　　图 5-84　主光源渲染效果

由此渲染可以看出，场景亮度不够，侧面太暗，说明主光源亮度不够。不过，需要说明的是，主光源在一般情况下不要太亮，要为辅助光留下一定的余地。在标准灯光的默认扫描线渲染下，一个主光源不可能照亮所有场景对象，必须设置辅助光源。如果主光源太强，设置辅助光源后，场景会出现过亮的光斑。因此，可以使用辅助光源补充主光源的不足，同时也照亮了主光源照射不到的区域，如别墅侧面。下面就来设置辅助光源，辅助光源一般使用泛光灯充当。

Step 9　继续在【对象类型】卷展栏下激活 泛光灯 按钮，在顶视图中的别墅左下方单击，创建一个泛光灯，然后在前视图中调整其高度，如图 5-85 所示。

Step 10　选择创建的泛光灯，展开【常规参数】卷展栏，在"阴影"组中取消勾选"启用"选项，然后在【强度/颜色/衰减】卷展栏下设置"倍增"为 0.75，其他参数默认。

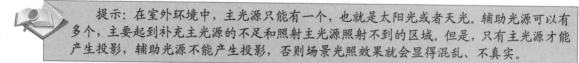

提示：在室外环境中，主光源只能有一个，也就是太阳光或者天光。辅助光源可以有多个，主要起到补充主光源的不足和照射主光源照射不到的区域。但是，只有主光源才能产生投影，辅助光源不能产生投影，否则场景光照效果就会显得混乱、不真实。

Step 11　快速渲染场景后查看灯光效果，结果如图 5-86 所示。

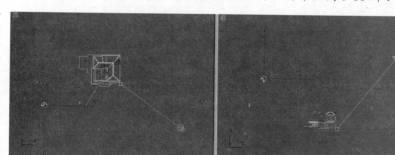 

图 5-85　创建泛光灯　　　　　　　图 5-86　设置辅助光源后的渲染效果

由此渲染可以看出，场景的整体亮度提高了，侧面的光影效果也恰到好处，只是别墅屋檐下方过

暗，不合乎光的反射原理。下面继续设置辅助光源，使其照亮这些区域。

Step 12　在顶视图中的别墅正前方创建一盏泛光灯，在前视图中将其移动到别墅下方，使其照亮别墅屋檐下方和正墙面，如图 5-87 所示。

Step 13　选择该泛光灯，展开【常规参数】卷展栏，在"阴影"组中取消勾选"启用"选项，然后在【强度/颜色/衰减】卷展栏下设置"倍增"为 0.4，其他参数默认。

Step 14　再次快速渲染场景查看灯光效果，结果如图 5-88 所示。

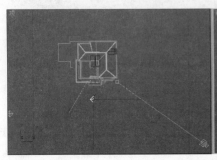  

图 5-87　泛光灯的位置　　　　　　　　　　　　图 5-88　渲染效果

至此，别墅场景的标准灯光设置完毕，可以使用"默认扫描线渲染器"进行最后的渲染输出。有关场景渲染输出的相关设置，将在下一章进行详细讲解。

Step 15　执行【文件】/【另存为】命令，将场景存储为"别墅设计（标准灯光结果）.max"文件。

 归纳总结

这一节主要为别墅场景分别设置了 3ds max 2009 标准灯光和 VRay 灯光。在设置标准灯光时，主要使用了一盏目标平行光作为主光源，然后配合两盏泛光灯作为辅助光源照亮场景。在设置 VRay 灯光时，使用了 VRay 阳光，同时制作了一个 VRay 天光贴图，就得到了很好的照明效果。由此可以看出，不同的灯光系统，都有其自身的优势，只要充分运用各自灯光系统的优势，都可以为场景制作出不错的照明效果。需要说明的是，不管使用哪种灯光系统，都要以获得较好的场景照明效果为目的。

5.3　习题

5.3.1　单选题

01. 下面灯光属于标准灯光的是（　　）。

　　A. 目标灯光　　　　B. 目标平行光　　　　C. 自由灯光　　　　D. 太阳光

02. 下面灯光属于 VRay 灯光的是（　　）。

　　A. mr 区域泛光灯　B. mr 区域聚光灯　　C. VRayIES　　　　D. 自由灯光

03. 不支持"默认扫描线渲染器"的灯光系统是（　　　）。

    A. 泛光灯　　　　　B. 目标平行光　　　　C. 聚光灯　　　　　　D. VRayIES

04. 可以配合【VRay 天光】贴图照明的灯光是（　　　）。

    A. 目标平行光　　　B. 泛光灯　　　　　　C. 自由灯光　　　　　D. VRay 阳光

5.3.2　多选题

01. 使一个放在地面上的对象在灯光照射下不产生投影的方法有（　　　）。

    A. 设置灯光排除该对象

    B. 取消勾选该对象属性中的"投影阴影"选项

    C. 取消勾选地面物体属性中的"接收阴影"选项

    D. 取消勾选"阴影"组中的"启用"选项

02. 使一个对象在渲染时不可见，可行的操作有（　　　）。

    A. 取消勾选该对象属性栏中的"可渲染"选项

    B. 为该对象赋予"无光/投影"材质

    C. 将该对象冻结

    D. 将该对象隐藏

03. 既可以使用"V-Ray 渲染器"渲染，又可以使用"默认扫描线"渲染器渲染的灯光有（　　　）。

    A. 目标平行光　　B. VRay 阳光　　　　C. 泛光灯　　　　　　D. 太阳光

04. 3ds max 渲染输出的图像可以存储为（　　　）。

    A. TIF 格式的静态图像　　　　　　　　B. JPG 格式的静态图像

    C. PNG 格式的图像　　　　　　　　　　D. AVI 格式的动态文件

5.3.3　操作题

打开"第 4 章线架"/"八角亭（材质）.max"场景，为其设置黄昏灯光效果，如图 5-89（右）所示。

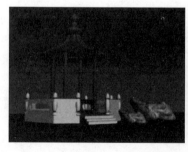

图 5-89　"八角亭（材质）"的黄昏灯光效果

> 提示：解压"第 5 章线架"目录下的"八角亭（灯光与渲染）"压缩包，查看场景中的灯光与渲染设置。

第**6**章
建筑场景的渲染与输出

渲染是指使用三维场景中所设置的灯光、应用的材质及以环境设置（如背景和大气）为三维场景的几何体进行着色，从而真实再现场景的质感和纹理。输出是指将渲染后的效果存储为多种标准格式的文件，以便于在第三方软件中继续进行操作。

在 3ds max 建筑室外设计中，建筑场景的渲染输出是建筑设计中不可缺少的重要环节。通过渲染输出，可以将 3ds max 制作的建筑场景文件输出为高精度的照片级图像，并能够以 ".tif"、".tga"、".jpg"、".bmp" 等标准图像格式存储，以便于进行后期处理。对于建筑室外设计作品而言，只有通过后期处理才能成为一幅完美的设计作品。

3ds max 2009 提供了多种渲染方式，主要有"默认扫描线渲染器"、"mental ray 渲染器"以及"VUE 文件渲染器"。除了这三款渲染器之外，用户还可以安装一款适合 3ds max 2009 的外挂插件渲染器，即"V-Ray 渲染器"。

本章将通过渲染输出图 6-1 所示的"住宅楼设计"以及"别墅设计"两个工程案例，重点讲解摄像机和摄像机视图的调整，以及使用"默认扫描线渲染器"和"V-Ray 渲染器"渲染输出建筑设计场景的相关知识。

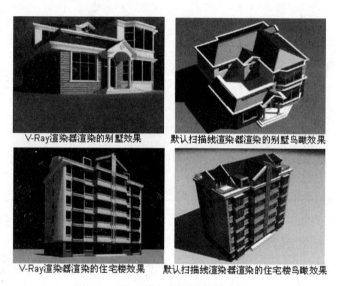

V-Ray渲染器渲染的别墅效果　　默认扫描线渲染器渲染的别墅鸟瞰效果

V-Ray渲染器渲染的住宅楼效果　　默认扫描线渲染器渲染的住宅楼鸟瞰效果

图 6-1　住宅楼与别墅渲染输出效果

▌6.1▐ 重点知识

渲染输出是使用 3ds max 进行建筑设计时不可缺少的操作环节。渲染输出场景时，一般是针对摄像机视图进行的操作。当场景中设置了摄像机后，可以将场景视图切换为摄像机视图。摄像机的作用是从特定的观察点表现场景，通过调整摄像机的视角、视距等，以调整场景的视觉，矫正场景的透视关系，从而能渲染输出符合透视关系的三维场景效果。

当设置了摄像机并调整好场景的视角和透视效果后，就可以渲染输出场景了。3ds max 2009 系统允许用户使用多种渲染器渲染并输出场景，最常用的渲染器是 3ds max 2009 自带的"默认扫描线渲染器"。除此之外，用户还可以安装"V-Ray 渲染器"插件，渲染输出照片级的图像。

这一节重点学习摄像机的设置、摄像机视图的调整以及使用"默认扫描线渲染器"和"V-Ray 渲染器"插件渲染三维场景的相关知识。

6.1.1 摄像机与摄像机视图

摄像机就像观者的眼睛，从特定的观察点来观察场景。一个三维场景中允许添加多个摄像机，提供相同场景的不同视图效果。

3ds max 2009 提供两种摄像机，一种是"目标摄像机"，另一种是"自由摄像机"。"目标摄像机"可查看目标对象周围的区域，它包括摄像机和目标（黄色框）。摄像机和目标可以分别设置动画，如图 6-2 所示。"自由摄像机"可查看注视摄像机方向的区域。创建自由摄像机时，会出现一个图标，该图标表示摄像机和视野。虽然自由摄像机图标与目标摄像机图标看起来相同，但是自由摄像机不存在要设置动画单独的目标图标。如图 6-3 所示。

在 3ds max 2009 建筑设计中，通过创建"目标摄像机"来注视场景，以建立目标摄像机视图。

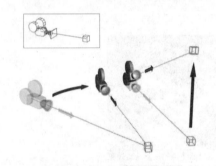

图 6-2　目标摄像机示例图

图 6-3　自由摄像机示例图

1. 创建摄像机并切换到摄像机视图

进入【创建】面板，激活 📷 "摄像机"按钮，在【对象类型】卷展栏中可选择要创建的摄像机类型，如图 6-4 所示。激活 目标 按钮，在视图中拖曳光标，即可创建一个目标摄像机；激活 自由 按钮，在视图中拖曳光标，即可创建一个自由摄像机。

下面通过一个简单实例，学习创建目标摄像机以及将视图切换为摄像机视图的方法。

图 6-4　创建摄像机的操作

Step 1　打开"第 3 章线架"目录下的"别墅二层设计.max"文件。

Step 2　进入【创建】面板，激活 📷 "摄像机"按钮，在【对象类型】卷展栏中激活 目标 按钮，在顶视图中由右下向左上方拖曳光标，创建一个目标摄像机，如图 6-5 所示。

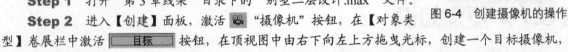

> 提示：创建的目标摄像机将成为场景中的一个对象，可以使用移动和旋转工具调整目标摄像机的摄像机和目标点。

Step 3　激活透视图，按 C 键，此时透视图被转换为摄像机视图，如图 6-6 所示。

Step 4　选择目标摄像机的摄像机区域，进入【修改】面板，展开【参数】卷展栏，设"镜头"、"视野"等参数，如图 6-7 所示。

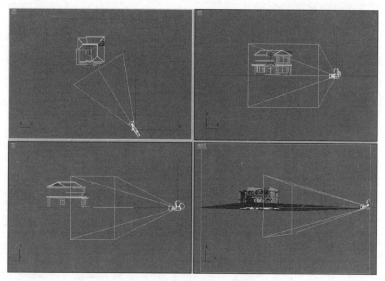

图 6-5　创建的目标摄像机

图 6-6　转换透视图为摄像机视图

图 6-7　【参数】卷展栏

下面对常用设置进行讲解。

- 镜头：以毫米为单位设置摄像机的焦距。焦距越大，视觉越窄；焦距越小视觉越开阔，结果如图 6-8 所示。

- 视野：决定摄像机查看区域的宽度（视野）。有三种方向，分别是 ↔ "水平"、↕ "垂直"和 ⬈ "倾斜"。当"视野方向"为水平（默认设置）时，视野参数直接设置摄像机的地平线的弧形，以度为单位进行测量。

- 正交投影：勾选此选项后，摄像机视图看起来就像"用户"视图。取消勾选此选项后，摄像

机视图看起来就像标准的透视图。

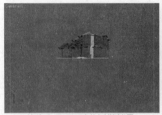

镜头为30mm时的视觉效果   镜头为100mm时的视觉效果

图 6-8   不同焦距下的视觉效果比较

- 备用镜头：该组包括多种预设的摄像机的焦距，包括 15mm、20mm、24mm、28mm、35mm、50mm、85mm、135mm、200mm，单击这些预设按钮，即可应用预设值设置摄像机的焦距。
- 类型：将摄像机类型从目标摄像机更改为自由摄像机，反之亦然。

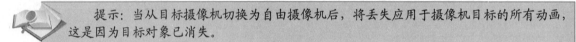

提示：当从目标摄像机切换为自由摄像机后，将丢失应用于摄像机目标的所有动画，这是因为目标对象已消失。

- 显示圆锥体：显示摄像机视野定义的锥形光线（实际上是一个四棱锥）。锥形光线出现在其他视口但是不出现在摄像机视口中。
- 显示地平线：在摄像机视口中的地平线层级显示出一条深灰色的线。
- 环境范围：该组包括"近距离范围"和"远距离范围"，用于在【环境】面板上设置大气效果的近距范围和远距范围限制。在两个限制之间的对象消失在远端 % 值和近端 % 值之间。
- 显示：勾选该选项，将显示在摄像机锥形光线内的矩形范围。可以在"近距范围"和"远距范围"输入框中输入相应参数，以显示"近距范围"和"远距范围"的设置效果。

2. 摄像机视图的控制

当将当前视图切换为摄像机视图后，此时，在视图控制区将显示摄像机视图的相关控制按钮，通过这些控制按钮可以控制调整摄像机视图，如图 6-9 所示。

当摄像机视图处于激活状态时，此时视图控制区的 🔍 "缩放" 按钮将被 "推拉摄像机"、"推拉目标" 和 "推拉摄像机＋目标" 按钮替代。使用这些按钮可以沿着摄像机的主轴移动摄像机或其目标，移向或移离摄像机所指的方向。图 6-10（左）所示为移离摄像机，图 6-10（右）所示为移向摄像机。

图 6-9   摄像机视图的控制按钮   图 6-10   移离和移向摄像机

- 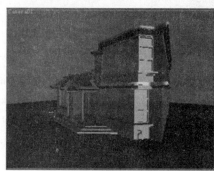"推拉摄像机"按钮：只将摄像机移向或移离其目标。如果移过目标，摄影机将翻转 180°并且移离其目标。

- "推拉目标"按钮：只将目标移向和移离摄像机。在摄像机视图中看不到变化，除非将目标推拉到摄像机的另一侧，摄像机视图将在此进行翻转。然而，更改目标到摄像机的相对位置将影响其他调整，如环游摄像机，它将目标作为其旋转的轴点。

- "推拉摄像机＋目标"按钮：同时将目标和摄像机移向和移离摄像机，只有视图中的摄像机是目标摄像机时此选项才可用。

3. 调整摄像机视图的透视效果

当摄像机视图处于活动状态时，视图控制区中的 "缩放所有视图"按钮被 "透视"按钮替代。使用该按钮可以调整摄像机视图的透视，将摄像机向上拖曳移近其目标，可扩大 FOV 范围以及增加透视张角量；将摄像机向下拖曳移离其目标，可缩小 FOV 范围以及减少透视张角量。图 6-11（左）所示为扩大 FOV 范围以及增加透视张角量的效果，图 6-11（右）所示为缩小 FOV 范围以及减少透视张角量的效果。

图 6-11　调整视图透视效果

4. 测滚摄像机视图

当摄像机视图处于活动状态时，视图控制区中的 "最大化显示选定对象"按钮被 "测滚摄像机"按钮替代。使用"侧滚摄像机"按钮进行水平拖曳可以测滚摄像机，使其围绕视线旋转目标摄像机，围绕其局部 z 轴旋转自由摄像机。图 6-12（左）所示向左侧滚，图 6-12（右）所示为向右侧滚。

图 6-12　侧滚摄像机视图

5. 平移摄像机视图

当摄像机视图处于活动状态时，⬛ "平移" 按钮将被 ⬛ "平移摄像机" 按钮替代，使用该按钮可以沿着平行于视图平面的方向移动摄像机。图 6-13（左）所示为向左平移，图 6-13（右）所示为向右平移。

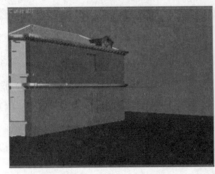

图 6-13　平移摄像机视图

6. 环游/摇移摄像机视图

当摄像机视图处于活动状态时，⬛ "弧形旋转" 按钮被 ⬛ "环游" 按钮和 ⬛ "摇移" 按钮替代。使用 ⬛ "环游" 按钮进行水平拖曳可围绕目标旋转摄像机，使用 ⬛ "摇移" 按钮进行水平拖曳可围绕摄像机旋转目标。图 6-14（左）所示为围绕目标旋转摄像机，图 6-14（右）所示为围绕摄像机旋转目标。

图 6-14　"环游" 和 "摇移" 摄像机视图

> 提示：按住 Shift 键水平拖曳，可将视图旋转锁定为围绕世界 y 轴，从而产生水平环游；按住 Shift 键垂直拖曳，可将旋转锁定为围绕世界 x 轴，从而产生垂直环游；按住 Shift 键水平拖曳，可将视图旋转锁定为围绕世界 y 轴，从而产生水平摇移；按住 Shift 键垂直拖曳，可将旋转锁定为围绕世界 x 轴，从而产生垂直摇移。

7. 设置仰视和鸟瞰效果

在视图中创建的目标摄像机将成为场景的一个对象，可以使用移动工具调整目标摄像机的摄像机和目标点，以调整摄像机视图的视角，制作出仰视或鸟瞰效果。

所谓"鸟瞰"其实就是指像鸟一样在高空向下看到，而仰视就是指我们抬起头向高空观看。鸟瞰一般能很好的观察到场景的全景，常用于表现大型场景的全貌，而仰视能产生高耸的感觉，一般用于表现高大建筑物高挺、雄壮的效果。

一般情况下，可以直接在前视图或左视图中将摄像机及其目标点垂直向下或向上调整，这就相当于使用 "环游"按钮垂直调整视图。图 6-15（左）所示为仰视效果，图 6-15（右）所示为鸟瞰效果。

图 6-15　仰视效果和鸟瞰效果

以上主要学习了摄像机以及摄像机视图的相关知识，这些知识对于渲染高品质三维场景至关重要。下面继续学习使用 3ds max 2009 自带的"默认扫描线渲染器"渲染三维场景的相关知识。

6.1.2　使用"默认扫描线渲染器"渲染场景

这一节首先学习使用 3ds max 2009 自带的"默认扫描线渲染器"进行渲染输出场景的方法。

"默认扫描线渲染器"是一款比较常用的渲染器，这种渲染器可以较好地表现场景的光、色以及材质纹理等，但不能很好地表现灯光的反射、折射以及环境光效果，往往需要在场景中设置较多的灯光来表现反射和环境光效果。

下面通过一个简单实例，讲解"默认扫描线渲染器"的使用方法及其设置。

Step 1　解压"场景文件"目录下的"旋转玻璃门（材质）.zip"压缩文件，打开"旋转玻璃门（材质）.max"文件，这是一个设置了材质、灯光和摄像机的三维场景文件，如图 6-16 所示。

Step 2　单击主工具栏中的 "渲染设置"按钮，弹出【渲染设置：默认扫描线渲染器】对话框，如图 6-17 所示。

图 6-16　打开的场景文件　　　　图 6-17　【渲染设置：默认扫描线渲染器】对话框

Step 3　在"公用"选项卡下展开【指定渲染器】卷展栏，系统默认的渲染器为"默认扫描线

渲染器"，如图 6-18 所示。

> 提示：单击"产品级"右边的 ⬚ "选择渲染器"按钮，弹出【选择渲染器】对话框，在列表框中列出了 3ds max 2009 支持的所有渲染器，用户可以根据需要选择不同的渲染器作为当前场景的渲染器。另外，如果用户安装了"V-Ray 渲染器"插件，即可在列表框中显示该渲染器插件，选择后，单击 ▭确定 按钮，即可将"V-Ray 渲染器"指定为当前渲染器，如图 6-19 所示。

图 6-18　展开【指定渲染器】卷展栏　　　　图 6-19　【选择渲染器】对话框

Step 4　展开【公用参数】选项卡，即可显示该渲染器的相关设置，包括输出方式、渲染区域、输出大小以及存储路径等，如图 6-20 所示。

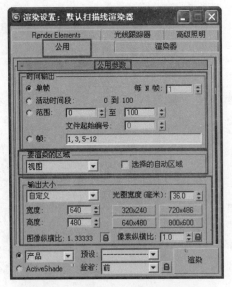

图 6-20　展开【公用参数】卷展栏

Step 5　在"时间输出"组中设置输出方式。

- 单帧：只输出当前视图的静态图像。
- 活动时间段：可以输出动画场景从 0 帧～100 帧的全部动画。
- 范围：通过设置输出范围的帧，可以输出动画场景中某一时间段的动画。
- 帧：可以输出单帧的动画。

Step 6　在"要渲染的区域"组设置渲染的区域，其列表中包括"视图"、"选定对象"、"区域"、"裁剪"和"放大"等选项。

- 视图：系统默认的设置。选择该选项，单击 [渲染] 按钮，弹出【Camera01，帧 0（1：1）】对话框，如图 6-21 所示。同时还会弹出【渲染】对话框，如图 6-22 所示。

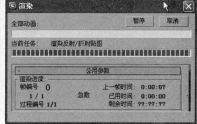

图 6-21 【Camera01，帧 0（1：1）】对话框　　　　图 6-22 【渲染】对话框

系统首先会在【渲染】对话框进行预处理，预处理完成后，根据用户设置的出图分辨率对当前视图进行全部渲染。渲染结果会显示在【Camera01，帧 0（1：1）】对话框中。

　　　提示：【渲染】对话框用于在渲染前对场景进行预处理，同时会显示渲染所用时间。例如，当场景中使用了折射/反射、镜面反射、薄壁折射、光线跟踪、凹凸等贴图后，在渲染前系统会先对这些贴图进行计算，也就是预处理，预处理完成后，再进行最后的渲染。单击【渲染】对话框中的 [暂停] 按钮，可以暂时停止渲染；单击 [取消] 按钮，可以取消渲染。

- 选定对象：用于渲染当前场景中被选定的对象。
- 区域：选择该选项，当前场景中会出现区域框，通过调整区域框上的节点以调整区域大小。将光标移动到区域框内，将区域框拖曳到要渲染的位置，单击 [渲染] 按钮，系统先对区域框内的图像进行预处理，再对区域框内的图像进行最后的渲染，结果如图 6-23 所示。
- 裁剪：该方式与"区域"渲染方式比较相似，同样只渲染区域框内的图像。但与"区域"方式不同的是，"裁剪"方式会裁剪掉区域框之外的图像，只渲染并输出区域框之内的图像，如图 6-24 所示。
- 放大：该选项可以将区域框内的图像放大后进行渲染。例如，设置渲染输出分辨率为 320×240，使用"放大"渲染方式，则会将区域框内的图像以 320×240 的分辨率进行渲染，如图 6-25 所示。

区域框的位置

渲染结果

图 6-23　区域渲染结果

区域框的位置

渲染结果

图 6-24　裁剪渲染结果

区域框的位置　　　　渲染结果

图 6-25　放大渲染结果

Step 7　在"输出大小"组中设置输出分辨率，可以在"宽度"和"高度"数值框中直接输入具体数值，或单击右边的按钮，选择一个系统预设的输出分辨率来输出场景。例如，将当前场景以800×600 的分辨率进行输出，则在"宽度"数值框中输入 800，在"高度"数值框中输入 600，如图6-26 所示。

Step 8　设置完成后单击 渲染 按钮，系统首先进行预处理，然后对当前视图进行最后渲染。需要说明的是，输出分辨率将直接影响场景的品质，分辨率越高，输出品质越好，同时输出时间越长；分辨率越低，输出品质越差，输出时间越短。

　　提示：3ds max 只能对当前激活的视图进行渲染输出。因此，用户需要在渲染前激活所要渲染的视图，或者在 渲染 按钮左边的"视口"下拉列表中选择要渲染的视图，如图6-27 所示。一般情况下，都是对摄像机视图或者透视图进行渲染，其他视图不进行渲染。

图 6-26　设置输出大小

图 6-27　选择要渲染的视图

以上是使用 3ds max 2009 自带的"默认扫描线渲染器"进行渲染输出场景的一些方法。使用"默认扫描线渲染器"进行渲染的设置比较简单，而且"默认扫描线渲染器"支持 3ds max 2009 所有的贴图、材质以及灯光设置，只要用户设置好材质、灯光以及出图分辨率，就可以使用"默认扫描线渲染器"渲染输出高品质的场景图像。

下面继续学习存储渲染场景的两种方法。

一种方法是在渲染前进入"公用"选项卡，展开【公用参数】卷展栏，在"渲染输出"组中单击 文件... 按钮，弹出【渲染输出文件】对话框，选择文件存储路径、命名文件以及设置存储格式等，然后单击 保存(S) 按钮即可。渲染完成后，系统会自动将渲染结果根据设置进行保存，如图 6-28 所示。

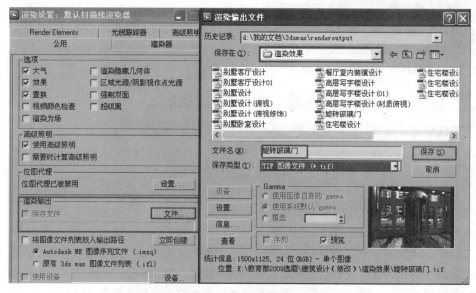

图 6-28　存储渲染文件

另一种方法是将场景渲染完成后进行存储，也比较简单。首先进行渲染，渲染完成后单击【Camera01，帧 0（1：1）】对话框中的 "保存图像"按钮，弹出【渲染输出文件】对话框，选择文件存储路径、命名文件以及设置存储格式等，然后单击 保存(S) 按钮即可。这样就可以将渲染后的图像根据设置进行保存，如图 6-29 所示。

图 6-29　存储渲染图像

图 6-30 【TIF 图像控制】对话框

一般情况下，不管使用哪种方式存储渲染文件，都可以将渲染后的图像存储为".tif"、".jpg"、".tga"、".bmp"等标准格式的文件。需要特别说明的是，在存储建筑室外图像时，建议将其存储为".tif"格式的文件，同时单击【存储图像】对话框中的 设置... 按钮，在弹出的【TIF 图像控制】对话框中勾选"存储 Alpha 通道"选项，这样可以保存建筑模型的 Alpha 通道，以方便进行建筑室外场景的后期处理工作，如图 6-30 所示。

6.1.3　使用"V-Ray 渲染器"插件渲染场景

这一节继续学习使用"V-Ray 渲染器"进行渲染输出场景的方法。

"V-Ray 渲染器"是 3ds max 2009 的外挂插件，支持 3ds max 2009 的大多数功能，同时也支持许多第三方的 3ds max 插件。它不仅可以生成灯光效果的物理属性，包括光线跟踪反射和折射、焦散和全局照明，同时还支持 HDRI 高动态范围图像作为环境贴图，支持包括具有正确纹理坐标控制的"*.hdr"和"*.rad"格式的图像，可直接映射图像，而不需要进行衰减，也不会产生失真的现象，可以很好地表现三维场景的光、色以及质感纹理，达到照片级的渲染效果，是一款很好的渲染器。

相比 3ds max 2009 自带的"默认扫描线渲染器"，"V-Ray 渲染器"的设置比较复杂，其设置关系到最终场景的渲染品质。同时，该款渲染器也有一些不支持 3ds max 2009 的功能，具体如下：

- 光线跟踪贴图："V-Ray 渲染器"不支持此类贴图。由于此类贴图在"V-Ray 渲染器"下会产生明显的人工修饰的光影痕迹，因此用户可以使用"V-Ray 渲染器"中的"VkayMap"贴图代替此类贴图。
- 反射/折射贴图："V-Ray 渲染器"不支持此类贴图。用户可以使用"V-Ray 渲染器"中的"VkayMap"贴图代替此类贴图。
- 平面镜贴图："V-Ray 渲染器"不支持此类贴图。用户可以使用"V-Ray 渲染器"中的"VkayMap"代替此类贴图。
- 光线跟踪材质："V-Ray 渲染器"不支持此类材质。由于此类材质在"V-Ray 渲染器"下会产生明显的人工修饰的痕迹，因此用户可以使用"V-Ray 渲染器"中的"VkayMvtl"代替。
- 高级照明覆盖材质："V-Ray 渲染器"不支持此类材质。用户可以使用"V-Ray 渲染器"中的"VkayMtlWrapper"材质代替此类材质。
- 光线跟踪阴影：此类阴影在 V "V-Ray 渲染器"下无法使用。
- 半透明明暗处理器："V-Ray 渲染器"不支持此类明暗处理器。用户可以使用"V-Ray 渲染器"中的"VkayMtl"材质中半透明选项代替此类材质。
- 天光："V-Ray 渲染器"不支持 3ds max 的天光，可以使用"VkayLight"中的穹顶模式或者 Vkay【环境】卷展栏中的全局光代替。

由于"V-Ray 渲染器"是 3ds max 2009 的一个插件，因此在安装后还需要进行设置。打开【渲染设置】对话框，在"公用"选项卡中展开【指定渲染器】卷展栏，单击"产品级"右边的 ... "选择渲染器"按钮，如图 6-31 所示。在【选择渲染器】对话框中选择"V-Ray Adv 1.50.SP2"选项，如图 6-32 所示。

单击 确定 按钮，即可将"V-Ray 渲染器"指定为当前渲染器。当指定"V-Ray 渲染器"为当前渲染器后，在【渲染场景】对话框中分别进入"V-Ray"选项卡、"间接照明"选项卡和"设置"选项卡，其中将显示"V-Ray 渲染器"的各种参数设置卷展栏，如图 6-33、图 6-34 和图 6-35 所示。

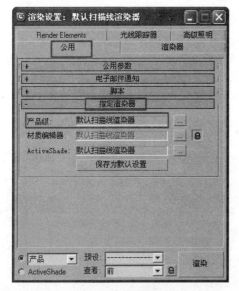

图 6-31　展开【指定渲染器】卷展栏

图 6-32　选择渲染器

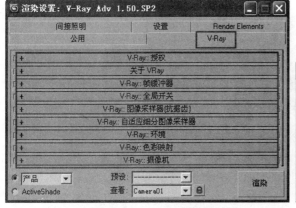

图 6-33　"V-Ray"选项卡

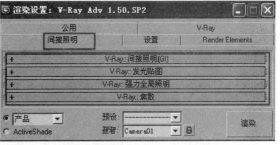

图 6-34　"间接照明"选项卡

图 6-35　"设置"选项卡

以上这些卷展栏的设置对渲染场景非常重要，下面对常用的一些设置进行讲解。

1.【V–Ray：帧缓冲区】卷展栏

【V-Ray：帧缓冲区】卷展栏用于指定是使用 Vkay 帧缓冲器还是使用 3ds max 帧缓冲器，同时还可以设置出图分辨率等，如图 6-36 所示。

- 启用内置帧缓冲区：勾选该选项，将使用"V-Ray 渲染器"内置的帧缓冲器渲染场景，但 3ds max 的帧缓冲器依旧启用，这样会占用很多内存。此时可以在 3ds max 的"公用"选项卡中取消勾选"渲染帧窗口"选项，这样可以减少系统内存的占用，如图 6-37 所示。

图 6-36 【V-Ray：帧缓冲区】卷展栏 　　　　　　图 6-37 "公用"选项卡

- 渲染到内存帧缓冲区：勾选该选项，将创建"V-Ray 渲染器"的帧缓冲器，用于存储色彩数据以观察渲染效果。如果要渲染较大的场景，建议取消勾选该选项，这样可以节约内存。
- 输出分辨率：勾选"从 MAX 获取分辨率"选项，可以在 3ds max 的常规渲染设置中设置输出图像的大小。如果取消勾选该选项，则下方的"宽度"和"高度"选项被激活，可以在"V-Ray 渲染器"的虚拟帧缓冲中获取图像的分辨率，其设置结果与在 3ds max 的常规渲染设置中设置的出图分辨率相同。

2.【V–Ray：全局开关】卷展栏

【V-Ray：全局开关】卷展栏用于对渲染器不同特性的全局参数进行控制，包括"默认灯光"、"反射/折射"、"替代材质"等，如图 6-38 所示。

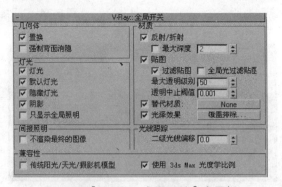

图 6-38 【V-Ray：全局开关】卷展栏

- 灯光：勾选该选项，将使用场景设置的灯光进行渲染，取消勾选该选项将使用 3ds max 的默认

灯光进行渲染。

- 默认灯光：当场景中不存在灯光时，勾选该选项将使用 3ds max 的默认灯光进行渲染。
- 隐藏灯光：勾选该选项，隐藏灯光将被渲染；取消勾选该选项的，隐藏的灯光不会被渲染。
- 阴影：勾选该选项，渲染灯光产生的阴影，反之不渲染。
- 反射/折射：勾选该选项，计算 V-Ray 贴图、材质的反射和折射效果。
- 最大深度：勾选该选项，可以设置贴图或材质的反射（或折射）的最大反弹次数，否则，反射（或折射）的最大反弹次数将使用材质、贴图的局部参数来控制。
- 替代材质：在进行场景灯光调试时，通常使用一个"替代材质"代替场景中模型的材质，由于"替代材质"不具备任何纹理质感（只呈现灰色），因此可以快速进行渲染以方便查看灯光效果。下面通过一个简单操作讲解使用"替代材质"的方法。

Step 1　打开"场景文件"目录下的"旋转玻璃门（V-Ray）.max"文件，该场景已经设置了 V-Ray 材质、灯光和摄像机。

Step 2　指定"V-Ray 渲染器"为当前前场景渲染器，同时使用"V-Ray 渲染器"的帧缓冲器渲染场景，结果如图 6-39 所示。

Step 3　在【V-Ray 全局开关】卷展栏下勾选"替代材质"选项，然后打开【材质编辑器】对话框，选择一个空的示例窗，选择【VRayMtl】材质，参数默认，如图 6-40 所示。

图 6-39　使用"V-Ray 渲染器"的帧缓冲器渲染场景

图 6-40　制作"VRayMtl"材质

Step 4　将该示例窗拖曳到"替代材质"右边的按钮上，以"实例"方式复制给"替代材质"，如图 6-41 所示。

Step 5　快速渲染场景，结果如图 6-42 所示。

> 提示：使用"替代材质"调试好场景灯光后，取消勾选"替代材质"选项，即可使用场景模型自身的材质进行着色渲染。

3.【V-Ray：图像采样器（抗锯齿）】卷展栏

【V-Ray：图像采样器（抗锯齿）】卷展栏用于选择图像采样器和抗锯齿过滤器。这是采样和过滤图像的一种算法，该算法将产生最终的像素数来完成图像的渲染，是渲染场景最主要的设置，如图 6-43 所示。

"V-Ray 渲染器"提供了多种图像采样器及抗锯齿过滤器。选择不同的图像采样器和抗锯齿过滤器，会显示出相应的参数设置卷展栏。

下面讲解"图像采样器"的选择与设置。

（1）"固定图像"采样器

这是最简单的采样器。对于每一个像素，"固定"采样器将使用一个固定数量的样本进行渲染。当选择该采样器时，会出现【V-Ray：固定图像采样器】卷展栏，如图 6-44 所示。

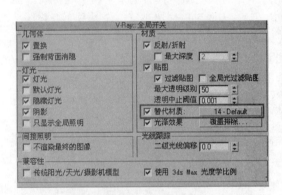

图 6-41　设置"替代材质"

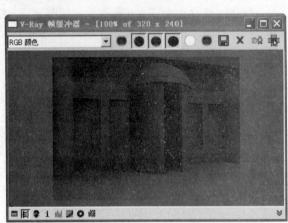

图 6-42　使用"替代材质"的渲染效果

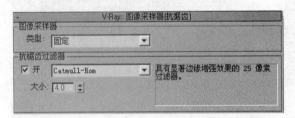

图 6-43　【V-Ray：图像采样器（抗锯齿）】卷展栏

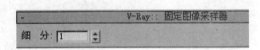

图 6-44　【V-Ray：固定图像采样器】卷展栏

细分：设置每个像素使用的样本数量。值为 1 时，表示每一个像素使用一个样本数；值大于 1 时，将按照低差异的蒙特卡洛序列来产生样本数。

（2）"自适应 DMC"采样器

该采样器会根据每个像素和与其相邻像素的亮度差异来产生不同数量的样本。由于该采样器占用内存较小，因此适用于具有大量微小细节的场景或物体。使用该采样器，会出现【V-Ray：自适应 DMC 采样器】卷展栏，如图 6-45 所示。

- 最小细分：定义每个像素使用的样本的最小数量，一般设置为 1。当场景中有细节无法正确表现时，该值可以设置得较大一些。
- 最大细分：定义每个像素使用的样本的最大数量。

（3）"自适应细分图像"采样器

这是一个高级采样器，也是一般渲染的首选采样器。该采样器使用较少的样本就可以达到很好的渲染品质，但是对于场景的一些细节或模糊特效渲染效果不是很好。使用该采样器，会出现【V-Ray：自适应细分图像采样器】卷展栏，如图 6-46 所示。

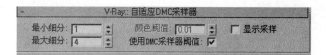

图 6-45 【V-Ray：自适应 DMC 采样器】卷展栏　　图 6-46 【V-Ray：自适应细分图像采样器】卷展栏

- 最小比率：定义每个像素使用的样本的最小数量。值为 0 表示一个像素使用一个样本，值为 –1 表示每两个像素使用一个样本，依次类推。
- 最大比率：定义每个像素使用的样本的最大数量。值为 0 表示一个像素使用一个样本，值为 1 表示每个像素使用 4 个样本，依次类推。
- 颜色阈值：用于确定采样器在改变颜色亮度方面的灵敏性。值越低效果越好，但渲染时间会越长。
- 对象轮廓：勾选该选项，采样器会强行在物体边缘进行采样。

在"抗锯齿过滤器"组中勾选"开"选项后，可以在下拉列表中选择不同的过滤器，同时在右边会显示该过滤器的过滤说明，如图 6-47 所示。

4.【V–Ray：色彩映射】卷展栏

【V-Ray：色彩映射】卷展栏用于设置图像最终的色彩转换，如图 6-48 所示。在"类型"下拉列表中可以选择需要的类型，下面对常用的一些选项进行介绍。

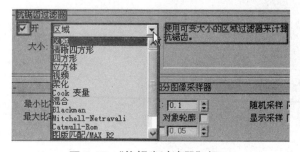

图 6-47　"抗锯齿过滤器"组　　　　　　　　图 6-48 【V-Ray：色彩映射】卷展栏

- 线性倍增：该模式将基于最终图像色彩的亮度来进行简单的倍增，限制过亮的颜色成分，但常会使靠近光源的区域亮度过高。
- 指数：该模式将基于亮度使图像颜色更饱和而不限制颜色范围，这对控制曝光效果很有效。
- 暗部倍增器：控制暗的颜色的倍增。
- 亮部倍增器：控制亮的颜色的倍增。

5.【V–Ray：间接照明（GI）】卷展栏

进入"间接照明"选项卡，展开【V-Ray：间接照明（GI）】卷展栏，该卷展栏提供了几种计算间接照明的方法。勾选"开"选项，将计算场景中的间接照明；取消勾选"开"选项，将不计算场景的间接照明效果，如图 6-49 所示。

下面对常用设置进行简单介绍，具体的使用方法将通过实例进行讲解。

- "首次反弹"组中的"倍增器"：为最终渲染图像提供初级漫反射反弹，一般使用默认值 1.0 效果最好。

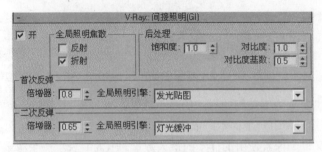

图 6-49 【V-Ray：间接照明（GI）】卷展栏

- "首次反弹"组中的"全局照明引擎"：在该下拉列表中选择初级漫反射反弹的 GI 渲染引擎，选择不同的渲染引擎，会展开该引擎的相关设置卷展栏。例如选择"发光贴图"引擎，将展开【V-Ray：发光贴图】卷展栏，如图 6-50 所示。

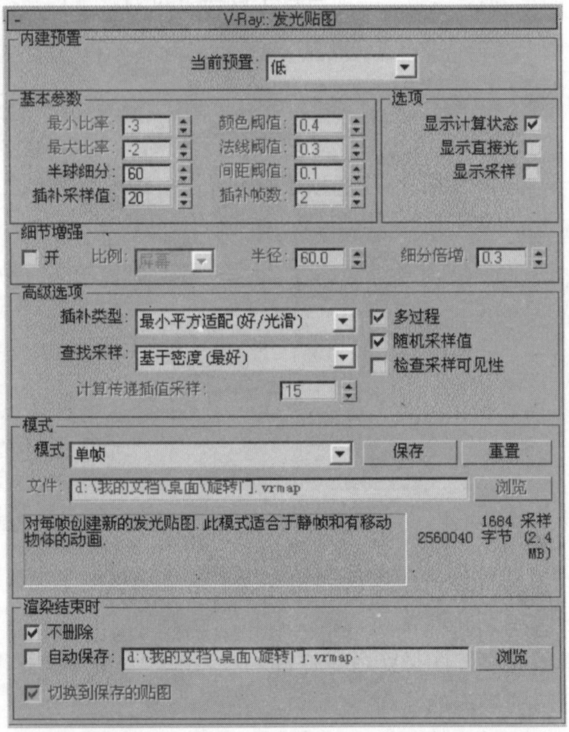

图 6-50 【V-Ray：发光贴图】卷展栏

下面对该卷展栏中常用设置进行讲解。

在"内建预置"组中选择预设模式，系统提供了 8 种预设模式，用户可以根据具体情况选择不同的模式渲染场景。一般情况下，在测试渲染或调整灯光阶段，可以选择"非常低"模式，该模式只表现场景中的普通照明，因而渲染速度较快；在调试好灯光等设置后，做最后渲染出图时，可以选择"高"模式，这是一种高品质的模式，可以对场景进行灯光效果进行精细渲染，但渲染时间较长。其实可以先使用"高"预置模式渲染场景的光子图，并将其保存，然后再调用光子图进行最后的渲染，这样可以节省很多渲染时间。

在"基本参数"组中设置"发光贴图"的基本参数，常用设置包括"半球细分"和"插补采样值"，一般使用默认值即可。

- 半球细分：该设置决定了单个 GI 样本的品质。值越小渲染速度较快，但场景中可能会出现黑斑；值越高速度越慢，但会得到较平滑的渲染效果。一般情况下设置为 80 左右。
- 插补采样值：该设置被用于定义插值计算的 GI 样本数量。值越大越趋向于模糊 GI 细节，值越小细节越光滑，但过小的值可能会出现黑斑。一般使用默认设置。

在"模式"组中可选择使用发光贴图的方法。渲染静态场景时，可以使用"单帧"方法渲染光子图并将其保存；渲染最终效果时，可以使用"从文件"模式调用保存的光子图进行最后的渲染。

- 单帧：该模式下系统会对整个图像计算一个单一的发光体图，并且每一帧都计算新的发光贴图。当使用"单帧"模式时，可以在"渲染结束时"组中勾选"自动保存"和"切换到保存的贴图"选项，然后单击"自动保存"选项后的 浏览 按钮，将光子图命名后保存。在进行最终渲染时，系统会自动加载保存的光子图进行最终的效果渲染，这是节省渲染时间最有效的方法，如图 6-51 所示。

图 6-51　保存并自动加载光子图

- 从文件：这是最终渲染场景常用的模式。当使用"单帧"模式渲染并保存光子图后，在最终渲染场景时选择该模式，系统将自动加载保存的光子图，而不必再次计算发光贴图，从而以较短的时间完成渲染。而在渲染动画场景时使用该模式，在渲染序列的开始帧，渲染器会简单地导入一个保存的光子贴图，并在动画的所有帧中使用该光子图，而不会再计算新的发光贴图。

下面讲解【V-Ray：间接照明（GI）】卷展栏下的"二次反弹"设置。该选项用于设置间接照明的二次反弹参数，包括"倍增器"和"全局照明引擎"两个选项。

- "二次反弹"选项组的"倍增器"：用于确定在场景照明计算中次级漫反射反弹的效果，一般使用默认值 1.0。
- "二次反弹"选项组的"全局照明引擎"：在该下拉列表中选择次级漫反射反弹的 GI 渲染引擎，其设置与"首次反弹"的"全局照明引擎"的设置相同，可以将光子图保存并在最终渲染时调用，以节省渲染时间。

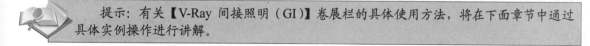

提示：有关【V-Ray 间接照明（GI）】卷展栏的具体使用方法，将在下面章节中通过具体实例操作进行讲解。

6.【V-Ray：DMC 采样器】卷展栏

【V-Ray：DMC 采样器】卷展栏是"V-Ray 渲染器"的核心，它贯穿于 V-Ray 每一种效果的计算中，如抗锯齿、景深、间接照明、面积光计算、模糊反射/折射、半透明以及运动模糊等。该采样器一般用于确定要获取哪些样本以及最终要跟踪的光线。进入"设置"选项卡，展开该卷展栏，如图 6-52 所示。

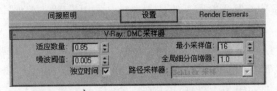

图 6-52 【V-Ray：DMC 采样器】卷展栏

- 适应数量：控制早期终止应用的范围，值为 0 表示早期终止不会被使用，一般采用默认设置。
- 噪波阈值：控制最终渲染效果的品质。设置较小的值可以减少场景噪波，获得更好的图像品质。
- 最小采用值：用于设置在早期终止算法被使用前必须获得最少的样本数量。值越高渲染速度越慢，但会使早期算法更可靠。
- 全局细分倍增器：用于倍增场景中任何参数的细分值。该参数将直接影响灯光贴图、光子贴图、焦散、抗锯齿等细分值以外的所有细分值，其他包括景深、运动模糊、发光贴图、准蒙特卡洛、GI、面积光/阴影以及平滑反射/折射等都受此参数的影响。
- 独立时间/路径采用器：用于渲染动画效果。

6.2 实践应用

前面主要学习了使用 3ds max 2009 自带的"默认扫描线渲染器"和"V-Ray 渲染器"插件渲染三维场景的方法以及相关设置，这一节将应用所学知识，分别使用"默认扫描线渲染器"和"V-Ray 渲染器"插件对"住宅楼设计"以及"别墅设计"两个三维场景进行渲染输出。

6.2.1 任务（一）——住宅楼的渲染输出

这一节将分别使用"默认扫描线渲染器"和"V-Ray 渲染器"插件对住宅楼三维场景进行渲染输出，学习使用"默认扫描线渲染器"和"V-Ray 渲染器"插件渲染建筑场景的相关技巧。

 任务要求

住宅楼项目是前面制作的一个建筑设计项目，该项目已经为其设置了"V-Ray 渲染器"支持的材质、灯光和摄像机。任务要求使用"默认扫描线渲染器"和"V-Ray 渲染器"分别对其进行渲染输出，通过渲染输出更好地表现建筑模型的材质质感以及光影效果，为该建筑项目的后期处理做准备。

 任务分析

由于"默认扫描线渲染器"和"V-Ray 渲染器"分别支持各自不同的材质以及灯光效果，因此在渲染时要针对不同的渲染器制作不同的材质和灯光。该场景只针对"V-Ray 渲染器"制作了材质和灯光效果，因此可以直接使用"V-Ray 渲染器"对其进行渲染输出。但是，在使用"默认扫描线渲染器"渲染输出时，必须重新为该场景制作适合"默认扫描线渲染器"的材质和灯光效果。另外，在渲染结束后还要将渲染结果进行保存，以便后期对其进行后期处理。

下面分别使用"默认扫描线渲染器"和"V-Ray 渲染器"渲染输出住宅楼场景，并将渲染结果保存。

 完成任务

1. 制作"默认扫描线渲染器"的材质

由于"默认扫描线渲染器"支持自身的材质和贴图，因此在使用"默认扫描线渲染器"渲染场景前，需要为其制作适合"默认扫描线渲染器"的材质和灯光，下面开始制作材质。

Step 1　打开"第2章线架"目录下的"住宅楼设计（扫描线渲染）.max"文件。

Step 2　指定"默认扫描线渲染器"为当前场景的渲染器，快速渲染场景，发现该场景已经设置了灯光和摄像机，但是没有制作材质，如图 6-53 所示。

Step 3　下面为其制作"默认扫描线渲染器"的材质。打开【材质编辑器】对话框，选择一个空的示例窗，将其命名为"一层墙体"，然后设置【明暗器基本参数】卷展栏和【Phong 基本参数】卷展栏中的参数，如图 6-54 所示。

图 6-53　渲染场景效果

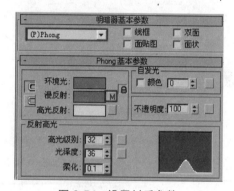

图 6-54　设置材质参数

Step 4　展开【贴图】卷展栏，为"漫反射颜色"贴图通道和"凹凸"贴图通道同时指定"贴图"目录下的"红砖.jpg"贴图文件，参数设置如图 6-55 所示。

Step 5　单击"漫反射颜色"贴图通道中的贴图，展开该贴图的【坐标】卷展栏，设置贴图的坐标如图 6-56 所示。

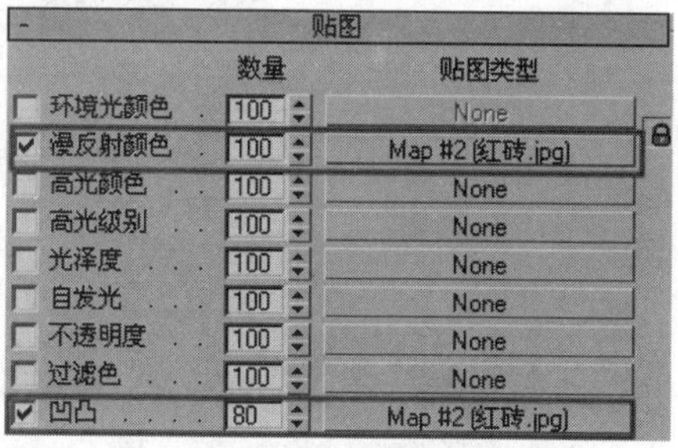

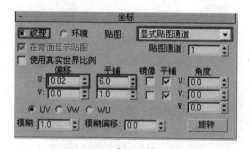

图 6-55　指定贴图

图 6-56　【坐标】卷展栏

Step 6　使用"按名称选择"对象的方法选择名为"一层墙体"的对象，将制作的材质指定给选择对象。

Step 7 在修改器列表中选择【UVW 贴图】修改器，展开【参数】卷展栏，选择"长方体"贴图方式。

Step 8 重新选择一个空的示例窗，将其命名为"楼体模型"，展开【明暗器基本参数】卷展栏，在下拉列表中选择"Phong"选项，在【Phong 基本参数】卷展栏中设置"环境光"和"漫反射"颜色为浅黄色（R: 227、G: 227、B: 225），其他参数设置如图 6-57 所示。

Step 9 使用"按名称选择对象"的方法，选择场景中的"楼体模型"、"一层楼顶"～"一层楼顶 04"、"阳台"～"阳台 11"以及各窗台、窗沿和顶楼墙面等，然后将制作的材质指定给选择的对象。

Step 10 选择一个新的示例窗，命名为"窗户"，然后为其选择【多维/子对象】材质，设置材质数量为 2，如图 6-58 所示。

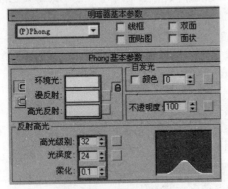

图 6-57 设置材质参数

图 6-58 设置【多维/子对象】材质

Step 11 单击 1 号材质进入其"材质""层级"，展开【明暗器基本参数】卷展栏，在下拉列表中选择"Phong"选项，在【Phong 基本参数】卷展栏中为"漫反射"、"自发光"和"不透明度"指定"贴图"目录下的"室外玻璃 047.jpg"文件，其他参数设置如图 6-59 所示。

Step 12 展开【贴图】卷展栏，设置"漫反射颜色"贴图通道的参数为 35%，其他参数默认。

Step 13 返回"多维/子对象"材质"层级，单击 2 号材质进入其"材质"层级，展开【明暗器基本参数】卷展栏，在下拉列表中选择"Phong"选项，在【Phong 基本参数】卷展栏中设置"环境色"和"漫反射"的颜色为绿色（R: 54、G: 114、B: 91），并设置其他参数，如图 6-60 所示。

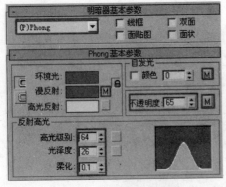

图 6-59 设置材质参数 1

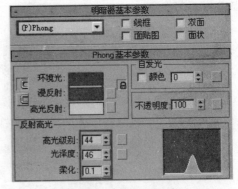

图 6-60 设置材质参数 2

Step 14 选择场景中的所有窗户对象，将制作的材质指定给选择对象。

提示： 由于场景中的所有窗框和窗户玻璃都设置了不同的材质 ID 号，因此只要将制作好的材质指定给选择对象即可。读者在应用【多维/子对象】材质时，一定要记得为模型设置不同的材质 ID 号。

Step 15　选择一个空的示例窗，依照前面的操作，指定一个【多维/子对象】材质，将其命名为"窗户 01"，设置材质数量为 3。

Step 16　设置材质 1 的参数与"窗户"示例窗中的 2 号材质相同，设置材质 2 的参数与"一层墙体"示例窗的参数相同，设置 3 号材质与"窗户"示例窗的 1 号材质相同，然后将该材质指定给六层飘窗和顶楼窗户。

Step 17　最后选择一个空的示例窗，将其命名为"屋顶"，展开【明暗器基本参数】卷展栏，在下拉列表中选择"Phong"选项，在【Phong 基本参数】卷展栏为"漫反射"指定"贴图"目录下的"蓝瓦.jpg"文件，并设置其他参数，如图 6-61 所示。

Step 18　展开【贴图】卷展栏，将"漫反射颜色"贴图通道上的贴图拖曳到"凹凸"贴图通道中，设置其参数为 100%，其他参数默认。

Step 19　在场景中选择屋顶模型对象，将制作的材质指定给选择对象，然后为屋顶对象添加【UVW 贴图】修改器，选择"长方体"贴图方式。

Step 20　至此，住宅楼的"默认扫描线渲染器"的材质制作完毕。单击主工具栏中的 ⊙ "渲染产品"按钮，使用默认设置进行快速渲染，结果如图 6-62 所示。

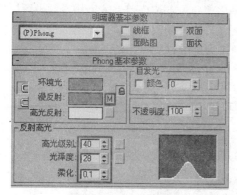

图 6-61　设置材质参数

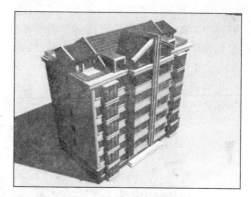

图 6-62　快速渲染效果

提示： 有关场景材质的制作已在第 4 章做了详细讲解，此处不再进行详细讲述，读者可以解压"第 6 章线架"目录下的"住宅楼设计（扫描线渲染结果）.zip"压缩包，然后打开"住宅楼设计（扫描线渲染结果）.max"文件查看材质的设置。

2. 住宅楼的渲染输出

前面制作了住宅楼的"默认扫描线渲染器"的材质，并对其进行了简单的渲染，下面将重新对住宅楼进行最后的渲染输出，并将渲染结果保存。

Step 1　单击主工具栏中的 ⊙ "渲染设置"按钮，弹出【渲染设置：默认扫描线渲染器】对话框。

Step 2　进入"公用"选项卡，展开【公用参数】卷展栏，在"时间输出"组中勾选"单帧"选项，在"要渲染的区域"组中选择"视图"选项，在"输出大小"组中设置"宽度"为 1500、"高

度"为 1125。

Step 3　在"渲染输出"组中单击 文件... 按钮，弹出【渲染输出文件】对话框，设置"文件名"为"住宅楼设计（扫描线渲染结果）"，设置存储格式为".tif"，如图 6-63 所示。

Step 4　单击 设置... 按钮，弹出【TIF 图像控制】对话框，参数设置如图 6-64 所示。

Step 5　单击 确定 按钮确认，返回【渲染输出文件】对话框，单击 保存(S) 按钮将其保存。

Step 6　在【渲染设置：默认扫描线渲染器】对话框中单击"渲染"按钮，对场景进行最后的渲染。

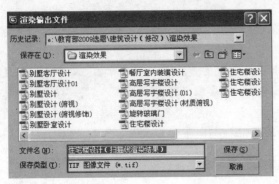

图 6-63　保存文件

图 6-64　设置存储文件

3. 使用"V-Ray 渲染器"渲染住宅楼

这一节将使用"V-Ray 渲染器"渲染住宅楼场景。使用"V-Ray 渲染器"渲染场景的设置比较复杂，同时"V-Ray 渲染器"支持其专用的材质和灯光。因此，在使用"V-Ray 渲染器"渲染场景时，要注意场景中的材质和灯光效果是否是"V-Ray 渲染器"所支持的材质和灯光。

Step 1　解压"第 5 章线架"目录下的"住宅楼设计（VR 灯光结果）.zip"压缩文件，然后打开"住宅楼设计（VR 灯光结果）.max"文件。

该场景已经制作了符合"V-Ray 渲染器"渲染的材质和灯光，但没有设置摄像机，如图 6-65 所示。

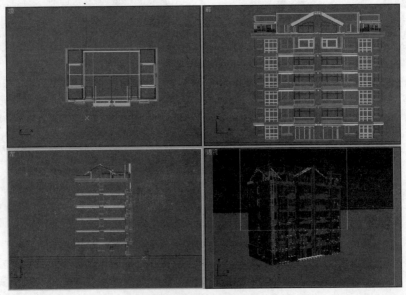

图 6-65　住宅楼场景

下面为其设置摄像机，以调整场景的透视关系和视角。

Step 2　进入【创建】面板，激活 📷 "摄像机"按钮，在【对象类型】卷展栏下激活 ▭目标 按钮，在顶视图中拖曳光标，创建一个目标摄像机，如图 6-66 所示。

Step 3　激活透视图，按 C 键将透视图切换为摄像机视图，结果如图 6-67 所示。

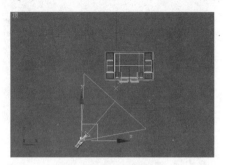

图 6-66　创建摄像机

图 6-67　切换摄像机视图的效果

将透视图切换为摄像机视图后，在摄像机视图中将看不到建筑模型，这是由于摄像机的高度以及焦距设置不合理所致，下面对其进行调整。

Step 4　在主工具栏中的"选择过滤器"列表中选择"摄像机"选项，然后在顶视图中使用框选的方法将摄像机及其目标同时选择，在前视图中将其沿 y 轴正方向调整到地面上方，如图 6-68 所示。

Step 5　取消摄像机目标点的选择，只选择摄像机，进入【修改】面板，展开【参数】卷展栏，设置"镜头"为 22.499、"视野"为 77.323，此时摄像机视图的显示效果如图 6-69 所示。

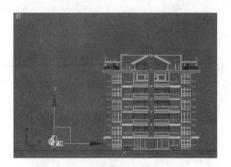

图 6-68　调整摄像机的位置

图 6-69　设置摄像机参数后的效果

此时，在摄像机视图中已经全部显示了住宅楼模型。但是，如果此时进行渲染，会使住宅楼模型显得太小，这时需要调整渲染方式，将住宅楼模型以放大方式进行渲染。

Step 6　打开【渲染设置】对话框，进入"公用"选项卡，展开【公用参数】卷展栏，然后在"要渲染的区域"选项选择"放大"选项，此时在摄像机视图中出现渲染区域框，如图 6-70 所示。

Step 7　拖曳区域框上的控制点调整大小，使其将住宅楼模型完全包围，如图 6-71 所示。

提示：由于该场景是要做最后的后期处理，场景中的地面和背景最终也会被后期处理素材所代替，因此只要保证住宅楼模型能以最大方式完全、清晰地被渲染即可，其他因素不用考虑。另外，在调整渲染区域时，将光标移动到区域框四个角的任意一个控制小方框上拖曳，即可调整区域的大小；将光标移动到区域框内部拖曳，可以调整区域框的位置。凡是处于区域框之内的图像都会被放大渲染。

至此，摄像机设置完毕，下面指定渲染器渲染并保存光子图。

Step 8 在【指定渲染器】卷展栏下指定当前渲染器为 "V-Ray 渲染器"，然后进入 "公用" 选项卡，在【公用参数】卷展栏中设置输入大小为 320×240，然后取消勾选 "渲染帧窗口" 选项。

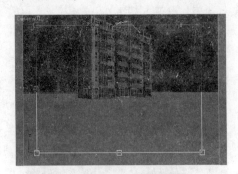

图 6-70 出现渲染区域框

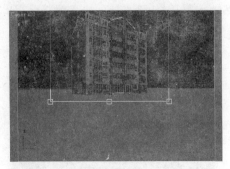

图 6-71 调整渲染区域框的大小和位置

Step 9 进入 "V-Ray" 选项卡，展开【V-Ray: 帧缓冲器】卷展栏，勾选 "启用内置帧缓冲器" 选项。

Step 10 展开【V-Ray: 全局开关】卷展栏，在 "间接照明" 组中勾选 "不渲染最终图像" 选项。

Step 11 展开【V-Ray: 图像采样器（抗锯齿）】卷展栏，设置 "图像采样器" 和 "抗锯齿过滤器"，如图 6-72 所示。

Step 12 展开【V-Ray: 自适应细分图像采样器】卷展栏，设置 "最小比率" 和 "最大比率"，如图 6-73 所示。

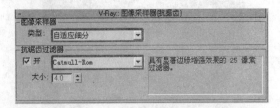

图 6-72 设置 "图像采样器" 和 "抗锯齿过滤器"

图 6-73 设置 "最小比率" 和 "最大比率"

Step 13 展开【V-Ray: 环境】卷展栏，同时打开【材质编辑器】对话框，将【材质编辑器】中的 "VR 天光" 贴图和 "VRayHDRI" 贴图分别以 "实例" 方式复制给 "全局照明环境（天光）覆盖" 和 "反射/折射环境覆盖" 贴图按钮，如图 6-74 所示。

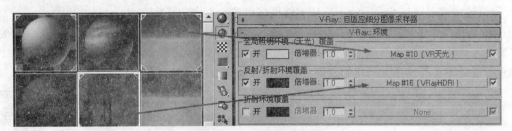

图 6-74 指定环境贴图

Step 14 执行【渲染】/【环境】命令，弹出【环境和效果】对话框，进入 "环境" 选项卡，将

【材质编辑器】对话框中的"VRayHDRI"贴图再次以"实例"方式复制给"环境贴图"按钮。

Step 15　展开【V-Ray：色彩映射】卷展栏，参数设置如图 6-75 所示。

Step 16　进入"间接照明"选项卡，展开【V-Ray：间接照明（GI）】卷展栏，勾选"开"选项，然后设置"首次反弹"和"二次反弹"的全局照明引擎分别为"发光贴图"和"灯光缓冲"，并设置其参数，如图 6-76 所示。

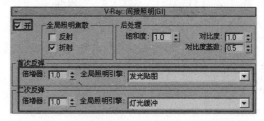

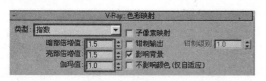

图 6-75　【V-Ray：色彩映射】卷展栏　　　　　图 6-76　【V-Ray：间接照明（GI）】卷展栏

Step 17　展开【V-Ray：发光贴图】卷展栏，设置"当前预设"为"高"、"半球细分"为 15，然后在"模式"下拉列表中选择"单帧"选项，在"渲染结束时"组中勾选"自动保存"和"切换到保存的贴图"选项，单击"自动保存"右侧的 浏览 按钮，将"发光贴图"的光子图进行保存。

Step 18　展开【V-Ray：灯光缓冲】卷展栏，设置"细分"为 600，在"模式"下拉列表中选择"单帧"选项，在"渲染结束时"组中勾选"自动保存"和"切换到保存的贴图"选项，单击"自动保存"右侧的 浏览 按钮，将"等缓冲"的光子图进行保存。

Step 19　单击"渲染"按钮渲染光子图，光子图渲染完毕后，进入"公用"选项卡，在【公用参数】卷展栏中设置输入大小为 2000×1500。

Step 20　展开【V-Ray：全局开关】卷展栏，在"间接照明"组中取消勾选"不渲染最终图像"选项。

Step 21　在【V-Ray：发光贴图】卷展栏和【V-Ray：灯光缓冲】卷展栏中分别将"模式"设置为"从文件"，然后在【V-Ray：灯光缓冲】卷展栏中设置"细分"为 1000。

Step 22　进入"设置"选项卡，展开【V-Ray：DMC 采样器】卷展栏，参数设置如图 6-77 所示。

图 6-77　【V-Ray：DMC 采样器】卷展栏

Step 23　单击"渲染"按钮进行场景最后的渲染。渲染完毕后，单击"V-Ray 渲染器"内置帧缓冲器窗口中的 　"保存图像"按钮，将渲染结果保存为"住宅楼设计.tif"文件即可。

归纳总结

这一节主要学习了使用"默认扫描线渲染器"和"V-Ray 渲染器"对住宅楼进行渲染输出。"默认扫描线渲染器"的设置比较简单，其渲染品质的好坏主要取决于场景材质与灯光设置，因此在使用"默认扫描线渲染器"渲染场景前，要对场景材质和灯光进行反复调整测试，使其尽量达到渲染高品质图

像的要求。而"V-Ray 渲染器"的设置比较复杂，同时，该渲染器支持其专用材质效果以及灯光效果，因此在使用该渲染器渲染场景时，除了要注意场景材质、灯光是否能被"V-Ray 渲染器"所支持，还要多次渲染较小的图像，以查看并调试渲染器的相关设置，直到满意为止。总之，只有将场景材质、灯光以及渲染的设置相结合，才能使用"V-Ray 渲染器"渲染输出照片级高品质的图像。

6.2.2 任务（二）——别墅渲染输出

这一节将使用"默认扫描线渲染器"和"V-Ray 渲染器"对别墅场景进行渲染输出，继续学习使用"默认扫描线渲染器"和"V-Ray 渲染器"渲染建筑场景的方法。

任务要求

别墅项目也是前面制作的一个工程项目，该项目只制作了符合"V-Ray 渲染器"渲染要求的材质和灯光效果。任务要求使用"默认扫描线渲染器"和"V-Ray 渲染器"分别将该项目的模型渲染输出为标准的平视效果和鸟瞰效果，从不同角度和方向来表现模型的材质质感和光影效果，为该项目的后期处理工作做准备。

任务分析

若要分别使用"默认扫描线渲染器"和"V-Ray 渲染器"对该场景进行不同视角的渲染，除了分别制作符合各自渲染器支持的材质和灯光外，还要对场景设置不同视角的摄像机，以满足不同视角的渲染。由于该场景已经制作了符合"V-Ray 渲染器"要求的材质和灯光，同时也设置了平视的摄像机，但并没有制作符合"默认扫描线渲染器"所支持的材质和灯光，也没有设置鸟瞰效果的摄像机，因此在使用"默认扫描线渲染器"渲染场景前，需要重新制作材质和设置灯光，同时还要设置鸟瞰摄像机，以满足渲染需要。

下面先使用"V-Ray 渲染器"来渲染场景。

完成任务

1. 使用"V-Ray 渲染器"渲染别墅场景

Step 1 解压"第 5 章线架"目录下的"别墅设计（VR 灯光结果）.zip"压缩文件，然后打开"别墅设计（VR 灯光结果）.max"文件。

Step 2 该场景已经制作了符合"V-Ray 渲染器"要求的材质和灯光，同时也设置了平视的摄像机，如图 6-78 所示。

Step 3 打开【渲染设置】对话框，在"公用"选项卡下展开【公用参数】卷展栏，在"要渲染的区域"下拉列表中选择"放大"选项，在摄像机视图中调整渲染区域，使其放大渲染别墅模型。

Step 4 在"输出大小"选项输入大小为 320×240，然后取消勾选"渲染帧窗口"选项。

Step 5 进入"V-Ray"选项卡，展开【V-Ray: 帧缓冲器】卷展栏，勾选"启用内置帧缓冲器"选项。

Step 6 展开【V-Ray: 全局开关】卷展栏，在"间接照明"组中勾选"不渲染最终图像"选项。

Step 7 展开【V-Ray: 图像采样器（抗锯齿）】卷展栏，设置"图像采样器"和"抗锯齿过滤器"，如图 6-79 所示。

Step 8　展开【V-Ray：自适应细分图像采样器】卷展栏，设置"最小比率"和"最大比率"，如图 6-80 所示。

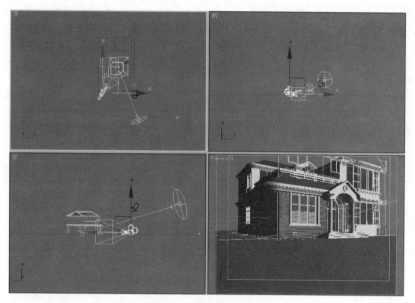

图 6-78　打开的别墅场景

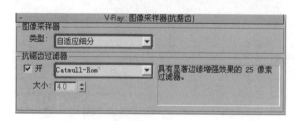

图 6-79　设置"图像采样器"和"抗锯齿过滤器"

图 6-80　设置"最小比率"和"最大比率"

Step 9　展开【V-Ray：环境】卷展栏，同时打开【材质编辑器】对话框，将【材质编辑器】中的"VR 天光"贴图以"实例"方式复制给"全局照明环境（天光）覆盖"贴图按钮，如图 6-81 所示。

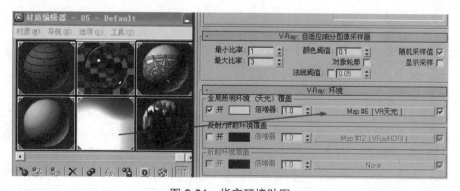

图 6-81　指定环境贴图

Step 10 执行【渲染】/【环境】命令，弹出【环境和效果】对话框，进入"环境"选项卡，将【材质编辑器】对话框中的"VRayHDRI"贴图以"实例"方式复制给"环境贴图"按钮，如图 6-82 所示。

图 6-82 制作背景贴图

Step 11 展开【V-Ray：色彩映射】卷展栏，参数设置如图 6-83 所示。

Step 12 进入"间接照明"选项卡，展开【V-Ray：间接照明（GI）】卷展栏，勾选"开"选项，设置"首次反弹"和"二次反弹"的全局照明引擎分别为"发光贴图"和"灯光缓冲"，并设置其参数，如图 6-84 所示。

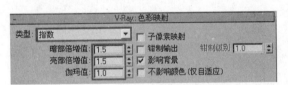

图 6-83 【V-Ray：色彩映射】卷展栏

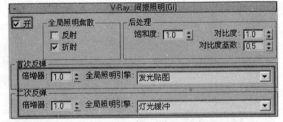

图 6-84 【V-Ray：间接照明（GI）】卷展栏

Step 13 展开【V-Ray：发光贴图】卷展栏，设置"当前预设"为"高"、"半球细分"为15，然后在"模式"下拉列表中选择"单帧"选项，在"渲染结束时"组中勾选"自动保存"和"切换到保存的贴图"选项，并单击"自动保存"右侧的 浏览 按钮，将"发光贴图"的光子图进行保存。

Step 14 展开【V-Ray：灯光缓冲】卷展栏，设置"细分"为 600，在"模式"下拉列表中选择"单帧"选项，在"渲染结束时"组中勾选"自动保存"和"切换到保存的贴图"选项，并单击"自动保存"右侧的 浏览 按钮，将"等缓冲"的光子图进行保存。

Step 15 单击"渲染"按钮渲染光子图，该过程可能需要一些时间。光子图渲染完毕后，就可以进行最终的渲染输出了。

Step 16 进入"公用"选项卡，在【公用参数】卷展栏中设置输入大小为2000×1500。

Step 17 展开【V-Ray：全局开关】卷展栏，在"间接照明"组中取消勾选"不渲染最终图像"选项。

Step 18 在【V-Ray：发光贴图】卷展栏和【V-Ray：灯光缓冲】卷展栏中分别将"模式"设置为"从文件"，然后在【V-Ray：灯光缓冲】卷展栏中设置"细分"为1000。

Step 19 进入"设置"选项卡，展开【V-Ray：DMC 采样器】卷展栏，参数设置如图 6-85 所示。

Step 20 单击"渲染"按钮进行场景最后的渲染。渲染完毕后，单击"V-Ray 渲染器"内置帧缓冲器窗口中的 ▣ "保存图像"按钮，将渲染结果保存为"别墅设计.tif"文件即可。

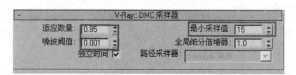

图 6-85 【V-Ray：DMC 采样器】卷展栏

2. 制作别墅模型的"默认扫描线渲染器"材质

上一节使用"V-Ray 渲染器"对别墅场景进行了渲染输出，下面使用"默认扫描线渲染器"渲染别墅场景。由于"V-Ray 渲染器"插件所支持的部分材质以及灯光效果"默认扫描线渲染器"并不支持，因此需要重新为别墅模型制作材质，然后才能使用"默认扫描线渲染器"渲染场景。

下面先制作别墅"默认扫描线渲染器"的材质。

Step 1 打开"第 3 章线架"目录下的"别墅二层设计.max"文件。

Step 2 指定"默认扫描线渲染器"为当前场景的渲染器，然后打开【材质编辑器】对话框，选择一个空的示例窗，将其命名为"一层墙体"。

Step 3 展开【明暗器基本参数】卷展栏，在下拉列表中选择"Phong"选项，展开【Phong 基本参数】卷展栏，设置"高光级别"为 32、"光泽度"为 36，其他参数默认。

Step 4 单击"漫反射"贴图按钮，弹出【材质/贴图浏览器】对话框，双击"位图"选项，弹出【选择位图图像文件】对话框，选择"贴图"目录下的"红砖.jpg"位图文件。

Step 5 确认后进入该贴图文件的【坐标】卷展栏，设置"U"和"V"的"平铺"均为 2。

Step 6 单击 🖼 "转到父对象"按钮返回"【标准】材质"层级，展开【贴图】卷展栏，将"漫反射颜色"贴图通道上的贴图以"实例"方式复制到"凹凸"贴图通道上，设置其参数为 100，如图 6-86 所示。

Step 7 在场景中选择别墅的"一层墙体"，将制作的该材质指定给选择对象，然后进入【修改】面板，为别墅的"一层墙体"添加【UVW 贴图】修改器，并选择"长方体"贴图方式。

Step 8 设置输出分辨率为 320×240，单击主工具栏上的 ◉ "渲染产品"按钮快速渲染场景，结果如图 6-87 所示。

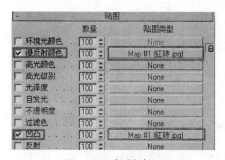

图 6-86 复制贴图

图 6-87 快速渲染效果 1

Step 9 选择一个新的示例窗，将其命名为"楼体模型"，展开【明暗器基本参数】卷展栏，在

下拉列表中选择"Phong"选项，在【Phong基本参数】卷展栏中设置"环境光"和"漫反射"颜色为浅黄色（R: 227、G: 227、B: 216），其他设置如图6-88所示。

Step 10 将制作的材质指定给场景中除屋面、窗户以及二层平台栏杆之外的所有模型，快速渲染场景，结果如图6-89所示。

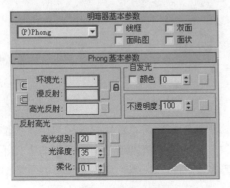

图6-88 设置贴图参数

图6-89 快速渲染效果2

Step 11 继续选择一个新的示例窗，命名为"窗户"，然后为其选择【多维/子对象】材质，设置材质数量为2，如图6-90所示。

Step 12 单击1号材质进入其"材质"层级，展开【明暗器基本参数】卷展栏，在下拉列表中选择明暗器"Phong"选项，展开【Phong基本参数】卷展栏，设置"高光级别"为50、"光泽度"为25。

Step 13 展开【贴图】卷展栏，分别为"漫反射颜色"、"自发光"和"不透明度"贴图通道指定"贴图"目录下的"室外玻璃047.jpg"文件，参数设置如图6-91所示。

图6-90 设置材质数目

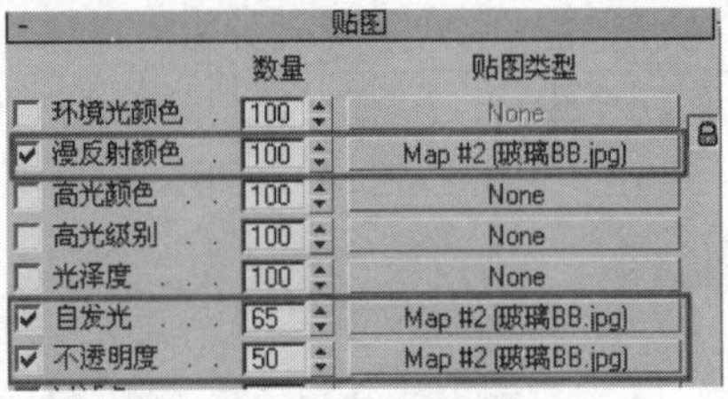

图6-91 指定贴图文件

Step 14 单击"漫反射颜色"贴图按钮，返回该"贴图"层级，展开【输出】卷展栏，勾选"启用颜色贴图"和"单色"选项。

Step 15 激活 "添加点"按钮，在曲线上单击添加一个点，然后激活 "移动"工具，移动该点的位置，如图6-92所示。

Step 16 在添加的点上右击，执行"Bezier-平滑"命令，将该点转换为"Bezier-平滑"点，同时出现调节杆，使用 "移动"工具调整调节杆，从而调整曲线的平滑度，如图6-93所示。

Step 17 单击 "转到父对象"按钮，返回【多维/子对象】材质"层级，单击2号材质进入其"材质"层级。

Step 18 展开【明暗器基本参数】卷展栏，在下拉列表中选择"Phong"选项，在【Phong基本参数】卷展栏中设置"环境色"和"漫反射"颜色为浅黄色（R: 227、G: 227、B: 216），并设置其他参数，如图6-94所示。

Step 19　选择场景中的所有窗户和门对象，将制作的材质指定给选择对象，然后为各对象指定【UVW 贴图】修改器，选择"长方体"贴图方式。

Step 20　快速渲染场景，结果如图 6-95 所示。

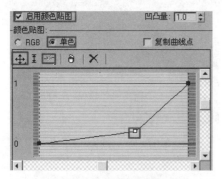

图 6-92　添加点并调整位置

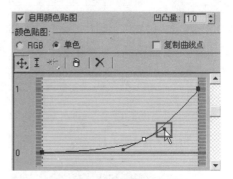

图 6-93　调整曲线平滑度

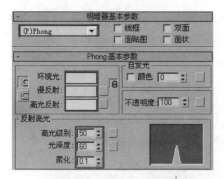

图 6-94　设置材质参数 1

图 6-95　快速渲染结果 1

> **提示：** 由于场景中的所有窗框和窗户玻璃设置了不同的材质 ID 号，因此只要将制作好的材质直接指定给选择的对象即可。读者在应用【多维/子对象】材质时，一定要记得为模型设置不同的材质 ID 号。

Step 21　选择一个新的示例窗，将其命名为"屋顶"，展开【明暗器基本参数】卷展栏，在下拉列表中选择"Phong"选项，在【Phong 基本参数】卷展栏中为"漫反射"指定"贴图"目录下的"Roof-04B3.jpg"文件，并设置其他参数，如图 6-96 所示。

Step 22　展开【贴图】卷展栏，将"漫反射颜色"贴图通道上的贴图拖曳到"凹凸"贴图通道中，设置其参数为 100%，其他参数默认。

Step 23　在场景中选择大屋顶、二层平台屋面以及小屋顶模型对象，将制作的材质指定给选择对象。

Step 24　为大屋顶和二层平台屋面选择【贴图缩放器绑定（WSM）】修改器，并在其【参数】卷展栏下设置"比例"为 300。

Step 25　为小屋顶对象添加【UVW 贴图】修改器，选择"长方体"贴图方式，然后进入【UVW 贴图】修改器的"Gizmo"层级，在顶视图中将其沿 z 轴旋转 90°。

Step 26　最后制作一个金属材质，将其指定给二层金属栏杆。至此，别墅"默认扫描线渲染器"

的材质制作完毕。快速渲染场景，结果如图 6-97 所示。

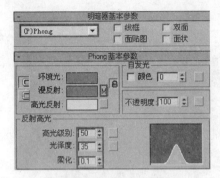

图 6-96 设置材质参数 2

图 6-97 快速渲染效果 2

3. 设置鸟瞰摄像机并渲染输出别墅场景

下面设置鸟瞰摄像机并进行最后的渲染输出。

Step 1 进入【创建】面板，激活 "摄像机" 按钮，在【对象类型】卷展栏下激活 目标 按钮，在顶视图中拖曳光标，创建一个目标摄像机。

Step 2 激活透视图，按 C 键将透视图切换为摄像机视图，结果如图 6-98 所示。

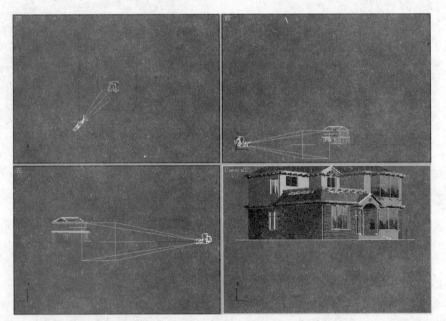

图 6-98 创建摄像机并切换为摄像机视图

Step 3 激活视图控制区中的 "环游" 按钮，结合其他视图调整工具，对摄像机视图进行垂直和平移调整，调整结果如图 6-99 所示。

Step 4 单击主工具栏中的 "渲染设置" 按钮，弹出【渲染设置：默认扫描线渲染器】对话框。

Step 5 进入 "公用" 选项卡，展开【公用参数】卷展栏，在 "时间输出" 组中勾选 "单帧"

选项，在"要渲染的区域"下拉列表中选择"视图"选项，在"输出大小"组中设置"宽度"为2000、"高度"为1500。

Step 6　在"渲染输出"组中单击 [文件...] 按钮，弹出【渲染输出文件】对话框，将"文件名"设置为"别墅设计（鸟瞰)"，设置存储格式为".tif"，然后将其保存。

Step 7　在【渲染设置：默认扫描线渲染器】对话框中单击"渲染"按钮，对场景进行最后的渲染，渲染结果如图6-100所示。

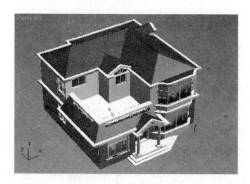

图 6-99　调整摄像机视图

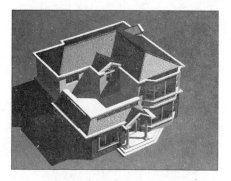

图 6-100　渲染后的鸟瞰效果

归纳总结

这一节主要学习了使用"默认扫描线渲染器"和"V-Ray 渲染器"对别墅场景进行渲染输出的方法。"默认扫描线渲染器"的设置比较简单，只要设置好符合该渲染器的材质和灯光就可以进行渲染输出了。由于"V-Ray 渲染器"的设置比较复杂，同时对灯光和材质的要求也比较高，因此在使用"V-Ray 渲染器"渲染输出场景时，首先要查看材质和灯光的设置，然后再多次进行调试，最后渲染输出场景。总之，使用"V-Ray 渲染器"渲染输出场景时一定要有耐心。

6.3 习题

6.3.1　单选题

01．将透视图中设置为摄像机视图的快捷键是（　　）。

　　A．C 键　　　　　　B．B 键　　　　　　C．Alt 键　　　　　D．X 键

02．指定渲染器时需要进入【渲染设置】对话框中的（　　）。

　　A．"公用"选项卡　B．"V-Ray"选项卡　C．"间接照明"选项卡　D．"设置"选项卡

03．将场景放大渲染的设置是（　　）。

　　A．放大　　　　　　B．区域　　　　　　C．视图　　　　　　D．裁剪

04．快速渲染场景的按钮是（　　）。

　　A． 　　　　　　B． 　　　　　　C． 　　　　　　D．

6.3.2 多选题

01. 保存渲染最终效果文件的方法有（　　）。

　　A. 单击帧缓冲器窗口的 🖫 按钮

　　B. 执行【文件】/【另存为】命令进行保存

　　C. 执行【文件】/【保存】命令进行保存

　　D. 进入"公用"选项卡，在"渲染输出"组中单击 ▐ 文件... ▌ 按钮进行保存

02. 设置输出分辨率的方法有（　　）。

　　A. 进入"公用"选项卡，在【公用参数】卷展栏中设置输出分辨率

　　B. 在 Photoshop 软件中设置画布大小

　　C. 进入"V-Ray"选项卡，在【帧缓冲器】卷展栏中设置输出分辨率

　　D. 在 Photoshop 软件中设置图像大小

03. 将透视图切换为摄像机视图的方法有（　　）。

　　A. 设置摄像机，激活透视图，按 C 键　　B. 设置摄像机，激活透视图，按 X 键

　　C. 调整透视图后按 Ctrl+C 组合键　　D. 调整透视图后按 Alt+C 组合键

6.3.3 操作题

解压"第 5 章线架"目录下的"八角亭（材质及灯光）"压缩文件，分别使用"V-Ray 渲染器"和"默认扫描线渲染器"进行渲染输出。

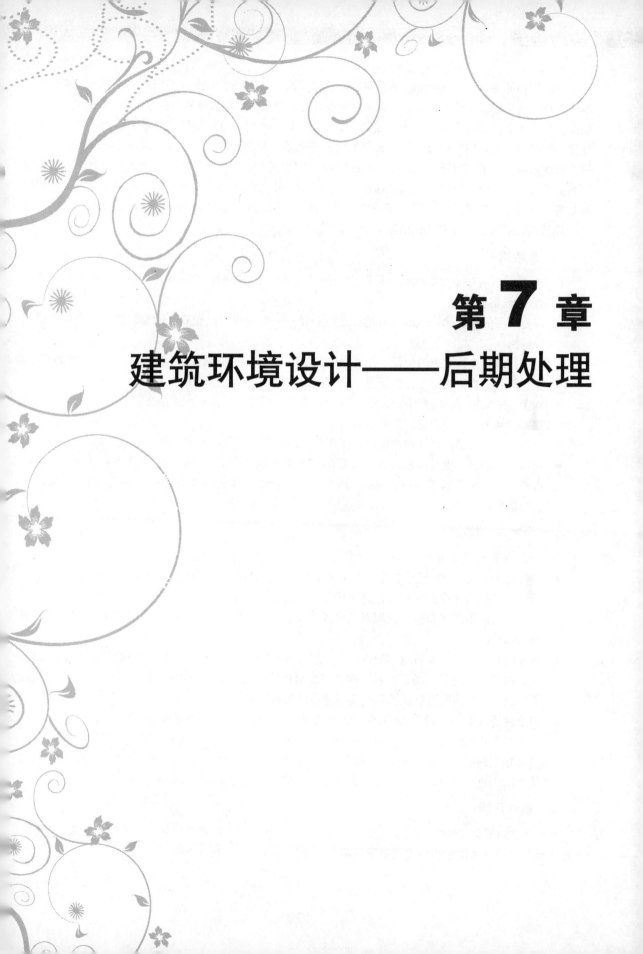

第7章
建筑环境设计——后期处理

在建筑设计中，使用 3ds max 软件可以完成几乎所有建筑场景的设计工作，包括制作建筑模型、制作材质、渲染输出场景，以及进行建筑环境设计，如制作用来丰富场景的树木、花草、人物等配景。但是，建筑场景的环境设计往往比较复杂，如果在 3ds max 中进行这些后期环境的设计，会对电脑硬件提出很高的要求，同时也会对建筑设计的输出带来不必要的麻烦。为了减少这些不必要的麻烦，以提高作图效率，一般情况下，当在 3ds max 中完成了建筑主体模型的制作（包括为模型制作材质和设置场景灯光）后，就可以将建筑场景输出到第三方软件中（如 Photoshop 软件中）进行建筑设计的后期处理。因此，建筑设计的后期处理是整个建筑设计中的一个重要的、不可或缺的环节。

建筑设计的后期处理主要包括以下 3 个方面的内容。

1. 重新构图

在 3ds max 软件中输出的建筑设计图，一般都没有很好的构图，不能满足建筑设计的要求，通常都要重新经营画面构图。

- 决定画面的长宽比。一般高耸的建筑适合使用立幅构图，而较扁平的建筑物则适合使用横幅的构图。
- 决定建筑物在画面中的位置。在画面中，建筑的四周最好留有足够的空间，保证画面的舒展。在建筑物主要面的前方，要多留一些空间，避免产生撞边和碰壁。
- 均衡。实现构图的均衡不一定是绝对的对称，可以在不同复杂程度的形体、不同明暗的色调、虚实和动态上求得均衡，使画面具有稳定感。
- 重点。在绘制建筑设计效果图时，要明确画面的重点，使画面取得统一和集中的效果。
- 层次和空间感。要使一幅建筑设计图的效果更加真实，就需要有一种引人入胜的空间深度。取得空间深度感除了使用透视的三度空间感外，还可以从物体的明暗、色彩和清晰程度的变化中取得。

2. 修饰建筑模型

在 3ds max 软件中渲染输出的建筑模型会存在很多瑕疵，具体问题如下。

- 修饰光影效果。建筑模型的光影效果是体现建筑立体感的重要依据。但在 3ds max 软件中，如果灯光、材质等设置的不好，建筑场景的光影会出现混乱的现象，如光源的照射方向与模型的投影角度不匹配、模型出现多角度投影以及模型无投影等，这时可以在后期处理中进行修饰与弥补。
- 修饰色彩效果。在 3ds max 软件中，建筑场景的色彩是依靠材质和灯光来实现的，但当材质与灯光设置不合理时，场景色彩同样会出现混乱的现象，如色彩不协调、色彩对比过强或过弱等情况，这时同样可以在后期处理中进行修饰和弥补。
- 修饰材质效果。在 3ds max 软件中输出场景时，有时会由于多种原因造成输出后的建筑模型材质失真，从而造成整个建筑场景的失真，这时也可以在后期处理中进行弥补和修饰。
- 修饰模型细部。在后期处理中，通过对建筑模型的整体效果和局部细节进行修饰处理，使建筑的结构更加突出，结构细节的表现更加完整，增强建筑的体积感和光感。

3. 制作环境

环境对建筑设计来说非常重要，其主要作用是衬托建筑。在制作时应注意和建筑的色调、光影、亮度等保持一致，这样才能将建筑融于环境中。制作环境主要包括以下内容。

- 替换背景。在 3ds max 软件中输出的建筑场景总会带有背景，在多数情况下，这些背景并不能适合建筑设计的要求，这时需要将原背景替换为能真正体现建筑设计的背景。
- 制作地形。如果在 3ds max 软件中没有为建筑场景制作地形，那么需要在后期处理中继续完善。一般情况下可以使用一个与建筑模型相匹配的地形图像来表现。
- 添加配景。这是建筑设计后期处理中至关重要的环节，添加的配景主要包括行人、花草、树木、飞鸟、车辆，以及其他用于表现建筑场景的一切物件。

通常我们所指的建筑设计后期处理，是指将在 3ds max 中制作的建筑场景渲染输出到 Photoshop 软件中，再进行建筑设计的二次加工，其内容包括以上所讲的部分。众所周知，Photoshop 软件是一个功能强大的二维图像处理软件，它可以满足建筑设计后期处理中的任何操作。这一章将通过图 7-1 所示的"住宅楼后期处理"和图 7-2 所示的"别墅后期处理"两个工程案例，重点学习使用 Photoshop CS3 软件进行建筑效果图的后期处理的相关知识。

图 7-1 住宅楼后期处理

图 7-2 别墅后期处理

▌7.1 ▌ 重点知识

Photoshop CS3 是一个功能强大的二维图像处理软件，被广泛应用于电脑设计的多个领域，尤其在建筑设计后期处理中，Photoshop CS3 软件有着无可替代的作用。它除了可以满足建筑设计后期处理中的任何操作外，还可以制作各种贴图，如制作动画场景表现中的透空贴图等。

这一节主要学习在建筑设计后期处理中 Photoshop CS3 的应用方法及使用使用 Photoshop CS3 进行建筑设计后期处理的相关技巧。

7.1.1 Photoshop 基本操作知识

Photoshop CS3 是由美国 Adobe 公司推出的一款应用于 Macintosh 或 Windows 平台上的功能强大、应用范围广泛的专业图像处理及编辑软件。该软件提供了较完整的色彩调整、图像修饰，图像特效制作以及图像合成等功能，同时，该软件还支持多达几十种格式的图像，被广泛应用于电脑设计的各个领域，尤其在建筑设计后期处理中，该软件有着无可替代的作用。

下面先来认识 Photoshop CS3 的操作界面。

成功安装 Photoshop CS3 后，单击 Windows 桌面左下角的 开始 按钮，在打开的程序菜单中执行【程序】/【Adobe Photoshop CS3】命令，或者双击 Windows 桌面上的 Photoshop CS3 快捷方式图标，

即可启动该程序。进入 Photoshop CS3 的操作界面，该界面主要包括"菜单栏"、"工具选项栏"、"工具箱"、"浮动面板"和"图像编辑区"等五个部分，如图 7-3 所示。

图 7-3　Photoshop CS3 操作界面

下面逐一对其进行讲解。

1. 应用菜单栏

菜单栏是 Photoshop CS3 软件的重要组成部分，它位于操作界面的最上端，如图 7-4 所示。菜单是用户编辑图像的重要依据，图像的大多数效果都要依靠操作菜单来实现，如打开文件、保存文件、编辑处理文件、编辑选择区、图像特效合成以及图像特效处理等。

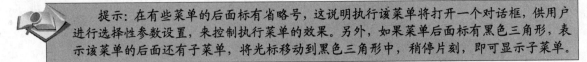

图 7-4　Photoshop CS3 菜单栏

菜单栏的操作比较简单，将光标移动到菜单栏的菜单名称上，单击可打开菜单下拉列表，将光标移动到要执行的命令上，再次单击即可执行该命令。

> 提示：在有些菜单的后面标有省略号，这说明执行该菜单将打开一个对话框，供用户进行选择性参数设置，来控制执行菜单的效果。另外，如果菜单后面标有黑色三角形，表示该菜单的后面还有子菜单，将光标移动到黑色三角形中，稍停片刻，即可显示子菜单。

2. 使用 Photoshop CS3 的工具

工具箱是 Photoshop CS3 的重要组成部分，其中的工具包括：选取图像工具、矢量绘图工具、编辑图像工具、输入文字工具、绘制路径工具、图像色彩校正工具等 60 多个工具，如图 7-5 所示。

工具的操作非常简单，主要以下方法。

- 使用工具快捷键：每一个工具，系统都为其设置了快捷键。将光标移动到工具按钮位置，稍等片刻，在光标下方将显示工具名称及工具快捷键。直接在键盘上敲击显示的快捷键，即可激活该工具，如图 7-6 所示。

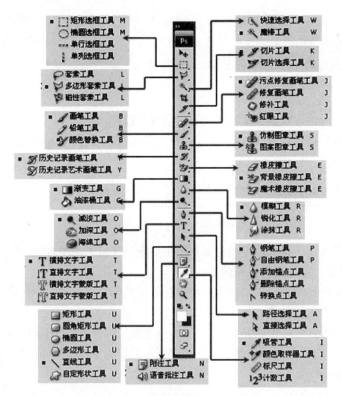

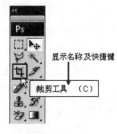

图 7-5 Photoshop CS3 的工具　　　　　图 7-6 显示工具名称及快捷键

- 使用鼠标左键：将光标移动到工具按钮上并单击，工具按钮呈现为白色，说明该工具已经被激活，如图 7-7 所示。激活工具后将光标移动到图像中即可编辑图像。

 提示：默认情况下，"工具箱"只显示部分工具，其他工具处于隐藏状态。在工具按钮右下角若有一个黑色三角形标记，就表示在该工具的下面还隐藏有其他同类的工具。将光标移动到右下角带有黑色三角形的工具按钮上，按住鼠标左键稍停留片刻，或直接右击，会弹出隐藏的工具，将光标移动到相应的工具按钮上，再次单击即可激活该工具，如图 7-8 所示。

图 7-7 激活工具

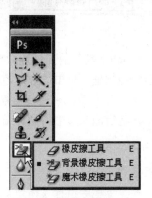

图 7-8 弹出隐藏的工具

> 小技巧：如果"工具箱"未在界面中显示，在菜单栏中执行【窗口】/【工具】命令，即可显示"工具箱"。再次执行此命令，可以隐藏"工具箱"。另外，按住 Shift 键，反复敲击键盘中工具的快捷键，可以在隐藏工具和显示工具之间进行切换。

3. 应用工具选项栏

工具选项栏主要用于设置工具的属性，包括参数、选项等。当用户选择一个工具后，系统将自动在菜单栏下方显示该工具的工具选项栏，例如激活 ![icon]"背景橡皮工具"，在菜单栏下方将显示该工具的工具选项栏，如图 7-9 所示。

图 7-9 工具选项栏

工具选项栏为用户灵活使用工具提供了极大的便利，其作用主要表现在以下两个方面：

① 设置工具属性以及参数，灵活控制工具的操作效果。

几乎所有的工具，都有多种选择性参数设置以及选项，用户在其工具选项栏中输入不同的参数或选取某一个功能选项，就能获得不同的操作效果。

例如，要创建具有羽化效果的圆形选区，可以先选择 ![icon]"椭圆选框工具"，在其工具选项栏中的"样式"下拉列表中选择"固定比例"选项，并设置其"长"和"宽"的比为 1:1；接着在其"羽化"输入框中设置一个羽化值，如图 7-10 所示，

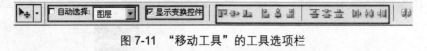

图 7-10 在工具选项栏中设置工具属性

在图像中拖曳光标，即可创建一个具有羽化效果的圆形选择区。

② 激活工具的其他功能，增强工具的多功能用途。

大多数工具都有多功能用途，在工具选项栏中选择这些功能选项，可以增强工具的多功能用途，例如激活 ![icon]"移动工具"，该工具除了具有移动图像的功能之外，还有自动选择图层或组、显示变换控件以及对齐图层等多种功能，如图 7-11 所示。

图 7-11 "移动工具"的工具选项栏

当在 ![icon]"移动工具"的工具选项栏中勾选"显示变换控件"选项后，在当前图层对象上会出现一个虚线显示的控制框，单击该虚线控制框，此时可对图像进行变形操作。在建筑设计后期处理中，使用"显示变换控件"功能来调整场景配景大小和形状是一种常用的技巧。有关 ![icon]"移动工具"及其选项的使用，在后面章节中将做详细讲解。

4. 使用浮动面板

浮动面板是 Photoshop CS3 中所有工作面板的统称。Photoshop CS3 各面板都放置在菜单栏中的"窗口"菜单下，在菜单栏中执行【窗口】/【…】命令，可以打开所需要的面板。

在建筑设计后期处理中，常用的面板主要有【图层】面板和【通道】面板，执行菜单栏中的【窗

口】/【图层】命令和【窗口】/【通道】命令，即可打开这两个面板，如图 7-12 所示。

默认情况下，这两个面板以面板组的形式出现，但在功能上却都是独立的。当以面板组的形式出现时，用户可以通过单击面板标签在各面板之间进行切换，如图 7-13 所示。也可以按住面板标签将其拖到其他位置，随意对面板组进行拆分，如上图 7-12 所示。

图 7-12 【图层】面板和【通道】面板

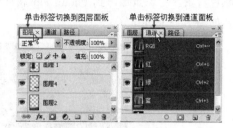

图 7-13 切换面板

5. 认识图像编辑窗口

图像编辑窗口就是用户编辑图像的区域，该区域位于界面中间位置。当打开一个文件后，用户可以在编辑窗口中对该图像进行编辑操作。另外，用户还可以通过图像标题栏了解图像的许多有用信息，如图像的保存路径、图像名称、图像显示比例、图像色彩模式以及目前所操作的图层等，如图 7-14 所示。

图 7-14 图像标题栏显示的图像信息

- 图像名：显示图像的名称，如"别墅卧室设计"等。
- 图像存储格式：显示图像的存储格式，如".psd"、".jpg"、".tif"等。
- 显示比例：显示图像的屏幕显示比例，如 20%、50%等。
- 色彩模式：显示图像的色彩模式，例如 RGB 模式、CMYK 模式等。

以上主要了解了 Photoshop CS3 软件界面及各组件的基本操作方法。下面章节将继续学习 Photoshop CS3 在建筑设计后期处理中的各种应用技巧。

7.1.2 建筑场景背景的替换与画面构图

这一节主要学习建筑场景背景的替换以及画面构图等建筑设计后期处理基本知识。

1. 分离建筑模型与背景图像

分离建筑模型与背景图像的操作主要应用于室外建筑场景中。在 3ds max 中输出建筑场景时，场景总会带有背景，这些背景有时是在进行场景渲染时设置的图像背景，而时则是系统自带的黑色或白色的颜色背景。将场景输出到 Photoshop 软件中，这些背景会与建筑模型共同放在一个图层中，即背景层，如图 7-15 所示。

图 7-15　建筑模型与背景同在背景层

在建筑环境设计（即后期处理）中，设计师要对建筑场景环境添加各种配景以丰富场景。这些配景与配景之间、配景与建筑模型之间都会存在前后以及透视等关系。如果建筑模型与背景图像处于同一个图层，将很难添加配景，即使添加了配景，也不真实更不符合透视学原理。因此，首要的操作就是将建筑模型与背景分离，这样不仅有利于为场景添加配景，同时还可以替换背景图像。

将建筑模型与背景分离的难易度取决于输出场景时的设置。当输出建筑场景时，如果保存了模型的 Alpha 通道，则可以在 Photoshop 的【通道】面板中直接载入模型的 Alpha 通道，然后将其与背景分离以生成新的图层。但如果在输出建筑场景时没有保存模型的 Alpha 通道，就需要使用 Photoshop 中的选择工具将建筑模型精确选取，然后才能将其从背景中分离由于第二种操作比较麻烦，因此建议在输出建筑场景时一定要保存模型的 Alpha 通道。有关保存模型 Alpha 通道的操作，请参阅第 6 章的相关内容。下面通过一个简单实例，学习将建筑模型与背景分离的方法。

Step 1　执行【文件】/【打开】命令，打开"渲染效果"目录下的"高层写字楼设计.tif"文件，这是渲染输出的一个建筑场景，如图 7-16 所示。

Step 2　执行【窗口】/【通道】命令，打开【通道】面板，发现该场景保存了 Alpha 通道，如图 7-17 所示。

图 7-16　打开的建筑场景文件

图 7-17　打开【通道】面板

Step 3　按住 Ctrl 键的同时单击【通道】面板中的"Alpha 1"通道，以载入保存的模型的选择区，结果如图 7-18 所示。

Step 4　执行【新建】/【图层】/【通过剪切的图层】命令，此时，建筑模型从背景中分离到了图层 1，如图 7-19 所示。

图 7-18　载入模型选区

图 7-19　将模型分离到图层 1

　小技巧：如果用户在 3ds max 中输出建筑场景时忘记了保存模型的 Alpha 通道，这时可以使用 Photoshop CS3 中的选择工具将模型选择，然后将模型与背景图像分离。有关选择建筑模型的方法，请参阅本章 7.1.4 节。

2. 替换背景

一般情况下，渲染输出的建筑场景背景图像大多都不符合建筑设计要求。在建筑设计后期处理中，可以将不符合建筑设计要求的背景使用合适的背景图像进行替换。

将建筑模型与背景图像分离后，替换背景的操作就非常简单了。下面继续学习替换场景背景的方法。

Step 1　执行【文件】/【打开】命令，打开"后期素材"目录下的"背景.psd"文件。

Step 2　激活"工具箱"中的 　"移动"工具，将打开的背景图像拖曳到"高层写字楼设计.tif"图像文件中，图像自动生成图层 2，将其放在建筑模型的上方，如图 7-20 所示。

图 7-20　添加背景图像

　提示：在 Photoshop 中，一幅图像都包含多个图层，在每一个图层中，至少放置了一个组成该图像的元素对象。这些元素对象会根据其添加的先后顺序自动在【图层】面板生成新图层，先添加的对象生成的图层总是位于后添加的对象生成的图层的下面。因此，当添加了背景图像后，背景图像会位于模型对象的上面。用户可以通过调整图层顺序，使其位于模型的下面。

Step 3 在菜单栏中执行【图层】/【排列】/【后移一层】命令,将图层 2 调整到图层 1 的下方,此时背景图像位于建筑模型的下方,如图 7-21 所示。

图 7-21 调整图层的排列顺序

提示:调整图层的排列顺序时,只能对除背景层之外的其他图层进行调整。另外,除了通过相关命令调整图层的顺序,还可以将光标移动到【图层】面板中要调整的图层上,按住鼠标左键将其直接拖曳到合适位置释放鼠标,以调整图层的顺序。

3. 调整画面大小和重新构图

在 3ds max 中渲染输出建筑场景时,由于模型大小以及摄像机视觉等原因,往往不能很好地构图。在建筑设计后期处理中,可以使用 Photoshop CS3 中的【画布大小】命令和 "裁剪工具" 来对画面进行调整,从而解决建筑场景画面构图的问题。

下面就来学习相关知识,首先学习【画布大小】命令。

【画布大小】命令用于调整图像的画布大小。画布其实就是图像的背景,相当于实际生活中的画框。调整画布大小不会影响图像大小,而只会影响图像的背景大小。

需要说明的是,当输入的画布尺寸小于原图像尺寸时,【画布大小】命令会将图像其他部分裁切,并根据用户要求,确定裁切的位置。但当输入的画布尺寸大于原图像尺寸时,可以增加图像的版面大小,也就是背景大小,并重新确定图像的位置,但不会影响图像本身的画面大小。

在菜单栏中执行【图像】/【画布大小】命令,弹出【画布大小】对话框,如图 7-22 所示。

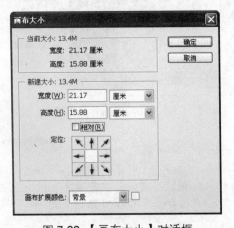

图 7-22 【画布大小】对话框

　　该对话框主要分为"当前大小"和"新建大小"两个组。"当前大小"组用于显示图像原大小，而"新建大小"组用于设置图像新尺寸，可以在"宽度"和"高度"输入框中输入图像新的宽度和高度。当勾选"相对"选项后，则可以直接输入图像所要增加或裁剪的具体尺寸，如果不勾选该选项，则相对图像原尺寸输入新的尺寸。"定位"用于确定设置新的版面尺寸后图像的位置，单击某一方向的按钮，即可确定图像所在位置。"画布扩展颜色"下拉列表用于选择扩展后的画布颜色。

　　下面通过一个简单实例的操作，学习使用【画布大小】命令调整图像画面的方法。

Step 1 　继续上一节的操作。执行【图像】/【画布大小】命令，弹出【画布大小】对话框。

Step 2 　勾选"相对"选项，将"宽度"和"高度"分别设置为0和5，表示画布的宽度不变，而高度在原来的尺寸基础上增加了5cm。

Step 3 　单击"定位"的中间按钮，表示调整画布后，图像仍然位于画面的中心位置，而增加的画布将处于画面的上方和下方。

Step 4 　在"画布扩展颜色"下拉列表中选择"背景"选项，表示增加的画布将使用背景颜色进行填充。

Step 5 　设置完成后单击 ▭确定▭ 按钮确认，调整画布前后的效果比较如图7-23所示。

调整画布大小前　　调整画布大小后

图 7-23　调整画布大小后的效果比较

　　提示： 当设置的画布尺寸小于原图像尺寸时，系统将根据用户设置的画布尺寸对图像进行裁切，在单击 ▭确定▭ 按钮后，系统会弹出一个询问对话框询问是否进行裁切，单击 ▭继续(P)▭ 按钮进行裁切，单击 ▭取消▭ 按钮取消操作。

　　调整完画布大小后，并不能解决画面构图的问题，还需要对画面进行裁剪，裁剪掉多余的、影响画面美观的图像，使其画面构图更加紧凑、整洁和美观。总之，裁剪图像时要遵循构图美学原理。下面就来学习裁剪图像的方法。

　　在 Photoshop CS3 中，常使用 ▣ "裁剪工具"对图像裁剪。在裁剪图像时，用户不仅可以设置裁剪的尺寸，同时还可以设置裁剪后的图像的分辨率。其工具选项栏如图7-24所示。

图 7-24　"裁剪工具"的工具选项栏

　　在"宽度"和"高度"输入框中输入要裁剪后的图像尺寸，在"分辨率"输入框中设置裁剪的分辨率。如果单击 ▭前面的图像▭ 按钮，在"宽度"和"高度"输入框则显示原图像的宽度和高度，表示裁剪后的图像大小与原图像大小相同；如果单击 ▭清除▭ 按钮，则清除掉原图像宽度和高度，重新输入一个合适的尺寸进行裁剪。下面继续上一节的操作，对图像进行裁剪。

Step 6 继续上一步的操作。激活"工具箱"中的 "裁剪工具",使用系统默认值进行设置,在图像中拖曳光标选取裁剪区域,如图 7-25 所示。

Step 7 在拖曳出的裁剪框内双击确认,完成对图像的裁剪,裁剪结果如图 7-26 所示。

图 7-25 拖曳出的裁剪框

图 7-26 裁剪后的效果

> 提示:拖曳出裁剪框后,可以将光标移动到裁剪框四周或边框的小方框上拖曳,以调整裁剪框的大小。

以上学习了替换建筑场景背景图像以及重新对建筑场景画面进行构图的相关技巧,下面将继续学习建筑模型的修饰与调整技巧。

7.1.3 建筑模型的修饰与调整

在 3ds max 建筑设计中,有时输出的建筑模型会存在这样那样的缺憾,例如光影效果不真实、画面对比不强、画面有污点等。对于建筑模型中存在的这些缺憾,我们都可以在建筑设计后期处理中使用 Photoshop CS3 软件进行弥补。

Photoshop CS3 软件提供了更加完善的图像修饰工具和相关命令,使用这些工具和命令,可以对建筑模型中出现的任何瑕疵进行修饰,使图像达到完美效果。这一节就来学习修饰建筑模型的相关知识。

1. 选取修饰区域

在 Photoshop CS3 中,要对图像的某一个区域进行修饰,首先需要将该区域选取。Photoshop CS3 提供了多种选取图像的工具,使用这些工具可以选取图像的任意范围,如规则的图像范围(圆形和矩形等)和不规则的图像范围(多边形等)。

在建筑设计后期处理中,需要修饰的图像范围多数是不规则的图像范围。而在 Photoshop CS3 软件中,用于选取这些不规则图像范围的工具是 "多边形套索工具",下面主要讲解使用 "多边形套索工具"选取不规则图像范围的方法。

"多边形套索工具"是一个功能强大的选择工具,它可以创建任意不规则选择区。激活【工具箱】中的 "多边形套索工具",其工具选项栏如图 7-27 所示。

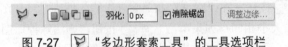

图 7-27 "多边形套索工具"的工具选项栏

- 新选区：当图像中已经有选区存在时，激活该按钮，在创建新选区的同时删除原选区，若图像中没有选区存在，则直接创建新的选区。
- 添加到选区：激活该按钮用于创建与原选区相加的选区，扩大选取范围。当创建的选区与原选区相交时则两个选区相加，形成新的选区；当创建的选区与原选区不相交时，将与原选区并存。
- 从选区中减去：激活该按钮用于从原选区中减去选区，以减少选取范围，形成新的选区。
- 与选区交叉：激活该按钮用于创建与原选区相交的公共部分的选区，删除除公共部分之外的其他选区，形成新的选区。
- 羽化：设置选区的羽化效果。当该值为 0 时，创建的选区没有羽化效果；当设置一个合适的值时，创建的选区具有羽化效果。
- 消除锯齿：勾选该选项，消除选区边缘的锯齿，使选区边缘较平滑。

下面通过一个简单操作，学习使用"多边形套索工具"选取图像的方法。

Step 1 打开"渲染效果"目录下的"别墅设计（俯视）.tif"图像，发现该别墅俯视图中的二层护栏和平台上有许多污点和光斑，如图 7-28 所示。

Step 2 选取这些污点和光斑，激活工具箱中的"多边形套索工具"，在其工具选项栏中激活下方"新选区"按钮，同时设置"羽化"为 0。

Step 3 将光标移动到别墅二层平台护栏的右上方角点位置单击，拾取第 1 个像素点，如图 7-29 所示。

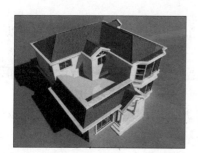

图 7-28 打开的别墅设计（俯视）图像

图 7-29 拾取第 1 个像素点

Step 4 移动光标到平台栏杆左下方角点上再次单击，拾取另一个像素点。依次沿二层平台栏杆上表面边缘移动光标到合适位置单击，拾取其他像素点，如图 7-30 所示。

Step 5 将光标移动到第 1 个起点位置，光标下方出现一个小圆环时单击结束操作，同时选取平台护栏表面，如图 8-31 所示。

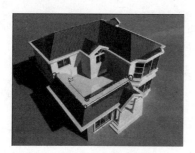

图 7-30 使取其他像素点

图 7-31 选取图像

> 提示：当用户要结束选择操作，但却找不到选择起点时，可以快速双击来结束操作。另外，如果某一个选择点设置错误，可以按 Delete 键删除该点，然后重新设置新点。

2. 修饰建筑模型的光斑和污点

建筑模型中出现污点或光斑等，主要原因是由于在输出时材质或灯光设置不当而产生的。在 Photoshop CS3 中，可以使用图像修复工具来对其进行修饰，以清除这些光斑和污点。Photoshop CS3 提供了多种图像修复工具用于修复图像的污点和瑕疵，下面只对常用的 "修复画笔工具" 进行讲解。

"修复画笔工具" 是一个多功能图像编辑工具，使用 "修复画笔工具" 可以利用图像或图案中的样本像素来修复图像污点，还可以将样本像素的纹理、光照、透明度和阴影与所修复的像素进行匹配，从而使修复后的像素不留痕迹地融入到图像中的其余颜色中，其工具选项栏如图 7-32 所示。

图 7-32 "修复画笔工具" 的工具选项栏

- 画笔：设置修复图像时使用的画笔，单击该按钮，弹出【画笔选取器】对话框，其中可设置其画笔的各项参数，包括 "直径"、"硬度"、"间距" 以及 "角度"、"圆度" 等。一般情况下，选择比要修复的区域稍大一点的画笔最为适合。
- 模式：设置修复图像时的模式，有 "正常"、"替换"、"正片叠底" 等模式，用户可以根据情况进行选择，一般选择 "替换" 模式。
- 源：指定用于修复像素的源。"取样" 可以使用当前图像的像素，而 "图案" 可以使用某个图案的像素。如果选择了 "图案"，可以从 "图案" 弹出调板中选择一个图案。
- 对齐：连续对像素进行取样，即使释放鼠标左键，也不会丢失当前的取样点。如果取消勾选 "对齐" 选项，则会在每次停止并重新开始绘制时使用初始取样点中的样本像素。
- 样本：从指定的图层中进行数据取样。如果从现用图层及其下方的可见图层中取样，可选择 "当前和下方图层" 选项；如果仅从现用图层中取样，可选择 "当前图层" 选项；如果从所有可见图层中取样，可选择 "所有图层" 选项。

下面通过一个简单操作，具体学习该工具的使用方法。

Step 1 继续上一节的操作。激活工具箱中的 "修复画笔工具"，在其工具选项栏中设置参数，如图 7-33 所示。

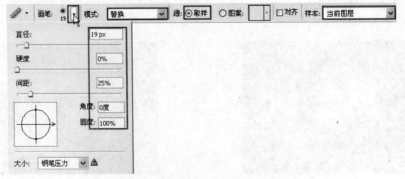

图 7-33 设置 "修复画笔工具"

Step 2　将光标移动到图 7-34 所示的栏杆位置，按住 Alt 键单击取样，然后释放 Alt 键，在二层平台栏杆污点上拖曳光标进行修复。修复时会出现源点的十字光标和修复的画笔图标，如图 7-35 所示。

图 7-34　单击取样

图 7-35　拖曳修复污点

Step 3　依次继续在污点位置上拖曳光标，使用取样的颜色对栏杆上的所有污点进行修复。

> 提示：在使用 ✐ "修复画笔工具" 修复图像污点时，可以根据实际情况随时按住 Alt 键单击取样，以对图像进行全面修复。

Step 4　继续依照前面的操作，使用 ✎ "多边形套索工具" 分别选取二层屋面和墙体，然后使用 ✐ "修复画笔工具" 分别对污点进行修复，修复前和修复后的结果对比如图 7-36 和图 7-37 所示。

图 7-36　别墅二层修饰前的效果

图 7-37　别墅二层修饰后的效果

3. 调整建筑模型的对比度

在建筑设计中，有时由于灯光设置不合理或渲染设置不正确，会使输出的建筑模型出现对比度过强或过弱、立体感不强、颜色灰暗、色彩不协调等情况，这些都会严重影响建筑设计图纸的输出效果。

对比度是指图像各颜色之间的差异，包括颜色的明度对比和色调对比。调整图像层次对比度其实是在调整图像色彩的明度、色调等对比度关系。通过调整图像的层次对比度，可以增强图像的层次感，得到品质较好的图像效果。

Photoshop CS3 提供了多种图像对比度的调整命令，包括亮度对比度的调整和颜色对比度的调整等。使用这些命令，可以对建筑模型进行亮度以及颜色对比度等调整。

下面主要学习常用的几个对比度的调整命令，首先学习调整建筑场景的亮度对比度。

在 Photoshop CS3 中，最常用、最简单的亮度对比度调整方法是使用【亮度/对比度】命令。使用该命令可以方便、快速地调整图像亮度对比度。下面通过一个简单的实例操作，学习使用【亮度/对比度】命令调整建筑场景亮度与对比度的方法。

Step 1　打开 "渲染效果" 目录下的 "别墅客厅设计.tif" 图像，该设计图整体效果偏暗，下面

使用【亮度/对比度】命令对其进行调整。

Step 2 在菜单栏中执行【图像】/【调整】/【亮度/对比度】命令，弹出【亮度/对比度】对话框，如图 7-38 所示。

- 亮度：在数值框中直接输入数值（或拖动滑块）可调整图像亮度。输入正值，图像变亮；输入负值，图像变暗。
- 对比度：在数值框中直接输入数值（或拖动滑块）可调整图像的对比度。输入正值，颜色对比度增强；输入负值，颜色对比度减弱。

Step 3 在"亮度"数值框中输入 50，在"对比度"输入框中输入 10，如图 7-39 所示。

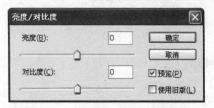
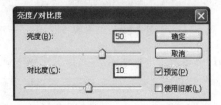

图 7-38 【亮度/对比度】对话框　　　　　　图 7-39 设置"亮度"和"对比度"

Step 4 单击 确定 按钮确认，完成亮度对比度的调整。调整前和调整后的图像效果比较如图 7-40 所示。

图 7-40 调整前和调整后的图像效果比较

Step 5 打开"渲染效果"目录下的"别墅客厅设计 01.tif"文件，该设计图整体效果偏亮，下面使用【亮度/对比度】命令对其进行调整。

Step 6 打开【亮度/对比度】对话框，在"亮度"数值框中输入–55，在"对比度"输入框中输入 0。

Step 7 单击 确定 按钮确认，完成亮度对比度的调整。调整前和调整后的图像效果比较如图 7-41 和图 7-42 所示。

图 7-41 调整前的图像效果　　　　　　图 7-42 调整后的图像效果

提示：如果要对场景某一个局部进行亮度对比度的调整，可将所要调整的局部选择，然后再进行调整。

以上学习了调整建筑场景亮度对比度的方法，下面继续学习调整建筑场景颜色对比度的方法。

在 Photoshop CS3 中，最常用、最简单的颜色调整方法是使用【色相/饱和度】命令，该命令可以方便、快速地调整图像颜色的色相、明度和饱和度。下面继续通过一个简单的实例操作，学习使用【色相/饱和度】命令调整建筑场景颜色对比度的方法。

Step 1　打开"渲染效果"目录下的"高层写字楼设计.tif"图像，依照前面所学知识，在【通道】面板中载入该楼体模型的 Alpha 通道，将楼体模型选择。

Step 2　在菜单栏中执行【图像】/【调整】/【色相/饱和度】命令，弹出【色相/饱和度】对话框，如图 7-43 所示。

- 编辑：在该下拉列表中可选择调整的颜色范围。当选择"全图"选项时，会同时调整图像中所有颜色；当选择某单色的（如红色或黄色），只调整所选择的颜色。
- 色相：调整颜色的色相。可以在"色相"数值框中输入数值（或拖动滑块）调整图像色相，其数值范围为–180~+180。
- 饱和度：调整颜色的饱和度。可以在"饱和度"数值框中输入数值（或拖动滑块）调整颜色的饱和度，其数值范围为–100~+100。
- 明度：调整颜色的亮度。可以在"明度"数值框中输入数值（或拖动滑块）调整颜色的亮度，其数值范围为–100~+100。
- 着色：选择该选项，可以为灰度图（非灰度模式的图像）进行着色，或者将一幅图像调整成单色图像。

Step 3　在"编辑"下拉列表中选择"全图"选项，在"色相"数值框中输入 12，在"饱和度"数值框中输入 20，在"明度"数值框中输入 0，其他参数默认，如图 7-44 所示。

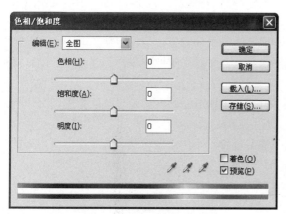

图 7-43　【色相/饱和度】对话框

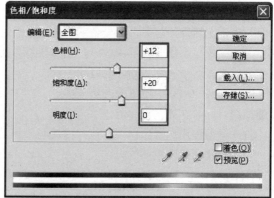

图 7-44　设置"色相"和"饱和度"

Step 4　单击 确定 按钮确认，完成颜色对比度调整。调整前和调整后的图像效果比较如图 7-45 所示。

调整前　　　　　　　　　调整后

图 7-45　颜色对比度调整前和调整后的效果比较

　　提示：如果要对场景某一个局部进行颜色调整，可将要调整的局部选择，然后再进行调整。另外，除了以上颜色调整效果之外，当勾选"着色"选项后，还可以将场景调整为一种单色的效果。

7.1.4　建筑设计后期素材的编辑与整理

在建筑设计后期处理中，后期素材的编辑与整理是一个非常复杂的工程。后期素材的整理，关系到整个建筑设计后期效果的制作。后期素材的内容包括行人、花草树木、飞鸟、车辆以及其他可用于建筑场景的图像文件。这些图像文件可以是使用数码相机拍摄的照片，也可以是通过第三方软件输出的能与 Photoshop 软件兼容的图像文件。当用户获得这些文件后，还需要对其进行相应的处理，使其能被建筑设计场景所应用。这一节主要学习建筑设计后期素材的编辑与整理知识。

1. 抠图

抠图是处理素材的第一步，也是关键的一步。所谓抠图是指将需要的素材从源图像中提取出来，以备后期处理使用。不管是以什么途径获得的素材，这些素材都只有一个背景层，例如一个人物图像，图像中除了人物外，总会带有一个或黑色、或白色、或其他风景的背景。而在后期处理中，当只需要这个人物图像而不需要背景图像时，就需要将人物图像从它的背景中提取出来，另存为一个没有背景的图像或带有这个人物 Alpha 通道的图像。

Photoshop CS3 中抠图的方法很多，下面主要讲解两种抠图方法，一种是选择区抠图，另一种是蒙版抠图。

首先学习使用选择区抠图，该方法比较简单。下面通过将一个鸽子图像从其背景中分离出来的实例，学习使用选择区抠图的方法。

Step 1　打开"后期素材"目录下的"照片 04.jpg"文件。

Step 2　选择【工具箱】中的　"多边形套索工具"，在其工具选项栏中设置"羽化"为 2 像素。

　　提示：在此设置羽化值，可以使选择区具有一定的羽化效果，使选取的图像边缘较柔和，更为真实，否则选取的图像边缘太生硬，显得不真实。

Step 3 将光标移动到图 7-46 所示的鸽子尾部边缘位置单击，拾取第 1 个像素点，然后将光标移动到鸽子尾部其他边缘处单击，拾取第 2 个像素点，如图 7-47 所示。

Step 4 依次沿鸽子图像边缘移动光标并单击拾取像素点。当结束选取时，将光标移动到第 1 像素点上，光标下方出现一个小圆环，如图 7-48 所示。

图 7-46 拾取第 1 个像素点

图 7-47 拾取第 2 个像素点

图 7-48 光标下出现小圆环

Step 5 此时单击可结束选择，同时选取鸽子图像，如图 7-49 所示。

Step 6 在菜单栏中执行【图层】/【新建】/【通过剪切的图层】命令，将选取的鸽子图像剪切到图层 1，使其与背景层分离，如图 7-50 所示。

Step 7 在【图层】面板中激活背景层，在菜单栏中执行【图层】/【删除】/【图层】命令，在弹出的询问对话框中单击 是(Y) 按钮将背景删除，结果如图 7-51 所示。

图 7-49 选取图像

图 7-50 剪切图像到图层 1

图 7-51 删除背景层后的效果

> **技巧**：如果用户不想将图像与源背景分离，可以在选择图像后，打开【通道】面板，单击其下方的 ◙ "将选区存储为通道"按钮，将鸽子图像的选区保存在通道中，选择".psd"格式或保存了 Alpha 通道的 ".tif" 格式将文件保存。再使用该图像时只要打开【通道】面板，单击其下方的 ◯ "将通道作为选区载入"按钮载入其选区，然后使用移动工具将选取的图像拖曳到要应用该图像的文件中即可。

Step 8 执行【文件】/【另存为】命令，在弹出的对话框中选择源文件路径，将存储格式设置为".psd"，确认后将其存储为 "鸽子.psd" 文件。

> **提示**：在保存该文件时一定要选择 ".psd" 格式保存，如果保存为其他格式，那么该文件将会再次保存一个背景文件。

以上学习了使用选区抠图的方法，下面继续学习使用蒙版抠图的方法。

蒙版也叫临时蒙版或快速蒙版，主要用于快速创建临时性的图像选区。在建筑设计后期处理中，常使用蒙版来建立选区以编辑图像。当为图像建立了快速蒙版后，在快速蒙版模式下，Photoshop CS3 以不同的色彩显示蒙版，并允许用户查看图像与蒙版范围，同时，用户还可以使用"铅笔工具"、"橡

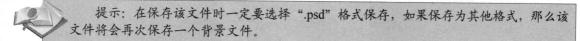

皮擦工具"、"模糊工具"等针对蒙版范围进行编辑。编辑完成后会回到正常模式，未编辑区域将变成选区，用户可以针对选区对图像做更精细的编辑。下面继续通过将鸽子图像从背景图像中分离的实例，学习使用快速蒙版抠图的方法。

Step 1 打开"后期素材"目录下的"照片 04.jpg"文件。

Step 2 快速双击【工具箱】中的 "以快速蒙版模式编辑"按钮，弹出【快速蒙版选项】对话框，如图 7-52 所示。

图 7-52 【快速蒙版选项】对话框

- 被蒙版区域：系统默认选择该选项，编辑区域将被遮蔽，取消蒙板后，该区域不可编辑。
- 所选区域：选择该选项，未编辑区域将被遮蔽，取消蒙版后，该区域不可编辑。
- 颜色：用于设置蒙版颜色，默认为红色，该颜色与编辑效果无关。
- 不透明度：用于设置蒙版的透明度，默认为50%。

Step 3 在【快速蒙版选项】对话框中选择"被蒙版区域"选项，其他设置默认，单击 确定 按钮确认进入蒙版编辑状态。

> 提示：当进入蒙版编辑状态后，【图层】面板中的各图层都处于灰色状态，这表示此时是在蒙版编辑状态下编辑图像，此时可以使用 "画笔工具"等绘图工具编辑蒙版，从而编辑出图像的可编辑区域与不可编辑区域。

Step 4 选择【工具箱】中的 "画笔工具"，设置画笔大小（可根据编辑区域大小而定），然后沿照片中除鸽子图像之外的背景区域拖曳光标，以制作蒙版，如图 7-53 所示。

> 提示：在使用 "画笔工具"涂抹时使用的红色是系统默认的蒙版的颜色，该颜色与编辑蒙版的效果无关，只是起到一个显示蒙版的作用。用户可以单击【快速蒙版选项】对话框中的"颜色"按钮，在弹出的【选择快速蒙版颜色】对话框中重新设置一种颜色作为蒙版的颜色。另外，在使用 "画笔工具"涂抹制作蒙版时，如果某一些地方编辑错误，可以使用 "橡皮工具"将其擦除，然后重新制作蒙版。

Step 5 蒙版编辑完成后单击【工具箱】中的 "以标注模式编辑"按钮，退出快速蒙版编辑模式，此时蒙版转换为选区，选取鸽子图像，如图 7-54 所示。

图 7-53 制作的蒙版

图 7-54 退出蒙版编辑模式

Step 6 依照前面的操作，执行【图层】/【新建】/【通过剪切的图层】命令，将选取的鸽子图像剪切到图层 1 中，然后删除背景层即可。

提示：快速蒙版其实就是一个临时的选区，当编辑完成后，该选区将被自动取消。如果想以后继续使用该选区，可以打开【通道】面板，单击下方的 "将选区存储为通道"按钮，将选区保存。以后继续使用该选区时，可以单击 "将通道作为选区载入"按钮载入保存的选区。

Step 7　最后使用【另存为】命令将其保存为 ".psd" 格式的文件。

2. 调整素材方向、大小和制作投影

在建筑设计后期处理中，大多数调用的素材都不能完全符合建筑场景的需要，这时需要对素材进行调整，如调整大小、方向以及制作投影等。下面就来学习调整素材方向、大小以及制作素材投影的方法。

首先学习调整素材的方向和大小。

Step 1　打开 7.1.2 节中替换了背景以及裁剪画面后的高层写字楼图像文件，在该图像文件中，背景图像的光影效果与建筑模型的光影效果不一致，如图 7-55 所示。

Step 2　下面对背景图像调整方向，使其能与模型的光影效果一致。

Step 3　打开【图层】面板，激活背景图像所在的图层 2，然后在菜单栏中执行【编辑】/【变换】/【水平翻转】命令，将背景图像进行水平翻转。这样，背景图像的光影效果就与模型的光影效果一致了，如图 7-56 所示。

图 7-55　原图像效果　　　　　　　　图 7-56　调整背景方向后的效果

 提示：所谓激活图层是指在【图层】面板中用鼠标单击某一个图层，该图层显示为蓝色，表示激活了该图层。Photoshop CS3 只对激活的图层进行编辑。另外，在 Photoshop CS3 的【编辑】/【变换】菜单下有一组用于调整图像方向和大小的命令，执行这些命令，可以随意调整图像的方向和大小。

调整完素材的方向，下面继续学习调整图像大小的方法。

Step 4　打开 "后期素材" 目录下的 "高树 01.psd" 素材文件，选择 "移动" 工具，将打开的图像拖曳到当前场景文件中，此时发现该图像太大，如图 7-57 所示。

Step 5　在菜单栏中执行【编辑】/【自由变换】命令，为 "高树" 图像进行自由变换，如图 7-58 所示。

Step 6　按住 Alt+Shift 组合键的同时将光标移动到变形框四个角的任意一个控制点上，向上拖

曳光标进行等比例缩小，结果如图 7-59 所示。

图 7-57　添加"高树"图像　　　图 7-58　应用"自由变换"　　　图 7-59　等比例缩小

Step 7　按 Enter 键确认变形，完成对"高树"图像的变形操作。

提示: 使用【自由变换】命令可以对图像进行任意角度的旋转，任意方向、任意长宽比例的缩放等操作。执行该命令后，将光标移动到任意一个变形控制点上，拖曳鼠标即可完成变形操作。但是在对人物、车辆等这些具有特定长宽比例的图像进行缩放调整时，一定要按住 Alt+Shift 组合键，这样可以使图像按照原长宽比例进行缩放，而不会使整个图像产生失真的现象，否则缩放后会影响图像的长宽比例，使图像产生扭曲变形的效果。

下面继续学习制作投影。制作的投影一定要使其与建筑场景的光源相匹配，同时还要注意投影的虚实效果，切记不可直接使用黑色填充投影区域，在制作投影时要注意以下几点。

（1）投影的虚实关系

投影并非是一团黑色，而是有虚实关系的。根据透视学原理，靠近物体的投影较实，远离物体的投影较虚，如图 7-60 所示。

（2）投影与光源的关系

由于有光源才有投影，因此投影与光源的方向应一致。另外，光源高则投影低，光源低则投影被拉长，如图 7-61 所示。

正确的投影　　　错误的投影　　　　　　正确的投影　　　错误的投影

图 7-60　投影虚实效果比较　　　　　　图 7-61　投影与光源效果比较

（3）投影与物体形状的关系

什么形状的物体就应该投射什么形状的投影，切不可将投影制作成其他形状，如图 7-62 所示。

下面通过一个具体实例，学习制作投影的方法。

Step 1　打开"后期素材"目录下的"鸽子.psd"文件，该图像的光源在图像右上角，下面来制作该图像的投影。

图 7-62　投影与物体形状效果比较

Step 2　按 F7 键打开【图层】面板，在【图层】面板中将图层 1 拖曳到下方的 "创建新图层" 按钮上，释放鼠标左键，将其复制为图层 1 副本，该图层位于图层 1 的上方。

Step 3　激活图层 1，按 Ctrl+T 组合键为其应用自由变换工具，然后按住 Alt 键，分别将变形框左下角的控制点和右下角的控制点向左下方拖曳，对图像进行变形，制作出图像的投影，如图 7-63 所示。

提示：在制作投影时，一定要根据光源方向和物体本身的形状，分别调整各控制点对图像进行变形，使其完全符合物体本身的形状以及光源的照射方向，这样才能制作出与物体对象完全匹配的投影图像。

Step 4　按 Enter 键确认变形，完成投影的制作，如图 7-64 所示。

图 7-63　调节控制点　　　　　　　　图 7-64　制作的投影

Step 5　按 D 键设置系统默认的颜色，然后单击【图层】面板中的 "锁定透明像素" 按钮锁定透明像素。

提示：按 D 键可以将工具箱中的颜色设置为系统默认的颜色，系统默认的颜色是前景色为黑色（R:0、G: 0、B: 0），背景色为白色（R:255、G: 255、B: 255）。另外，当激活【图层】面板中的 "锁定透明像素" 按钮后，系统只能对该图层中非透明区域进行编辑，透明区域将不能编辑。

Step 6　按 Alt+Delete 组合键对图层 1 填充前景色，如图 7-65 所示。

提示：在 Photoshop CS3 中，填充颜色的方法很多，最简单的方法是使用快捷键，按 Alt+Delete 组合键可以填充前景色，按 Ctrl+Delete 组合键可以填充背景色。

Step 7　再次单击【图层】面板中的 "锁定透明像素" 按钮，取消透明区域的锁定。在菜单栏中执行【滤镜】/【模糊】/【高斯模糊】命令，设置 "半径" 为 3.5 像素，对投影进行模糊处理，结果如图 7-66 所示。

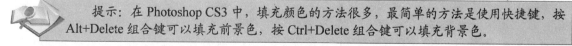

Step 8　确认图层 1 为当前操作图层，单击【图层】面板下方的 "添加图层蒙版"按钮为图层 1 添加图层蒙版。

> 提示：图层蒙版就像附在图层中的一层覆盖层，这种覆盖层会在白色作用下使图像处于完全不透明状态，在黑色作用下使图像处于完全透明状态，而在灰色作用下使图像处于半透明状态。应用图层蒙版的这种属性，可以对图像进行渐隐、图像特效合成等操作。除了背景层之外，可以在每一个图层都添加一个图层蒙版，对图像进行编辑。

Step 9　激活【工具箱】中的 "渐变工具"，使用系统默认的设置，将光标移动到图 7-67 所示的位置 1，从位置 1 拖曳到位置 2，释放鼠标左键即可完成对投影的编辑，结果如图 7-68 所示。

图 7-65　填充黑色　　　图 7-66　高斯模糊效果　　　图 7-67　制作渐变效果　　　图 7-68　编辑后的投影效果

> 提示： "渐变工具"是一种颜色填充工具，它可以填充由一种颜色逐渐过渡到另一种颜色的"线性"、"径向"、"角度"、"对称"以及"菱形" 5 种渐变形状的渐变色。此处所使用的系统默认设置是指使用"线性"渐变方式，渐变色为"前景色到背景色"。

3. 制作透空贴图文件

在三维场景中，场景中的树木、花草等配景如果直接在 3ds max 软件中通过建模来实现，会大大增加场景的面数，使场景的渲染输出变得费时费力。一般情况下，这些配景可以通过制作透空贴图来表现。透空贴图是指使用素材图像本身和素材的剪影图像，在 3ds max 贴图通道制作贴图，以模拟三维场景中的三维对象。由于透空贴图往往使用一个或两个面片对象，因此其面数相对其他模型来说要少很多。

3ds max 透空贴图的原理与 Photoshop 中的图层蒙版原理相似，因此，制作透空贴图时必须获得贴图源素材及其剪影图像，这样，通过渲染就能得到一个类似于三维模型的对象。下面学习制作透空贴图文件的方法。

Step 1　打开"贴图"目录下的"002.jpg"文件，该文件带有黑色背景，如图 7-69 所示。

Step 2　依照前面所讲的抠图方法，选择图像中的椰子树图像，如图 7-70 所示。

Step 3　按 D 键设置系统颜色为默认色，然后按 Ctrl+Delete 组合键，为椰子树图像填充背景色（白色），如图 7-71 所示。

Step 4　按 Ctrl+Shift+I 组合键将选区反转以选取背景，然后按 Alt+Delete 组合键向背景图像中填充前景色（黑色），如图 7-72 所示。

Step 5　按 Ctrl+D 组合键取消选区，然后执行【文件】/【另存为】命令，将文件另存为"002a.jpg"，这样透空贴图的素材文件就制作好了。

图 7-69　打开的素材

图 7-70　选取图像

图 7-71　填充白色

图 7-72　反选填充黑色

下面在 3ds max 系统中来制作透空贴图。

Step 1　启动 3ds max 2009 程序，打开"场景文件"目录下的"透空贴图.max"文件，快速渲染场景，结果如图 7-73 所示。

Step 2　按 M 键，弹出【材质编辑器】对话框，选择名为"透空贴图"的示例窗，展开【贴图】卷展栏，为"漫反射颜色"贴图通道指定"贴图"目录下的"002.jpg"贴图文件，再次渲染场景，结果如图 7-74 所示。

图 7-73　渲染场景效果

图 7-74　指定贴图后的渲染效果

Step 3　继续为"自发光"和"不透明度"贴图通道指定"贴图"目录下的"002a.jpg"贴图文件，如图 7-75 所示。再次渲染场景，结果如图 7-76 所示。

图 7-75　设置贴图参数

图 7-76　指定贴图后的渲染效果

提示：以上所表现的是静态场景中使用透空贴图表现三维对象的方法。在静态场景中制作透空贴图时一定要确保面片对象正对摄像机视角。但在动态场景中，摄像机是随路径运动的，无法使面片对象一直正对摄像机视角，这时需要将面片对象克隆一个，使两个面片对象垂直相交，这样，不管摄像机运动到面片对象的哪个角度，显示的总是面片的正面效果。有关动态场景中透空贴图的表现方法，请参阅第 8 章中商住小区漫游动画中的具体讲解。

▌7.2 ▌ 实践应用

前面主要学习了使用 Photoshop CS3 进行建筑设计后期处理的相关知识，这一节将应用所学知识，完成"住宅楼后期处理"以及"别墅"后期处理两个工程案例。

7.2.1 任务（一）——住宅楼后期处理

该工程项目是一个依山而建，集休闲、养身、居住于一体的住宅小区。小区周围青山环绕，古树参天，有"天然氧吧"之称，属于中档住宅小区。

这一节对该小区工程项目进行后期处理，进一步完善住宅小区的设计。

 任务要求

该工程项目是一个依山而建的住宅小区，任务要求通过后期处理技术手段，真实再现住宅小区的整体设计规划效果，呈现一个集人文、生态、优美、舒适、热闹于一体的住宅环境。

 任务分析

通常所说的后期处理，其实就是指将 3ds max 输出的建筑设计效果图运用 Photoshop 软件进行后期完善，使其能展现出建筑设计的真实效果。通过对该工程项目的分析，需要对住宅楼模型进行多次复制，并根据规划设计要求合理布置，表现小区其他住宅楼效果，通过对场景添加人物、花草、树木等配景，真实再现该小区人文、生态、优美、舒适、热闹的住宅环境效果。另外，可使用一幅风景图像作为背景，再现该小区依山而建的地理环境。最后，还需要对图像进行整体调整，使画面层次感更强，色彩对比更协调。以上所有操作，都可以在 Photoshop 软件中完成。

下面开始对住宅小区进行后期处理。

 完成任务

1. 替换背景、设置画布和调整对比度

下面先将背景图像替换，同时重新设置画布大小，然后对模型颜色和对比度进行调整，便于后面对场景添加其他配景。

Step 1 进入 Photoshop CS3 软件系统。

Step 2 打开"渲染效果"目录下的"住宅楼设计.tif"图像文件，选择"工具箱"中的 "多

边形套索工具"，设置"羽化"为 0 像素，沿建筑模型边缘将模型精确选择。

Step 3　执行【图层】/【新建】/【通过剪切的图层】命令，将住宅楼模型剪切到图层 1 中。

> 提示：该建筑场景在渲染输出时并没有保存建筑模型的 Alpha 通道，因此需要使用选择工具将建筑模型精确选取，然后再执行【通过剪切的图层】命令将其与背景图像分离。需要说明的是，在选取建筑模型时，选择工具的"羽化"值必须是 0，否则选取后的建筑模型边缘会比较虚。

Step 4　按 D 键设置系统默认颜色，激活背景层，按 Ctrl+Delete 组合键向背景层填充背景色，结果如图 7-77 所示。

下面对建筑模型进行适当修饰。从渲染结果来看，该场景整体渲染效果不错，唯一的不足就是颜色对比度和亮度对比度不够，需要对其进行调整。

Step 5　激活图层 1，执行【图像】/【调整】/【色相/饱和度】命令，设置"饱和度"为 45，其他参数默认，单击 ▊确定▊ 按钮确认，调整建筑模型的颜色饱和度。

Step 6　继续执行【图像】/【调整】/【亮度/对比度】命令，设置"对比度"为 45，其他参数默认，单击 ▊确定▊ 按钮，调整建筑模型的亮度对比度，结果如图 7-78 所示。

图 7-77　分离模型与背景图像

图 7-78　调整颜色和亮度对比度

下面调整图像的画布大小，以进行重新构图。

Step 7　执行【图像】/【画布大小】命令，弹出【画布大小】对话框，参数设置如图 7-79 所示。单击 ▊确定▊ 按钮确认，调整画布大小。

Step 8　打开"后期素材"目录下的"天空.jpg"文件，使用 ▨ "移动工具"将打开的素材文件拖曳到当前文件中，生成图层 2。

Step 9　在【图层】面板中将图层 2 拖曳到图层 1 上，释放鼠标左键，使其排列到图层 1 的下方，然后激活图层 1，将建筑模型移动到画面左下方。

添加背景图像后发现，背景图像光源与建筑模型光源不符，下面调整背景图像的方向，使其光源照射方向与建筑模型一致。

Step 10　激活图层 2，在菜单栏中执行【编辑】/【变换】/【水平翻转】命令，将图层 2 水平翻转，结果如图 7-81 所示。

2. 添加地形图像并复制其他楼群

由于该小区是一个依山而建的住宅小区，因此需要有山体地形图。由于在 3ds max 中并没有制作山体地形，因此这里将使用一幅山体地形图像来代替场景地形。另外，将建筑模型进行复制，以制作

出其他楼群。

Step 1　在【图层】面板中将图层1拖曳到 🔲 "创建新图层" 按钮上，释放鼠标左键，将其复制为图层1副本。

Step 2　按 Ctrl+T 组合键，为图层1副本应用自由变换工具，然后在其工具选项栏中激活 🔓 "保持长宽比" 按钮，设置 "W" 为 70%。

Step 3　按 Enter 键确认对图层1副本的调整，最后使用 ➤ "移动工具" 将其调整到图 7-82 所示的位置。

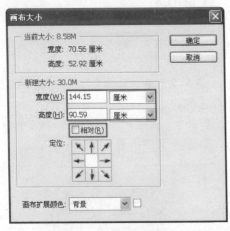

图 7-79　设置画布大小

图 7-80　添加背景文件

图 7-81　调整图层 2 的方向

图 7-82　调整图层 1 副本的位置

Step 4　使用相同的方法再次将图层1副本复制为图层1副本2，然后使用自由变换工具将其等比例缩小 60%，并调整到右边位置，如图 7-83 所示。

Step 5　打开 "后期素材" 目录下的 "地形.psd" 文件，将该文件拖曳到当前文件中，生成图层3。

Step 6　在【图层】面板中将图层3调整到图层2的上方，以覆盖背景图像中的地面，结果如图 7-84 所示。

Step 7　继续在【图层】面板中将图层1复制为图层1副本3、图层1副本4和图层1副本5，然后分别调整其大小，并在【图层】面板中将其调整到图层1、图层1副本和图层1副本2下方位置，制作出其他楼体，如图 7-85 所示。

Step 8　打开 "后期素材" 目录下的 "道路 01.psd" 文件，将该文件拖曳到当前文件下方位置，生成图层4，结果如图 7-86 所示。

图 7-83　复制的楼群

图 7-84　添加地形图像

图 7-85　复制其他楼层

图 7-86　添加道路图像

提示：在复制调整楼体模型大小时，一定要注意各楼体之间的前后关系和比例，要遵循"近大远小"的透视原理去调整。另外，对于场景中的地形，一般情况下最好在 3ds max 场景中制作完成，这样，其地形在光照和透视关系上能与楼体模型向一致。如果在 3ds max 场景中没有制作地形，在使用图像来模拟时，一定要选择与场景模型在透视、光照和比例上都协调的图像。

3. 添加树木配景

下面继续为该小区场景添加配景图像，以丰富场景内容。该操作比较简单，直接将后期素材拖曳到场景中，再调整其大小、前后关系等即可。

Step 1　将"后期素材"目录下的"高树 01.psd"文件拖曳到当前文件中，生成图层 5。

Step 2　使用自由变换工具将"高树 01"图像缩小 30%，然后将其调整到图 7-87 所示的位置。

Step 3　将图层 5 复制为图层 5 副本，将其放大 150%，并调整到图 7-88 所示的位置。

图 7-87　高树图像的位置 1

图 7-88　高树图像的位置 2

Step 4 将图层5副本复制为图层5副本2，将其缩小60%，调整到图7-89所示的位置。

Step 5 将图层5副本2复制为图层5副本3，将其缩小40%，然后在【图层】面板中将其调整到图层1副本4的下方，使其位于楼体的后面，其位置如图7-90所示。

图 7-89　高树图像的位置 3

图 7-90　高树图像的位置 4

Step 6 将图层5副本2复制为图层5副本4、图层5副本5和图层5副本6，将图层5副本5调整到图层1副本2的下方，使其位于楼体的后面，然后调整其大小，如图7-91所示。

Step 7 调整图层5副本4和图层5副本6的大小，将其移动到其他合适位置，结果如图7-92所示。

图 7-91　高树图像的位置 5

图 7-92　高树图像的位置 6

提示：以上所用的树木图像，都是经过后期处理后的图像，即去除了背景的图像，同时还根据场景灯光制作了树木的投影。如果读者要使用其他素材，一定要对图像进行相关处理，具体方法请参阅本章7.1.4节。

4. 添加古树、山石、行人与休闲椅子等配景

Step 1 打开"后期素材"目录下的"古树.psd"文件，将该图像拖曳到场景文件右上角位置，生成图层6，结果如图7-93所示。

Step 2 打开"后期素材"目录下的"山石.jpg"文件，选择工具箱中的 "魔术棒"工具，在其工具选项栏中取消勾选"连续"选项，其他参数默认，在图像蓝色背景上单击，将其蓝色背景选取，如图7-94所示。

Step 3 右击执行【选择反向】命令，选取山石图像，然后使用 "移动工具"将其拖曳到当前场景文件中，使用自由变换工具调整其大小，然后移动到图7-95所示的位置，生成图层7。

Step 4　打开"后期素材"目录下的"椅子.jpg"文件，依照处理山石图像的方法对其处理后移动到如图 7-96 所示的位置，生成图层 8。

图 7-93　添加古树图像

图 7-94　选取背景图像

图 7-95　山石位置

图 7-96　椅子位置

Step 5　将图层 8 复制为图层 8 副本，激活图层 8，为其添加自由变换工具，并将其形态调整成图 7-97 所示的样子。

Step 6　按 Enter 键确认变形，然后激活【图层】面板中的 "锁定透明像素"按钮，为图层 8 填充前景色（黑色）。最后综合前面所讲的制作投影的方法对图层 8 进行高斯模糊处理，以完成椅子投影的制作，结果如图 7-98 所示。

> 提示：在对图层 8 进行自由变换操作时，一定要按住 Ctrl 键，然后分别调整各控制点，以完成对椅子投影的变形操作，另外，在制作投影时，要注意光源方向以及投影的虚实处理。有关对象投影的制作方法，请参阅本章 7.1.4 节。

图 7-97　变形椅子图像

图 7-98　制作的投影

Step 7　将图层 8 与图层 8 副本合并为新的图层 8，然后将合并后的图层 8 再次复制为图层 8 副

本和图层 8 副本 2，分别调整大小后移动到图 7-99 所示的位置。

提示：合并图层的方法非常简单，按住 Ctrl 键，在【图层】面板图层中的名称位置上分别单击要合并的图层将其同时激活，然后按 Ctrl+E 组合键即可。

Step 8　打开"后期素材"目录下的"人群 01.psd"文件和"汽车 01.psd"、"汽车 02.psd"和"汽车 03.psd"文件，将其拖曳到当前前景中合适的位置，结果如图 7-100 所示。

图 7-99　复制椅子图像

图 7-100　添加人群和汽车的效果

提示：以上所用的人物和汽车图像都是经过后期处理后的图像，即去除了背景的图像，同时还根据场景灯光制作了投影。如果读者要使用其他素材，一定要对图像进行相关处理，具体方法参阅本章 7.1.4 节。

5. 场景整体效果的调整

添加完场景配景后发现，场景整体颜色偏灰。下面就对整体颜色效果进行调整。

Step 1　在【图层】面板中激活图层 2，即背景图像所在层。

Step 2　在菜单栏中执行【图像】/【调整】/【亮度/对比度】命令，弹出【亮度/对比度】对话框，设置"亮度"为 150，然后确认。

Step 3　在【图层】面板中激活图层 4，即道路图像所在层，继续使用【亮度/对比度】命令将"亮度"设置为 70，然后确认。

Step 4　在【图层】面板中激活图层 3，即地形图像所在层。

Step 5　在菜单栏中执行【图像】/【调整】/【色彩平衡】命令，弹出【色彩平衡】对话框，参数设置如图 7-101 所示。

Step 6　单击　确定　按钮确认，调整后的场景效果如图 7-102 所示。

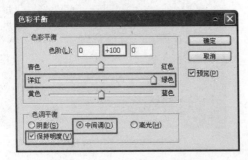

图 7-101　【色彩平衡】对话框

图 7-102　调整后的场景效果

Step 7　在菜单栏中执行【文件】/【另存为】命令,将该结果保存为"住宅楼设计(后期处理).psd"文件。

到此,住宅楼效果图的后期处理已完成。

归纳总结

这一节主要学习了住宅小区后期处理的相关知识。住宅小区虽然也属于公共场所,但与其他开放式公共场所有所不同,它属于封闭式的公共场所,其人员一般都是该小区的住户,小区内的所有公共设施也是为该小区住户所服务的。因此,在进行住宅小区设计时,一定要注意各公共设施的规划和安排,例如道路的规划、环境的绿化、公共娱乐设施的配置等,这些都要以方便、舒适为宜。切记不可将住宅小区设计成为开放式公共场所。

7.2.2　任务(二)——别墅后期处理

尽管别墅不同于住宅小区,但一般情况下也需要对其进行后期处理,才能真正成为一幅完整的建筑效果图。这一节继续对别墅场景进行后期处理。

任务要求

本工程项目是一个独栋别墅的建筑项目,任务要求通过后期处理,再现别墅优雅、舒适、高档的住宅环境效果。

任务分析

别墅场景比较简单,其后期处理也并不复杂。但在进行该项目后期处理时,一定要搞清楚别墅与住宅小区环境的区别,尤其是在设置配景时,人物不易过多,一般以 2~3 人为宜。在添加花草、树木配景时,可以适当比住宅小区更密集一些,这样才能更好地表现别墅高档、舒适、优雅的住宅环境。

下面开始对别墅进行后期处理。

完成任务

通过上面一系列的准备工作,下面来完成别墅的后期处理。

1. 编辑地面图像

Step 1　打开"后期素材"目录下的"别墅背景.jpg"文件,同时打开【图层】面板,双击背景层,弹出【新建图层】对话框,单击 确定 按钮,将背景层转换为图层 0。

Step 2　选择工具箱中的 "魔术棒"工具,在图像白色背景上单击,将白色背景选择,然后按 Delete 键将其删除,结果如图 7-103 所示。

Step 3　按 Ctrl+D 组合键取消选择区,然后选择 "魔术棒"工具,在其工具选项栏中设置"容差"为 30,在绿色草地上单击将草地选择。

Step 4　打开"后期素材"目录下的"草地.jpg"文件,按 Ctrl+A 组合键将图像全部选择,按 Ctrl+C 组合键将其复制,然后关闭该文件。

Step 5　在菜单栏中执行【编辑】/【贴入】命令,将复制的草地图像粘贴到当前图像的草地选

区中，图像生成图层1，如图 7-104 所示。

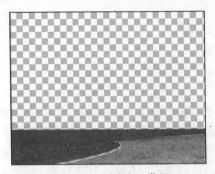

图 7-103　删除白色背景

图 7-104　贴图草地图像

Step 6　选择图层 1，在菜单栏中执行【图像】/【调整】/【色相/饱和度】命令，弹出【色相/饱和度】对话框，参数设置如图 7-105 所示。

Step 7　单击 确定 按钮确认后关闭【色相/饱和度】对话框，执行【图层】/【合并可见图层】命令，将图层 0 与图层 1 合并为图层 0，结果如图 7-106 所示。

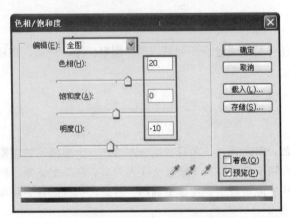

图 7-105　【色相/饱和度】参数设置

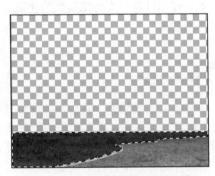

图 7-106　调整草地颜色饱和度

2. 合并别墅模型

Step 1　打开"渲染效果"目录下的"别墅设计.tif"文件，该文件保存了建筑模型和地面的选区，下面将建筑模型与背景分离。

Step 2　打开【通道】面板，按住 Ctrl 键单击 Alpha 1 通道，载入别墅模型与地面模型的选区。

Step 3　选择工具箱中的 "多边形套索工具"，在其工具选项栏中设置"羽化"为 0 像素，然后激活 "从选区减去"按钮，沿别墅模型与地面相交的位置创建选区，将地面选择，以减去地面选区，如图 7-107 所示。

Step 4　选择 "移动工具"，将选取的别墅图像拖曳到图 7-108 所示的位置，自动生成图层 1。

3. 场景的细节处理

Step 1　选择图层 0，选择 "多边形套索工具"，设置"羽化"为 0 像素，在别墅模型左边的草地上创建模型的投影选区。

Step 2　选择工具箱中的 "加深工具"，在其工具选项栏中设置参数，如图 7-109 所示。

图 7-107　减去地面选区

图 7-108　拖入别墅模型

图 7-109　"加深工具"的设置

> 小技巧： "加深工具"是一个图像编辑工具，常用来对图像颜色进行加深处理。当选择该工具后，可以在其工具选项栏的"画笔"中选择一个合适的画笔，在"范围"下拉列表中选择要处理的图像颜色范围，包括"阴影"、"中间调"和"高光"三个选项，同时还可以设置"曝光度"，该值越大，处理的效果越明显。

Step 3　按住鼠标左键在选区内拖曳，将选区内的草地颜色加深，以制作出别墅在草地上的投影，如图 7-110 所示。

Step 4　按 Ctrl+D 组合键取消选区，然后选择工具箱中的 [🔍] "减淡工具"，在其工具选项栏的"画笔"中选择一个合适的画笔，设置"范围"为"中间调"、"曝光度"为 50%。

> 小技巧：[🔍] "减淡工具"也是一个图像编辑工具，常用来对图像颜色进行减淡处理。其选项设置与 "加深工具"相同，可以在其工具选项栏的"画笔"中选择一个合适的画笔，在"范围"下拉列表中选择要处理的图像颜色范围，包括"阴影"、"中间调"和"高光"三个选项，同时还可以设置"曝光度"，该值越大，处理的效果越明显。

Step 5　按住鼠标左键，在别墅背景图像中靠近别墅模型的路面位置进行涂抹，将路面颜色进行减淡处理，使路面变亮，结果如图 7-111 所示。

图 7-110　制作别墅投影

图 7-111　处理路面亮度

Step 6 激活图层1，执行【色相/饱和度】命令，设置"饱和度"为30，其他参数默认，对别墅模型进行颜色处理，结果如图 7-112 所示。

Step 7 激活图层0，选择工具箱中的 "海绵工具"，在其工具选项栏的"画笔"中选择合适大小的画笔，设置"模式"为"加色"，其他参数默认，在地面的草地上由路边向里进行涂抹，对草地颜色进行加深，结果如图 7-113 所示。

小技巧： "海绵工具"也是一个图像编辑工具，常用来对图像颜色进行加深处理。其选项设置与 "加深工具"有所不同，它包括"画笔"、"模式"和"流量"三个选项。"画笔"选项用来设置所使用的画笔，用户可以根据处理的图像范围大小选择合适的画笔；"模式"选项用于选择处理模式，包括"去色"和"加色"两个选项，"去色"可以降低图像颜色饱和度，"加色"可以提高图像颜色饱和度；"流量"选项用于设置处理的程度，该设置越大，处理的效果越明显。

图 7-112 处理别墅模型

图 7-113 处理草地颜色

Step 8 执行【图层】/【合并可见图层】命令，将图层1和图层0合并为新的图层1，然后选择工具箱中的 "仿制图章工具"，单击其工具选项栏上的 "切换画笔调板"按钮，打开【画笔】面板，画笔的各项参数如图 7-114 所示。

Step 9 按住 Alt 键在草地上单击进行采样，然后在别墅底部与草地相交的位置进行涂抹，以绘制青草，结果如图 7-115 所示。

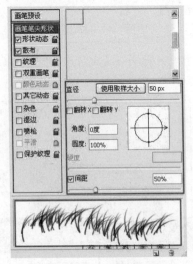
图 7-114 设置画笔参数

图 7-115 绘制青草

这样，别墅模型以及地面的细节就处理完毕了，下面添加配景。

4. 添加配景绿化场景

Step 1　打开"后期素材"目录下的"别墅天空.psd"文件，使用 "移动工具"将该文件拖曳到当前场景中，生成图层2。

Step 2　在【图层】面板中将图层2调整到图层1的下方，然后按 Ctrl+T 组合键，使用自由变换工具调整背景大小，确认后结果如图7-116所示。

Step 3　继续打开"后期素材"目录下的"高树01.psd"文件，使用 "移动工具"将该文件拖曳到当前场景中别墅的右边，生成图层3。

Step 4　在【图层】面板中将图层3调整到图层1的下方和图层2的上方，结果如图7-117所示。

图 7-116　添加天空图像

图 7-117　添加"高树01"

Step 5　打开"后期素材"目录下的"远景树01.psd"文件和"远景树02.psd"文件，使用 "移动工具"将远景树01拖曳到别墅的右边，生成图层4，将"远景树02"拖曳到别墅左上方，生成图层5，结果如图7-118所示。

Step 6　打开"后期素材"目录下的"远景树03.psd"文件，将其拖曳到别墅右边，生成图层6，结果如图7-119所示。

图 7-118　添加"远景树01"和"远景树02"

图 7-119　添加"远景树03"

Step 7　将图层1、图层4和图层6合并为新的图层1，选择工具箱中的 "涂抹工具"，然后打开【画笔】对话框，参数设置如图7-120所示。

Step 8　将光标移动到远景树03、远景树01与草地相交的位置进行涂抹，对相交的边缘进行模糊处理，结果如图7-121所示。

提示："涂抹工具"也是一个图像编辑工具，主要用于对图像进行模糊处理。其工具选项栏的设置主要有"画笔"选项，用于设置使用的画笔；"模式"选项，用于设置处理的模式，一般选择默认设置；"强度"选项，用于设置处理的程度，值越大处理的效果越明显；"对所有图层取样"选项，勾选该选项可以对所有图层进行处理；"手指画"选项，勾选该选项将使用前景色进行绘画。在使用该工具处理图像时，用户可以根据具体情况进行设置。

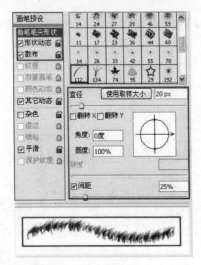

图 7-120　设置画笔

图 7-121　处理后的图像效果

Step 9　打开"后期素材"目录下的"树丛 01.psd"和"高树 02.psd"文件，依照同样的方法将"树丛 01.psd"图像移动到当前文件的别墅左边，然后在【图层】面板中将其调整到图层 1 的下方，结果如图 7-122 所示。

Step 10　将"高树 02.psd"文件移动到别墅左边，在【图层】面板中将其调整到图层 1 的下方，然后使用自由变换工具调整其大小，结果如图 7-123 所示。

图 7-122　添加"树丛 01"

图 7-123　添加"高树 02"

 提示：在添加树木时，一定要注意树木与树木之间、树木与别墅之间的虚实、大小和前后等变化，可以在【图层】面板中通过调整各树木所在图层的顺序以调整其在场景中的前后关系，然后使用自由变换工具调整其大小。

Step 11　打开"后期素材"目录下的"树丛.psd"和"树 05.psd"文件，将"树 05.psd"图像拖曳到当前图像中，在【图层】面板中将其所在图层调整到图层 1 的上面，然后使用自由变换工具调整其大小，并移动到别墅左下方，如图 7-124 所示。

Step 12　将"树丛.psd"文件拖曳到当前图像中，在【图层】面板中调整其所在图层到图层 1 的下方，然后使用自由变换工具其调整大小，并调整到别墅正上方，如图 7-125 所示。

　　　　　图 7-124　添加"树 05"

　　　　　图 7-125　添加"树丛"

Step 13　打开"后期素材"目录下的"山石.jpg"文件，依照前面所讲的抠图方法选择山石图像，然后将其移动到当前文件中。

Step 14　在【图层】面板中将山石所在图层调整到图层 1 的上方，但使其位于"树 05"图像所在图层的下方，最后使用自由变换工具调整其大小，并移动到左下方，结果如图 7-126 所示。

Step 15　继续打开"后期素材"目录下的"石头.psd"文件，将其拖曳到当前文件中，在【图层】面板中将其所在图层调整到图层 1 的上方，然后使用自由变换工具调整其大小，并移动到别墅右边，如图 7-127 所示。

　　　　　图 7-126　添加"山石"

　　　　　图 7-127　添加"石头"

Step 16　打开"后期素材"目录下的"多人 04.psd"文件和"汽车 04.psd"文件，将其拖曳到当前文件中，在【图层】面板中分别调整其所在图层到图层 1 的上方，然后使用自由变换工具分别调整其大小，并移动到合适位置，结果如图 7-128 所示。

Step 17　打开"后期素材"目录下的"树阴影.psd"文件，将其拖曳到当前文件中，在【图层】面板中将其所在图层调整到图层 1 的上方，然后将其移动到场景的右下角，结果如图 7-129 所示。

　　　　至此，别墅后期处理完毕，使用【另存为】命令将其存储为"别墅设计（后期处理.tif）"文件。

图 7-128 添加"人物和汽车"

图 7-129 制作树阴影效果

 归纳总结

这一节我们主要学习了别墅后期处理的相关知识。尽管别墅后期处理的流程与一般的住宅楼后期处理的流程基本相同，但别墅环境设计要求与一般住宅楼环境设计要求却有所不同，就其环境定位而言，别墅属于高档住宅环境，对环境的设计要求要比一般住宅楼环境设计要求得更高。其环境设计不仅要能满足人们日常生活的基本需要，更要体现别墅高档、舒适、优雅、生态的住宅环境，要为人们创造一个独立、私密的生活空间。因此，在进行别墅后期处理时，除了合理添加配景，以营造高档、优美、舒适的生活环境之外，环境细部处理也不容忽视，例如，草坪颜色的处理、人物、树木阴影的处理、花草树木的前后关系等，这些看似无关紧要的细节，如果不认真处理和安排，会使整个别墅环境效果大打折扣。

7.3 习题

7.3.1 单选题

01．下列工具中，可以选取规则图像范围的工具有（　　）。

A. ⬚、◯　　　　B. ⬚、◯　　　　C. ◯、⬚　　　　D. ✱、⬚

02．快速选取一个背景颜色为单色的图像的工具是（　　）。

A. ✱　　　　　　B. ◯　　　　　　C. ⬚　　　　　　D. ⬚

03．向图像背景中填充前景色的快捷方式是（　　）。

A. Alt+Delete　　B. Ctrl+Delete　　C. Shift+Delete　　D. Alt+Ctrl

04．下面命令中，可以调整图像亮度与对比度的是（　　）。

A. 色相/饱和度　　B. 色彩平衡　　C. 亮度/对比度　　D. 自动

7.3.2 多选题

01．将建筑模型与背景分离的方法有（　　）。

A. 载入模型的 Alpha 通道，执行右键菜单中的【通过剪切的图层】命令

  B．载入模型的 Alpha 通道，执行【图层】/【新建】/【通过剪切的图层】命令

  C．使用选择工具选取建筑模型，执行右键菜单中的【通过剪切的图层】命令

  D．使用选择工具选取建筑模型，执行【图层】/【新建】/【通过剪切的图层】命令

02．调整图层排列顺序的方法有（ ）。

  A．在【图层】面板中拖动图层以调整其排列顺序

  B．在图像中移动图层，调整排列顺序

  C．激活图层，执行【图层】/【排列】菜单下的相关命令

  D．激活图层，执行【图层】/【新建】/【通过拷贝的图层】命令

03．删除一个图层的方法有（ ）。

  A．将图层拖曳到【图层】面板下的 按钮上，释放鼠标

  B．激活图层，单击【图层】面板下的 按钮

  C．激活图层，单击【图层】面板下的 按钮

  D．激活图层，单击【图层】面板下的 按钮

04．后期处理后的建筑效果图可以使用的格式有（ ）。

  A．.psd 格式   B．.tif 格式   C．.max 格式   D．.tga 格式

7.3.3　操作题

  运用所学知识，对"渲染效果"目录下的"办公楼.tif"图像进行后期处理，所需素材读者可以自行准备。

第 8 章
建筑场景漫游——制作建筑动画

　　建筑动画以它新颖、生动、全方位的表现方式，将建筑表现从单一的静态渲染转向全方位的动态表现，使其发展到了一个崭新的阶段，逐步成为展现建筑效果的重要手段。其应用范围已逐步扩展到建筑动态展示、房地产展示和广告等领域。

　　建筑动画与普通单体建筑的制作方法有很大的区别。建筑动画是一个系统的工作，往往需要多人分工合作，例如有专人负责建筑模型的制作、有专人负责景观模型的制作、有专人负责材质贴图的制作、有专人负责场景灯光和渲染、有专人负责动画的后期合成工作等，随着动画技术的不断提高，这种分工也越来越明细。所以，建筑动画模型是分为多个单独的部分进行制作，然后再合二为一，进行统一的材质灯光设定。这样的工作流程分流了工作量，极大地提高了工作的效率和对电脑硬件的要求。

　　在开始学习建筑动画的初期，应该培养这样一种协同工作的精神，一个大型建筑动画不是单凭个人的技术和能力完成的。

　　这一章将学习商住小区动画漫游的制作，通过这个范例来了解建筑动画制作的基本流程和制作思路。图 8-1 所示为渲染后的商住小区单帧渲染效果。

渲染59帧时的效果　　　　渲染292帧时的效果　　　　渲染1092帧时的效果

图 8-1　渲染后的商住小区单帧效果

8.1　重点知识

　　3ds max 可以创建各种 3D 动画，如为游戏设置角色动画，或为了电影设置特殊效果的动画等。无论设置动画的目的何在，3ds max 都能以其功能强大的环境为用户实现出来。

　　设置动画的基本方式非常简单。用户可以将任何对象的任何参数变换设置为动画，以随着时间改变其位置、旋转和缩放。启用自动关键点按钮，然后移动时间滑块使其处于所需的状态，在此状态下，所做的更改将在视口中创建选定对象的动画。

　　动画可用于整个 3ds max 中。用户可以为所有能够影响对象的形状与外表的参数设置制作动画，例如设置修改器参数的动画（如"弯曲"角度或"锥化"量）、材质参数的动画（如对象的颜色或透明度）以及对象的位置、旋转和缩放等动画，还可以使用正向和反向运动学链接层次动画的对象，并且可以在轨迹视图中编辑动画。

　　这一节主要学习动画基础知识和制作建筑动画的方法。

8.1.1　动画二三说

　　动画是以人类的视觉原理为基础的。如果快速查看一系列相关的静态图像，观看者就会感觉到这是一个连续的运动。每一个单独图像称之为"帧"，即动画中的单个图像。通常，创建动画的主要难

点在于动画师必须生成大量的帧。一分钟的动画大概需要 720 到 1800 个单独图像，用手来绘制图像是一项艰巨的任务，因此出现了一种称之为"关键帧"的技术。"关键帧"是动画的核心，即动画的主要动作，填充在关键帧中的帧称为"中间帧"，"中间帧"是对"关键帧"的一个补充和细化。图 8-2 所示的动画中，1、2、3 是关键帧，其他的是中间帧。

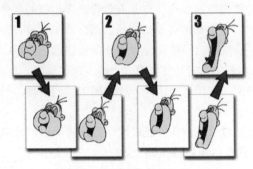

图 8-2　关键帧和中间帧

动画有很多格式，常用的格式包括：电影格式，每秒 24 帧（FPS）；NTSC 视频，每秒 30 帧。

8.1.2　认识基本动画工具

这一节主要认识基本动画工具。

1. 轨迹视图

使用"轨迹视图"，可以对创建的所有关键点进行查看和编辑。另外，可以指定动画控制器，以便插补或控制场景对象的所有关键点和参数。

"轨迹视图"使用两种不同的模式，即"曲线编辑器"和"摄影表"。"曲线编辑器"模式可以将动画显示为功能曲线，如图 8-3 所示。而"摄影表"模式可以将动画显示为关键点和范围的电子表格，如图 8-4 所示。关键点是带颜色的代码，便于辨认。

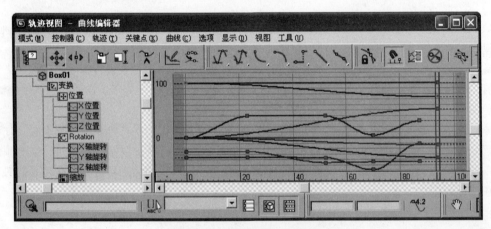

图 8-3　"曲线编辑器"模式

"轨迹视图"中的一些功能，如移动和删除关键点，也可以在时间滑块附近的轨迹栏上得到，还可以展开轨迹栏来显示曲线。用户可以将"曲线编辑器"和"摄影表"窗口停靠在界面底部的视口之下，或者把它们设置为浮动窗口。将"轨迹视图"布局命名后存储在"轨迹视图"缓冲区中，以后还可以再使用。"轨迹视图"布局使用 MAX 文件存储。

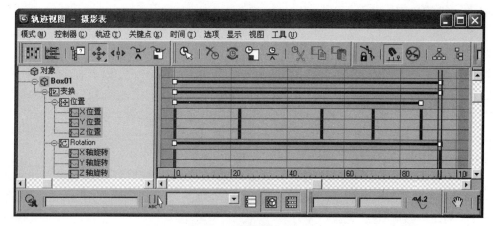

图 8-4　"摄影表"模式

2.　轨迹栏

轨迹栏位于界面下方的时间滑块和状态栏之间，用于显示帧数（或显示单位）的时间线。这为用于移动、复制和删除关键点，以及更改关键点属性的轨迹视图提供了一种便捷的替代方式。选择一个对象，在轨迹栏上查看其动画的关键点。显示的关键点使用颜色编码，因此可以轻松确定该帧上存在哪种关键点。位置、旋转和缩放关键点分别是红色、绿色和蓝色，不可变换的关键点（如修改器参数）是灰色，如图 8-5 所示。

图 8-5　轨迹栏

展开轨迹栏，可以显示曲线。单击位于轨迹栏左端的  "打开迷你曲线编辑器"按钮，将用控制器、关键点窗口，以及"轨迹视图"工具栏替换时间滑块和轨迹栏。通过在菜单栏和工具栏之间拖曳边框（在空工具栏区域中执行此操作），可以调整轨迹栏窗口的大小，如图 8-6 所示。

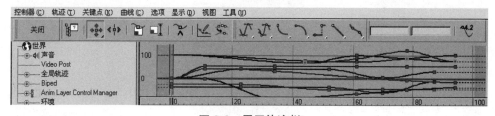

图 8-6　展开轨迹栏

3.　使用控制器

在 3ds max 中设置的动画，所有内容都通过控制器处理。控制器是用于处理所有动画参数的存储和插值的插件。

默认控制器包括：

- 位置：位置 XYZ；
- 旋转：EulerXYZ；
- 缩放：Bezier。

虽然 3ds max 包含多个不同类型的控制器，但大部分动画还是通过 Bezier 控制器进行处理。Bezier 控制器在平滑曲线的关键帧之间进行插补。用户可以通过轨迹栏上的关键点或在"轨迹视图"中调整这些插值的关键点插值，这是控制加速、延迟和其他类型运动的方法。"旋转"的默认控制器是 Euler XYZ，它将向下旋转分为三个单独的"Bezier 浮点"轨迹。而"位置"的默认控制器是"位置 X,Y,Z"，"缩放"的默认控制器是 Bezier。下面主要介绍 Bezier 控制器。

Bezier 控制器是在程序中应用最广泛的控制器。Bezier 控制器在使用可调整样条曲线的关键点间插补，它是大部分参数的默认控制器。当想在关键点间完全调整插补时，可以使用 Bezier 控制器。Bezier 是唯一一个支持下列操作的控制器。

- 拖曳切线控制柄。
- 为从一个关键点到下一个关键点的突变设置阶跃切线。
- 恒定速度控制。

要设置关键点的切线类型，可执行以下操作。

Step 1 选择一个含有动画关键点的对象，并在 【运动】面板中打开【关键点信息（基本）】卷展栏，如图 8-7 所示。

Step 2 选择一个关键点。

Step 3 从"输入"或"输出"切线弹出按钮中选择切线类型，如图 8-8 所示。

要规格化关键点的时间，可执行以下操作：

Step 1 选择一个对象，然后选择一个要规格化的关键点（可以在【关键点信息（基本）】卷展栏中移动关键帧）。

Step 2 在 【运动】面板展开【关键点信息（高级）】卷展栏上，单击 规格化时间 "规格化时间"按钮，如图 8-9 所示。

Step 3 该关键点在时间中移动，以平均通过关键点的速度。

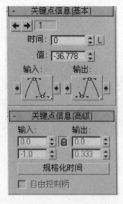

图 8-7 【关键点信息（基本）】卷展栏

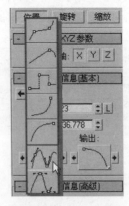

图 8-8 选择切线类型

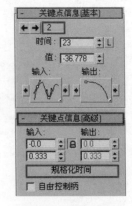

图 8-9 规格化时间

8.1.3　制作动画的基本方法

以上主要学习了制作动画的基本工具，下面继续学习制作动画的基本方法。

1. 使用"自动关键点"模式创建动画

通过启用"自动关键点"按钮就可以开始创建动画了。设置当前时间，然后更改场景中的事物。可以更改对象的位置、旋转或缩放等几乎任何设置或参数。

当进行更改时，同时创建存储被更改参数的新值的关键点。如果关键点是为参数创建的第一个动画关键点，则在 0 时刻也创建第二个动画关键点以便保持参数的原始值，其他时刻在创建至少一个关键点之前，不会在 0 时刻创建关键点，之后，可以在 0 时刻移动、删除和重新创建关键点。

启用"自动关键点"具有以下效果：

- "自动关键点"按钮、时间滑块和活动视口边框都变成红色，以指示此时处于动画模式。
- 只要变换对象或更改可设置动画的参数，该软件就会在时间滑块位置所示的当前帧创建关键点。

开始设置对象动画，可执行以下操作：

Step 1　在场景中创建一个圆柱体，单击 [自动关键点] "自动关键点"按钮将其启用。

Step 2　将时间滑块拖曳到不为 0 的时间上，例如拖曳 20 帧位置。

Step 3　执行下列操作之一：

- 变换对象：对圆柱体进行移动、缩放或旋转操作。
- 更改可设置动画的参数。例如进入【修改】面板，修改圆柱体的"长度"和"高度"等参数。

如果还没有对圆柱体设置动画，当前帧就没有关键点。如果启用"自动关键点"，并在第 20 帧将圆柱体绕其 y 轴旋转 $90°$，则第 0 帧和第 20 帧处会创建旋转关键点，如图 8-10 所示。

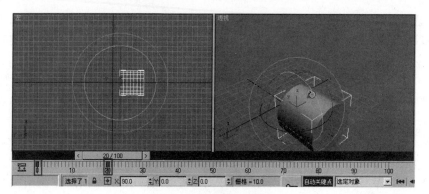

图 8-10　设置动画的操作

第 0 帧的关键点用于存储圆柱体的初始方向，而第 20 帧的关键点用于存储设置动画后的 $90°$ 方向。播放动画时，圆柱体将在 20 帧上围绕其 y 轴旋转 $90°$。

2. 使用"设置关键点"模式创建动画

"设置关键点"动画系统是给专业角色动画制作人员使用的，可用于试验姿势，然后把那些姿势委托给关键帧。其他动画制作人员也可以使用它在对象的指定轨迹上设置关键点。这种工作方法比"自动关键点"方法更利于控制，通过它可以试验各种想法，而且可以快速丢弃而不用撤销工作。通过它，可以变换对象，并通过使用"轨迹视图"中的"关键点过滤器"和"可设置关键点轨迹"有选择性地给某些对象的某些轨迹设置关键点。该模式在建筑动画中不常用，在此不做详细讲解。

8.1.4 动画的基本设置

在制作动画前，需要进行一些设置，如动画播放时间、动画时间的显示格式以及动画播放速率等。

1. 设置动画时间的显示格式

在设置动画时间前，要先设置动画时间的显示格式。在启动 3ds max 时，用户可以使用默认的以帧为单位的时间显示，也可以使用其他格式的时间显示。例如，以秒和分钟为单位的时间显示。

Step 1 单击动画控制区中的 🕐 "时间配置"按钮，弹出【时间配置】对话框。

Step 2 在"时间显示"选项中设置动画时间的显示格式，可以使用下列时间显示格式：

- 帧：完全使用帧显示时间，这是默认的显示模式。单个帧代表的时间长度取决于当前选择的帧速率。例如，在 NTSC 视频中，每帧代表 1/30 s。
- SMPTE：使用电影电视工程师协会格式显示时间。这是一种标准的时间显示格式，适用于大多数专业的动画制作。SMPTE 格式从左到右依次显示分钟、秒和帧，其间用冒号分隔。例如，2:16:14 表示 2min、16s 和 14 帧。
- "帧:TICK"：使用帧和程序的内部时间增量（即 tick）显示时间。若每秒包含 4 800 tick，用户实际上可以访问最小为 1/4800s 的时间间隔。
- "分：秒：TICK"：以分、秒和 tick 显示时间，其间用冒号分隔。例如，02:16:2240 表示 2min、16s 和 2 240 tick。

2. 设置动画活动时间

动画活动时间决定动画的播放长度，其时间段的默认设置从 0 帧～100 帧，也可以将其设置为任何范围。通过在【时间配置】对话框中设置时间段的"开始时间"和"结束时间"指定动画播放时间段。

Step 1 打开【时间配置】对话框，在"动画"组中的"开始时间"和"结束时间"数值框中输入动画的活动时间段，如在"结束时间"数值框中输入 200，表示动画活动时间为 200 帧，如图 8-11 所示。

Step 2 如果要重新设置动画活动时间，可以单击 重缩放时间 按钮，弹出【重缩放时间】对话框，设置新的"开始时间"和"结束时间"，如图 8-12 所示。

Step 3 确认后将移动并缩放活动时间段中的所有动画，以适合新的"开始时间"和"结束时间"，活动时间段以外的所有动画也会相应移动，以匹配新活动时间段的边界。

需要说明的是，若动画从第 0 帧到第 300 帧，活动时间段从第 100 帧开始并在第 200 帧结束，使用"重缩放时间"将新的"开始时间"设置为第 200 帧，并将新的"结束时间"设置为第 250 帧，确认后会产生下面的结果：

- 活动时间段中的动画向前移动 100 帧，并且长度缩小为 50 帧。新的活动时间段为从第 200 帧至第 250 帧。
- 原始活动时间段之前的帧中的动画向前移动 100 帧，以连接到新的活动时间段的起始点。
- 原始活动时间段之后的 100 帧中的动画向前移动 50 帧，以连接到新的活动时间段的结束点。

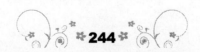

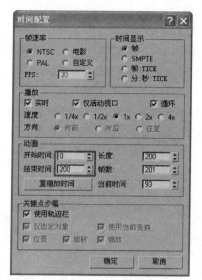

图 8-11　【时间配置】对话框

图 8-12　【重缩放时间】对话框

3. 选择帧速率和播放速度

动画的帧速率以每秒显示的帧数（FPS）表示，即该软件每秒实时显示和渲染的帧数。由于程序使用实时时间（内部精度为 1/4800s）来存储用户的动画关键点，因此用户可以随时更改动画的帧速率，而不会影响动画计时。

例如，如果使用 30 FPS 的 NTSC 视频帧速率来创建 3s 的动画，将具有 90 帧的动画。如果以后发现需要输出 25 FPS 的 PAL 视频，则可以切换到该帧速率，此时用户的动画设置为 75 帧的输出。这不会更改动画的计时，只更改 3ds max 将显示和渲染的帧数量。

在设置帧速率时，可以随时打开【时间配置】对话框，在"帧速率"组中的各种帧速率之间来回切换。

* NTSC：美国和日本视频标准，约每秒 30 帧。
* PAL：欧洲视频标准，每秒 25 帧。
* 胶片：电影标准，每秒 24 帧。
* 自定义：FPS 参数中设置的帧速率。

在配置动画播放速度时，也可以打开【时间配置】对话框，使用"播放"组中的设置来指定播放速度以及播放动画的视口数量。

* 实时：动画以选定的速率播放，如果有需要，会跳过适当的帧以保持正确的速度。如果禁用此按钮，动画会播放所有帧，而不会试图保持正确的速度。使用运动捕捉工具时，不同的播放速度也很有帮助。
* 仅活动视口：仅在活动视口中播放动画。如果禁用此按钮，在所有 4 个视口中将一次播放动画。
* 速度：选择这些选项之一，可以用所选的速度乘以帧速率。
* 方向：禁用"实时"后，可以选择更改动画播放的方向。选择"反向"选项将从后往前播放动画。选择"往复"选项将从前往后播放动画，然后从后往前播放动画。

- 循环：禁用"循环"时，将播放一次动画然后停止。

需要说明的是，程序以指定速率播放动画的能力取决于许多因素，包括场景的复杂程度、场景中移动对象的数量、几何体显示模式等。最坏的情况是摄像机以共享模式移动，在这种模式下视口中充满了复杂的几何体。在这些情况下，最好使用线框显示模式来简化视口显示，必要时还可以使用外框显示模式。

通常，在 4 个视口中显示动画时，程序需要更多的计算能力，并且播放的平滑度会降低。如果启用"仅活动视口"，用户就可以在播放过程中通过单击某个非活动视口的标签或右击某个非活动视口来切换活动视口。

8.1.5　建筑动画常用功能

以上主要学习了制作三维动画的基本知识。制作三维动画是一个复杂的工程，不仅需要多人合作，同时还要求每一位合作者都具备精湛的三维软件知识和一定的美术基础，同时要有精诚协作的精神，这样才能圆满完成一个动画项目。对一般建筑动画来说，只要读者掌握了基本动画知识，同时掌握了三维场景制作方法，就能完成建筑动画场景的制作。这一节学习建筑动画制作中的一些常用功能。

1.【路径约束】命令

【路径约束】命令是一个用途非常广泛的动画控制命令，它使物体沿一条样条曲线运动，通过曲线的形态控制物体运动的形式和方向，在建筑动画中多被用于控制摄像机的运动，以实现漫游的动作。

【路径约束】命令的基本操作方法如下：

Step 1　在顶视图中绘制一条二维线形，并创建一架目标摄像机，如图 8-13 所示。

Step 2　确认摄像机被选择，在【命令】面板中单击 ⊙ "运动" 按钮，进入运动【命令】面板，激活 参数 按钮，展开【指定控制器】卷展栏，如图 8-14 所示。

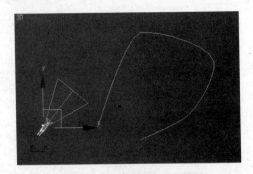

图 8-13　创建摄像机和二维线

图 8-14　【指定控制器】卷展栏

Step 3　在【指定控制器】卷展栏中选择【位置：位置 X Y Z】选项，然后单击 ? 按钮，弹出【指定位置控制器】对话框，如图 8-15 所示。

Step 4　在【指定位置控制器】对话框中双击【路径约束】选项，为摄像机添加"路径约束"控制器。

Step 5　展开【路径参数】卷展栏，激活 添加路径 按钮，在视图中单击拾取二维线作为摄像机的运动路径，此时摄像机自动移到二维线一端，如图 8-16 所示，其路径【命令】面板如图 8-17 所示。

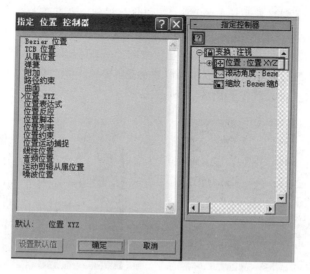

图 8-15　【指定位置控制器】对话框

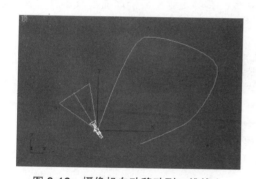

图 8-16　摄像机自动移动到二维线上

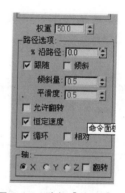

图 8-17　路径【命令】面板

- %沿路径：设置动画沿路径运动的百分比，0.0 表示沿路径 0%（即路径的起点）开始。
- 跟随：勾选该选项，运动时摄像机始终保持与路径切线平行的方向。
- 倾斜：勾选该选项，则"倾斜量"和"平滑度"数值框可用，此时可设置摄像机倾斜的程度和平滑度。
- 运动时摄像机始终保持与路径切线平行的方向。
- 轴：设置摄像机运动的轴向。

Step 6　设置完成后，拖动时间滑块，可发现摄像机在指定的路径上运动。

2. 绑定工具

"绑定工具"可将选择的对象绑定到空间扭曲物体上，使它受到空间扭曲物体的影响。空间扭曲物体是一类特殊的物体，它们本身不能被渲染，其作用主要是限制或加工绑定的对象，如风力影响、波浪影响等。

Step 1　激活【创建】面板上的　"空间扭曲"按钮，在其下拉列表中选择"力"选项，在【对象类型】卷展栏下激活　风　按钮，在顶视图中拖曳光标，创建一个空间扭曲物体"风"。

Step 2 继续激活【创建】面板上的 ⦿ "几何体"按钮，在其下拉列表中选择"粒子系统"选项，在【对象类型】卷展栏下激活 [喷射] 按钮，在顶视图中拖曳光标，创建一个粒子系统"喷射"，如图 8-18 所示。

Step 3 选择"喷射"对象，激活主工具栏中的 ⧉ 按钮，将"喷射"对象拖曳到空间扭曲物体"风"上，这时会牵引出一条虚线，如图 8-19 所示。

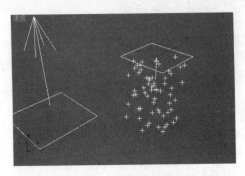

图 8-18 创建的空间扭曲和粒子系统

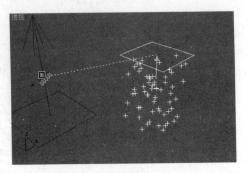

图 8-19 绑定时的形态

Step 4 此时释放鼠标左键，绑定对象。绑定后，在绑定对象的修改器堆栈窗口中会自动增加一个绑定修改。

> 提示：要想取消空间扭曲物体的绑定，可在视图中选择绑定的对象，在修改【命令】面板中的修改器堆栈列表中选择相应的绑定修改选项，单击 ⦁ 按钮将其删除即可。

3. 重力

"重力"用于模拟自然界地心引力的影响，对粒子系统产生引力作用。粒子会沿着"重力"箭头指向移动，随强度值和箭头方向的不同，产生排斥的影响。当空间扭曲物体为球形时，粒子会被吸向球心。

Step 1 激活【创建】面板上的 ≋ "空间扭曲"按钮，在其下拉列表中选择"力"选项，在【对象类型】卷展栏下激活 [重力] 按钮，在顶视图中拖曳光标，创建一个空间扭曲物体"重力"，如图 8-20 所示。

Step 2 继续激活【创建】面板上的 ⦿ "几何体"按钮，在其下拉列表中选择"粒子系统"选项，在【对象类型】卷展栏下激活 [喷射] 按钮，在顶视图中拖曳光标，创建一个粒子系统"喷射"，如图 8-21 所示。

Step 3 选择"喷射"对象，激活主工具栏中的 ⧉ 按钮，将"喷射"对象拖曳到空间扭曲物体"重力"上，释放鼠标左键进行绑定。

Step 4 选择重力对象，进入【修改】面板，展开【参数】卷展栏，参数设置如图 8-22 所示。

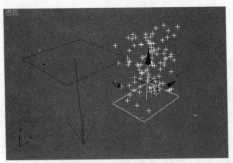

图 8-20 创建喷射和重力

Step 5 调整重力的"强度"值，发现粒子系统会随着重力"强度"值的增加而发生变化，如图 8-21 所示。

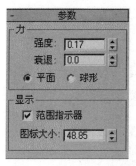

图 8-21　【参数】卷展栏

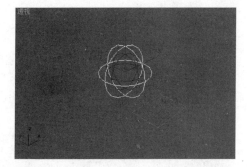

图 8-22　调整重力"强度"值影响粒子系统

4. 体积雾

【体积雾】命令能够产生三维的空间云团，制作出真实的云雾效果，在建筑动画特效制作中较常用。

"体积雾"在三维空间中以真实的体积存在，不仅可以飘动，还可以穿过场景。"体积雾"有两种使用方法，一种是直接作用于整个场景，但要求场景内必须有物体存在，另一种是作用于大气装置线框物体，在线框物体限制的区域内产生云团，这是一种更易控制的方法。下面制作作用于整个场景的体积雾效果。

Step 1　在透视图中创建球体、茶壶、立方体等任意对象，以备进行渲染观看。

Step 2　在菜单栏中执行【渲染】/【环境和效果】命令，弹出【环境和效果】对话框。

Step 3　进入"环境"选项卡，展开【大气】卷展栏，单击 添加... 按钮，在弹出【添加大气效果】对话框，选择【体积雾】选项，如图 8-23 所示。

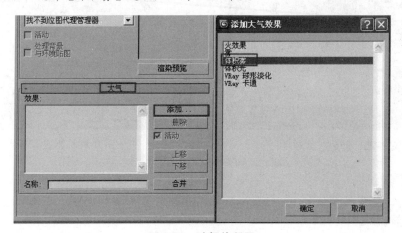

图 8-23　选择体积雾

Step 4　单击 确定 按钮确认，选择添加的体积雾，展开【体积雾参数】卷展栏，设置相关参数，如图 8-23 所示。

Step 5　激活透视图进行渲染，查看效果，如图 8-24 所示。

需要说明的是，如果场景中没有物体，渲染时将会显示为灰色效果，只有当场景中有物体存在时，才可以看到体积雾效果。

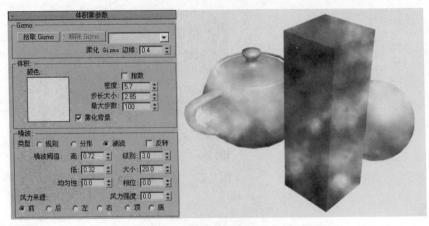

图 8-24　体积雾的参数设置及渲染效果

下面制作作用于大气装置线框物体的体积雾效果。

Step 1　继续上面的操作。单击【创建】面板中的 "辅助对象" 按钮，在其下拉列表中选择 "大气装置" 选项，然后激活 长方体 Gizmo 按钮，在顶视图的场景对象右边创建一个线框物体，如图 8-25 所示。

Step 2　打开【环境和效果】对话框，展开【体积雾参数】卷展栏，激活 拾取 Gizmo 按钮，在顶视图中单击，创建长方体线框对象。

Step 3　再次对场景进行渲染，发现此时体积雾仅发生在线框物体内部，如图 8-26 所示。

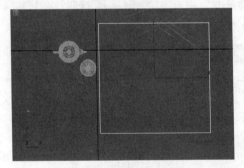

图 8-25　创建线框对象

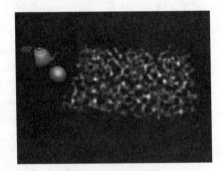

图 8-26　体积雾效果

8.2 实践应用

前面主要学习了有关动画的一些基础知识和制作建筑动画常用的一些命令，这一节将应用所学知识，制作景观动画 "喷泉" 和 "商住小区动画漫游" 两个工程案例。

8.2.1　任务（一）——制作景观喷泉动画

喷泉属于建筑设计中的水景景观部分。在建筑动画制作中，喷泉动画是必不可少的。这一节学习制作一个喷泉动画，为后面制作住宅小区漫游动画准备素材。

任务要求

本工程项目是制作一个水景喷泉动画，喷泉为圆形，主要由一个半径约为 2 米的圆形水池、水池中心的主喷头和水池一边的多个辅助喷头形成一个喷射高度约为 4 米的半球形水帘的水景效果。除此之外，在圆形水池外，辅助喷头的另一边设置用于观景的半圆形回廊和玻璃雨棚，使其与半圆形水帘相呼应，形成一个完整的圆形水景景观，其他并无特殊要求。该水景最终将设置在住宅小区的广场中心，是小区的主要景观之一。

任务分析

通过对该项目的分析，工作主要分为制作圆形水池、制作半圆形观景回廊和制作玻璃雨棚，最后在水池的中心和周围制作喷泉动画效果，最终完成喷泉动画的制作。圆形水池、半圆形观景回廊和玻璃雨棚等模型的制作比较简单，在此将调用现有的模型，而喷泉的制作将使用超级粒子结合空间扭曲的各项功能，如重力和导向板等，制作出比较逼真的喷泉效果。

完成任务

通过上面一系列的准备工作，下面就开始制作喷泉动画，具体操作过程如下：

Step 1 打开"场景文件"目录下的"喷泉-水池.max"文件，该文件中包括圆形水池、半圆形回廊等模型。

Step 2 打开【时间配置】对话框，设置动画"开始时间"为 0、"结束时间"为 1200，然后关闭【时间配置】对话框。

Step 3 单击创建【命令】面板中的 ⊙ "几何体"按钮，在其下拉列表中选择"粒子系统"选项，然后在【对象类型】卷展栏下激活 超级喷射 按钮，在顶视图中拖曳光标，创建一个超级粒子。

Step 4 选择创建的超级粒子对象，进入【修改】面板，在【基本参数】卷展栏下调整各参数，如图 8-27 所示。

Step 5 展开【粒子生成】卷展栏，各参数设置如图 8-28 所示。

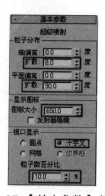

图 8-27 【基本参数】卷展栏

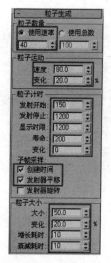

图 8-28 【粒子生成】卷展栏

Step 6 在【旋转和碰撞】卷展栏下设置"自旋时间"为25，在【气泡运动】卷展栏下设置"周期"为80000，其他参数默认。

Step 7 拖动时间滑块，观看粒子的喷射效果，如图 8-29 所示。

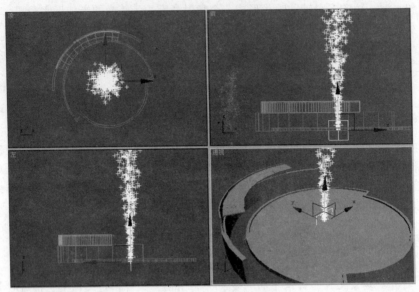

图 8-29 粒子的喷射效果

由以上效果可以看出，粒子只是垂直向上喷射，并没有形成像喷泉那样喷射到一定高度再自由下落的效果。下面再创建一个重力，将其作用于粒子系统，使粒子产生喷射到一定高度再下落的效果。

Step 8 进入 "空间扭曲"创建【命令】面板，在其下拉列表中选择"力"选项，在【对象类型】卷展栏下激活 重力 按钮，在顶视图中的超级粒子上创建一个重力的空间扭曲对象，然后在前视图中将其沿 y 轴向上移动到超级粒子的上方，如图 8-30 所示。

Step 9 选择创建的重力对象，进入其【修改】面板，展开其【参数】卷展栏，设置重力的各参数，如图 8-31 所示。

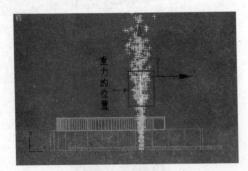

图 8-30 创建重力

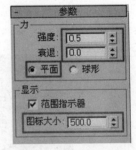

图 8-31 调整重力参数

Step 10 在视图中选择创建的超级粒子，激活主工具栏中的 "绑定到空间扭曲"按钮，将其绑定到创建的重力上，使其受重力的影响。

Step 11 此时再次拖动时间滑块观看粒子运动的形态，发现粒子喷射到一定高度后受重力的作

用向下做自由落体运动，如图8-32所示。

至此，喷泉的主喷头效果设置完毕，下面继续创建周围的其他喷头效果。

Step 12 继续在顶视图中创建一个超级粒子，在【基本参数】和【粒子生成】卷展栏下设置各参数，如图8-33所示。

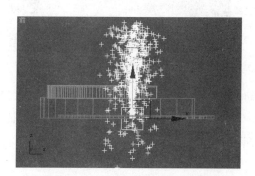

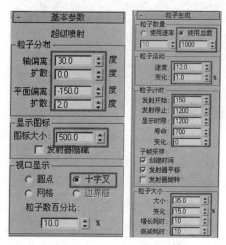

图8-32 重力作用下的粒子喷射效果 　　　图8-33 设置超级粒子参数

Step 13 在【旋转和碰撞】卷展栏下设置"自旋时间"为25，在【气泡运动】卷展栏下设置"周期"为80000，其他参数默认。

Step 14 拖动时间滑块查看粒子的喷射效果，发现该粒子倾斜向水池中心喷射，如图8-34所示。

Step 15 在顶视图中将该粒子系统移动到水池的右边，然后在顶视图中创建一个重力，在【参数】卷展栏下设置重力的"强度"为0.02、"图标尺寸"为500，调整成图8-35所示的样子。

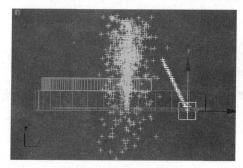

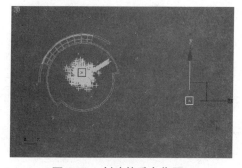

图8-34 粒子喷射效果 　　　图8-35 创建的重力位置

Step 16 在视图中选择创建的超级粒子，激活主工具栏中的 "绑定到空间扭曲"按钮，将其绑定到创建的重力上。

Step 17 在顶视图中将创建的粒子沿水池周围以"实例"方式旋转克隆9个，其结果如图8-36所示。

Step 18 在视图中选择所有的粒子造型并右击，在弹出的快捷菜单中执行"对象属性"命令。

Step 19 弹出【对象属性】对话框，在"运动模糊"组中下勾选"图像"选项，并将"倍增"

设置为 6，然后关闭该对话框。

Step 20 再次拖动时间滑块查看粒子的喷射效果，结果如图 8-37 所示。

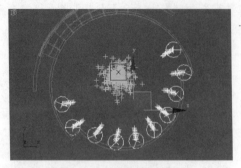

图 8-36　复制粒子系统

图 8-37　查看粒子喷射效果

　　最后为喷泉和粒子系统制作材质。材质制作比较简单，读者可以应用前面所学知识自己制作材质，也可以解压"第 8 章线架"目录下的"喷泉"压缩包，然后打开"喷泉.max"文件查看。材质制作完成后，可以拖动时间滑块或将场景渲染为".avi"格式的动画文件观看喷泉效果。

Step 21 将喷泉场景另存为"喷泉.max"文件，以备下面调用。

 归纳总结

　　这一节主要学习了建筑动画漫游中景观动画——"喷泉动画"的制作。景观动画在建筑漫游动画中很重要，它不但可以烘托场景，还能为场景增添活力，丰富场景的内涵。景观动画有很多，除了喷泉动画之外，还有行走的人物、随风飘落的树叶和花瓣、飞舞的蝴蝶等。制作这些动画效果有一定的难度，有时还必须借助一些动画插件才能实现。由于篇幅所限，在此我们不能对其他景观动画的制作进行一一讲解，不过所有动画的效果都有类似的地方。只要掌握了动画制作的基本知识和流程，通过不懈的努力就能掌握其他动画的制作方法。

8.2.2　任务（二）——制作住宅小区漫游动画

　　建筑动画以它新颖、生动、全方位的表现方式，将建筑表现从单一的静态渲染转向动态地、全方位地表现，将建筑表现推动到了一个崭新的阶段，逐步成为展现建筑效果的重要手段。这一节就来制作某住宅小区漫游动画。

 任务要求

　　本工程项目是一个大型住宅小区，总占地面积约 3 万平方米，包括多栋住宅楼、广场、道路、绿化，以及休闲娱乐设施等。项目要求通过摄像机漫游全面展现住宅小区的整体布局和规划。

 任务分析

　　对于一个大型建筑场景来说，要想完全展现其建筑场景全貌，一般都必须通过设置多个摄像机，并制作多个分镜头动画分别渲染，最后再将多个分镜头动画进行合成来实现，否则很难完整地展现整

个小区的全貌。通过对该项目的分析，该小区大概需要设置至少 3 个分镜头才能完整展现小区的全貌。首先设置一个摄像机，从小区上空由上向下漫游，对整个小区做一个全貌浏览，然后在小区的其他位置设置 2 个摄像机，分别对小区的其他区域进行细节浏览，最后将 3 各分镜头进行合成，以实现完全展现小区全貌的目的。

 完成任务

通过上面一系列的准备工作，下面就开始制作住宅小区漫游动画。在制作建筑漫游动画时，为了便于调整摄像机，一般情况下，在将场景制作完成后就设置摄像机并为其设置动画浏览，然后再根据摄像机经过的路径所能观察到的范围制作场景中的树木、建筑和背景等。这样做的好处是，便于对摄像机的调整，避免摄像机出现盲区。

下面首先来为场景设置摄像机，并设置动画浏览，以便在绿化场景和合并建筑时根据摄像机运动的路径进行布置。

1．为场景设置摄像机并设置动画浏览

Step 1　打开"场景文件"目录下的"动画-场景 01.max"文件，并将其另存为"动画场景.max"文件，如图 8-38 所示。

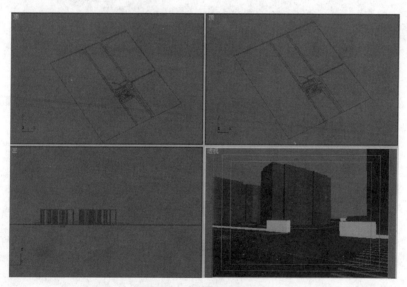

图 8-38　打开的场景文件

下面来创建图层。将动画模型分类放置在不同的图层中，便于动画场景的管理。关于图层知识，请参阅第 2 章中的相关知识。

Step 2　单击主工具栏中的 　"层管理器"按钮，弹出【层】对话框，依次建立"行道树"、"树 2"、"地形"、"环境周围块"、"建筑"、"建筑块"、"喷泉"、"相机"和"灯光"图层，如图 8-39 所示。

Step 3　在视图中选择地形造型，在【层】对话框中选择"地形"图层，单击 按钮，将其添加到选择的图层中，选择建筑模块造型，将其添加到"建筑块"图层中。

下面来创建摄像机，并为其指定运动路径设置动画。

Step 4　在动画控制区中单击 　按钮，弹出【时间控制】对话框，设置"结束时间"为 1200。

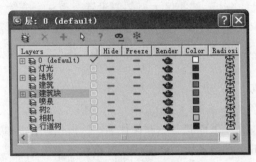

图 8-39 新建层

Step 5 在顶视图中创建"镜头"值为 35 的目标摄像机,在前视图中调整位置,如图 8-40 所示。

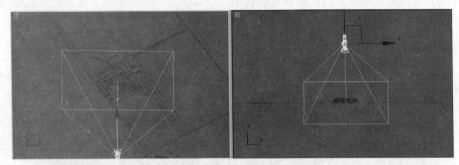

图 8-40 创建的摄像机位置

Step 6 在顶视图中绘制一条 NURBS 曲线,在其他视图中对其进行调整,该 NURBS 曲线将作为摄像机视点运动的路径,位置如图 8-41 所示。

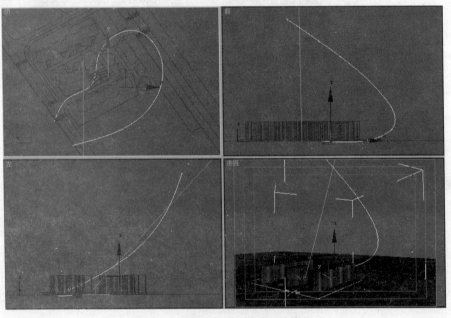

图 8-41 绘制的 NURBS 曲线位置

Step 7 在视图中选择摄像机的投影点，在  【命令】面板中展开【指定控制器】卷展栏，激活"位置：位置 XYZ"选项，单击 ? 按钮，弹出【指定位置控制器】对话框，双击"路径约束"选项。

Step 8 在【路径参数】卷展栏下激活 添加路径 按钮，在视图中拾取绘制的曲线作为摄像机视点运动的路径。

Step 9 此时拖动时间滑块，摄像机即可在路径上运动。

Step 10 展开【路径参数】卷展栏，在"路径选项"组中设置其他参数，如图 8-42 所示。

Step 11 在视图中选择摄像机的投影点，并将其右击，在弹出的快捷菜单中执行"曲线编辑器"命令，弹出【轨迹视图：曲线编辑器】对话框，在左侧项目窗口中选择 Camera01 下的"百分比"选项，如图 8-43 所示。

Step 12 在"百分百"选项上右击，在弹出的快捷菜单中执行"指定控制器"命令，弹出【指定浮动控制器】对话框，选择"Bezier 浮点"选项，如图 8-44 所示。

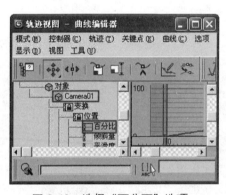

图 8-42 设置路径参数　　　图 8-43 选择"百分百"选项　　　图 8-44 选择"Bezier 浮点"选项

Step 13 单击"确认"按钮，然后在【轨迹视图：曲线编辑器】对话框的曲线编辑窗口中调整曲线第 0 帧和第 1200 帧关键点的形态，如图 8-45 所示。

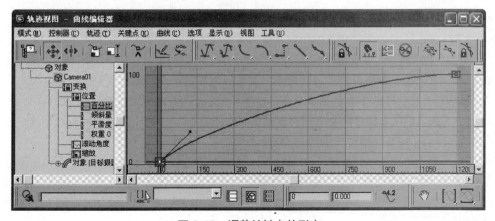

图 8-45 调整关键点的形态

Step 14 在【轨迹视图：曲线编辑器】对话框左侧项目窗口中的 Camera01 下选择 "滚动角度" 选项，然后激活工具栏中的 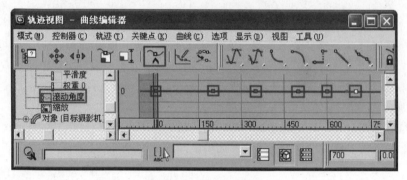 "添加关键点" 按钮，分别在右侧编辑窗口中的 0 帧、200 帧、350 帧、500 帧、600 帧和 700 帧处单击，添加关键点，如图 8-46 所示。

图 8-46　添加关键点

Step 15 激活工具栏中的 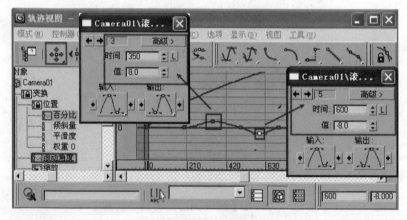 "选择" 按钮，分别选择第 350 帧和第 600 帧的关键点并右击，在弹出的对话框中调整其参数，如图 8-47 所示。

图 8-47　调整关键点参数

Step 16 将时间滑块拖动到 1200 帧的位置，激活 自动关键点 按钮，打开动画记录。

Step 17 在视图中选择目标摄像机，在修改【命令】面板展开【参数】卷展栏，调整摄像机的 "镜头" 值为 28，然后单击 自动关键点 按钮，关闭动画记录。

Step 18 在视图中选择摄像机的投影点，在【轨迹视图：曲线编辑器】对话框左侧的项目窗口中单击 Camera01 下的 "对象（目标摄像机）" 选项，然后选择其下的 "视野" 选项。

Step 19 在 "视野" 相对应的右侧曲线编辑窗口中的 900 帧处添加一个关键点，然后在下方的输入框中输入相关参数，使摄像机镜头从 900 帧开始变化，如图 8-48 所示。

Step 20 在视图中选择摄像机和运动路径，然后打开【层】对话框，选择 "相机" 图层，单击 ⊕ 按钮，将其添加到选择的图层中，并将其隐藏。

Step 21 激活透视图，按 C 键将其转换为摄像机视图，然后单击 ▶ "播放动画" 按钮播放动画查看效果。

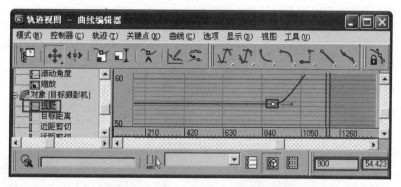

图 8-48 添加的关键点并设置参数

至此，为场景设置摄像机并设置动画浏览的操作就完成了。需要说明的是，在播放动画时，如果发现摄像机的运动路径不合理，可以显示出被隐藏的路径曲线进行调整，直到满意为止。

2. 绿化场景

绿化是动画场景中重要的组成部分。普通的效果图，绿化植物都是在后期中使用 Photoshop 软件添加的。而在动画场景中，就需要将植物作为模型来创建，并且直接在摄像机中渲染出来。

本节将使用透空材质来制作植物模型，通过对透空材质参数的调整实现真实树木和树木阴影的效果。这种方法最大的好处是能够节省大量的面片，即使制作一片森林，也不会占用太多的系统资源。

下面首先来制作行道树。

Step 1 在前视图中创建"长度"为5000、"宽度"为4500、"长度段数"和"宽度段数"为1的平面对象，将其命名为"行道树01"。

Step 2 在顶视图中利用 ⟳ 工具将创建的平面旋转一定的角度，并将其移动到图 8-49 所示的位置。

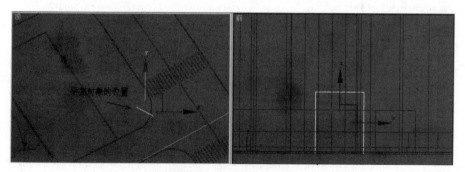

图 8-49 创建的平面对象

Step 3 使用"旋转克隆对象"的方法，在顶视图中将"行道树01"以"实例"方式沿 z 轴旋转 90° 并克隆为"行道树02"，如图 8-50 所示。

Step 4 选择刚创建的两个平面并右击，在弹出的快捷菜单中执行"对象属性"命令。

Step 5 弹出【对象属性】对话框，取消勾选"渲染控制"组中的"接受阴影"和"投射阴影"选项，使创建的平面既不投射阴影，也不接受阴影。

提示：树木是用面片加透空贴图的方法制作的。如果计算阴影，就会在自身面片上产生投影，造成不真实的效果，同时也浪费运算的时间。

下面再制作一个面片物体，用来模拟树木的阴影。

Step 6 在顶视图中将"行道树 01"以"复制"的方式复制一个，命名为"行道树阴影 01"。

Step 7 在顶视图中使用 ⟳ 工具对"行道树阴影 01"进行旋转，然后在前视图中使用 ✛ 工具将其调整到地形的上方，如图 8-51 所示。

图 4-50 旋转克隆对象

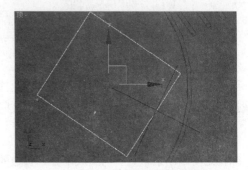

图 8-51 行道树阴影 01 的形态

提示：阴影平面的方向要根据最终设置灯光时主光源的方向确定。因此，制作时一定要确认最后主光投影的方向，然后再制作阴影。

Step 8 选择"行道树阴影 01"，打开【对象属性】对话框，在"渲染控制"组中将"可见"设置为 0.5，使物体透明，然后取消勾选"接受阴影"和"投射阴影"选项，使创建的平面既不投射阴影，也不接受阴影。

Step 9 在视图中选择"行道树 01"和"行道树 02"，打开【材质编辑器】对话框，选择一个空白的示例窗，命名为"树 01"。

Step 10 在【明暗器基本参数】卷展栏下勾选"双面"选项，在【Blinn 基本参数】卷展栏下为"漫反射"指定"贴图"目录下的"001.jpg"贴图文件。

Step 11 展开【贴图】卷展栏，调整"自发光"贴图通道的值为 60，并为其指定"贴图"目录下的"001a.jpg"贴图文件，然后将"自发光"贴图通道上的贴图以"实例"方式克隆到"不透明度"贴图通道上，如图 8-52 所示。

Step 12 将上面调配好的材质指定给视图中的"行道树 01"和"行道树 02"对象，然后选择"行道树阴影 01"对象，重新选择一个空白的示例窗，命名为"树 01 阴影"。

Step 13 在【明暗器基本参数】卷展栏下勾选"双面"选项，在【Blinn 基本参数】卷展栏下将"漫反射"和"环境光"设置为黑色（R: 0、G: 0、B: 0），为"不透明度"贴图通道指定"贴图"目录下的"001a.jpg"贴图文件。

Step 14 将上面调配好的材质指定给场景中的"行道树阴影 01"对象，在透视图中观察效果，结果如图 8-53 所示。

提示：制作单棵树木阴影的时候，一定要将模拟阴影的面片移动到地面的上方，以保证能够渲染出树木的阴影。

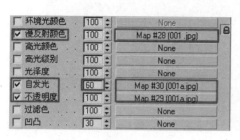

图 8-52　设置贴图文件

图 8-53　制作的树及其阴影效果

Step 15　在视图中将"行道树 01"、"行道树 02"及其"行道树阴影 01"同时选择，并对其进行成组，组名为"树 01"。

Step 16　在顶视图中选择"树 01"造型，将其沿主路的两侧错落有致地复制出多棵，位置如图 8-54 所示。

Step 17　调整透视图并快速渲染，查看效果，结果如图 8-55 所示。

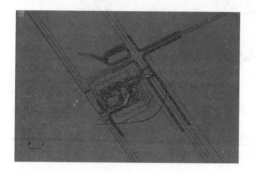

图 8-54　复制"树 01"的效果

图 8-55　渲染透视图的效果

> 提示：在复制树时，可以在摄像机经过的路段制作，摄像机不经过的路段可以不复制，这样可以减少场景面数，有利于最后的渲染输出。

Step 18　在视图中选择所有的行道树造型，打开【层】对话框，选择"行道树"图层，单击 ➕ 按钮，将其添加到选择的图层中。

Step 19　在【层】对话框中"行道树"右侧单击"隐藏"下的灰色方框，使其呈 👀 状态，将此图层上的造型隐藏。

下面来制作小区内部的椰子树，其模型的属性设置参见前面的"行道树"模型。

Step 20　在前视图中创建"长度"为 5500、"宽度"为 1800、"长度段数"和"宽度段数"为 1 的平面，将其命名为"椰子树"，并在视图中利用 ↻ 工具将其旋转，位置如图 8-56 所示。

Step 21　使用"旋转克隆对象"的方法，在顶视图中将"椰子树"对象沿 z 轴以"实例"的方式旋转 90° 并克隆为"椰子树 01"，如图 8-57 所示。

Step 22　继续在顶视图中创建"长度"为 4000、"宽度"为 1700、"长度段数"和"宽度段数"为 1 的平面，将其命名为"椰子树阴影"，并利用 ↻ 工具对其进行旋转，形态及位置如图 8-58 所示。

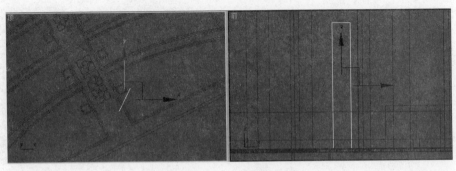

图 8-56　创建的平面位置

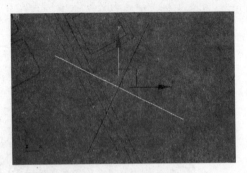

图 8-57　旋转克隆模型

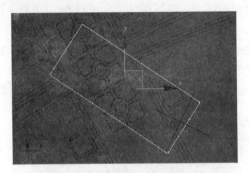

图 8-58　创建椰子树阴影躯体

Step 23　在视图中选择名为"椰子树"和"椰子树01"的2个平面造型，打开【材质编辑器】对话框，重新选择一个空白的示例球，命名为"树02"。

Step 24　在【明暗器基本参数】卷展栏下勾选"双面"选项，在【Blinn 基本参数】卷展栏下为"漫反射"指定"贴图"目录下的"002.jpg"贴图文件。

Step 25　展开【贴图】卷展栏，将"自发光"贴图通道的值设置为20，并为其指定"贴图"目录下的"002a.jpg"贴图文件，然后将"自发光"贴图通道中的贴图"实例"方式克隆到"不透明度"贴图通道，如图 8-59 所示。

Step 26　将调配好的材质指定给视图中选择的造型，然后在视图中选择名为"椰子树阴影"的平面造型，在【材质编辑器】对话框中重新选择一个空白的示例球，命名为"树02阴影"。

Step 27　在【名暗器基本参数】卷展栏下勾选"双面"选项，然后展开【贴图】卷展栏，为"不透明度"贴图通道指定"贴图"目录下的"002a.jpg"贴图文件。

Step 28　将上面调配好的材质赋给视图中选择的"椰子树阴影"造型，快速渲染透视图，结果如图 8-60 所示。

Step 29　在视图中将椰子树的3个平面造型同时选择，将其成组为"椰子树"。

Step 30　在顶视图中将"椰子树"造型以"实例"方式复制出13组，放置在广场中的树坑里，位置如图 8-61 所示。

Step 31　调整透视图后快速渲染查看效果，效果如图 8-62 所示。

图 8-59　设置贴图文件

图 8-60　渲染后的椰子树效果

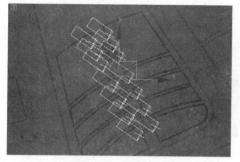

图 8-61　克隆椰子树

图 8-62　渲染后的椰子树效果

Step 32　在视图中选择所有的椰子树造型，打开【层】对话框，选择"树 02"图层，单击 ⊞ 按钮，将其添加到选择的图层中，并将其隐藏。

3．整合场景

建筑动画场景中使用的建筑模型要求必须是 360°建模，确保摄像机在环绕浏览的时候不会出现漏洞，而且模型的面片数量要控制在最低，保证场景整合后机器能够运行。建筑模型尽量不要使用太大的贴图制作材质。总之就是要最大限度地节省系统资源，保证最终能够以最快的速度渲染输出。

由于建筑模型的面片数量很大，如果在创建场景之初就将建筑模型整合到场景中，会大大影响制作的速度，在摄像机和绿化环境制作完成后，就可以将建筑模型合并进当前场景中了。下面开始整合其他建筑模型。

Step 1　执行【文件】/【合并】命令，将"场景文件"目录下的"环境周围块.max"文件合并到场景中，并命名为"环境周围块"，位置如图 8-63 所示。

Step 2　解压"第 8 章线架"目录下的"建筑"压缩包，然后将名为"建筑.max"文件到场景中，位置如图 8-64 所示。

　　　　提示：在合并"建筑"文件前，将场景中代替建筑的模型删除。另外，"建筑"模型已经为其指定了材质，合并时，在弹出的对话框中单击"使用合并材质"按钮，使合并的"建筑"使用自身材质，这样才不会使材质丢失。

Step 3　使用同样的方法，解压"第 8 章线架"目录下的"喷泉"压缩包，然后将"喷泉.max"文件拖曳到场景中，位置如图 8-65 所示。

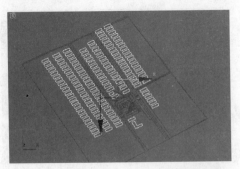

图 8-63 合并"环境周围块"

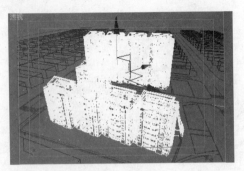

图 8-64 合并"建筑"

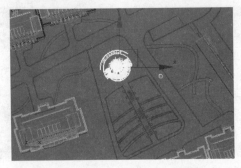

图 8-65 合并进来的"喷泉"

Step 4 打开【层】对话框，将视图中的"环境周围块"添加到"环境周围块"图层中，将"建筑"造型添加到"建筑"图层中，将"喷泉"造型添加到"喷泉"图层中。

4. 设置灯光

动画场景对灯光的要求比较高，它不像效果图的摄像机是静止的，它的摄像机是沿着指定的路径运动的，观察的角度和方位都在不断的变换。因此，建筑动画的灯光不能只着眼于单帧的灯光效果，还要兼顾到其他的角度，模拟出场景和建筑在阳光照耀下的各种光影变化。下面将使用 3ds max 自身的目标平行光来设置动画场景的灯光。

首先创建场景的主光源。

Step 1 在顶视图中创建一盏目标平行光作为主光灯。展开【常规参数】卷展栏、【加强/颜色/衰减】卷展栏和【目标平行光参数】卷展栏，参数设置如图 8-66 所示。

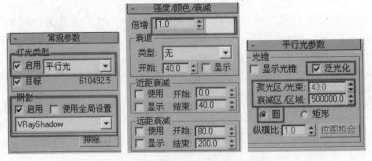

图 8-66 目标平行光的参数设置

Step 2　在【高级效果】卷展栏下将"柔化漫反射边"设置为 50，然后在【阴影参数】卷展栏和【VRay 阴影参数】卷展栏下调整阴影的各参数，如图 8-67 所示。

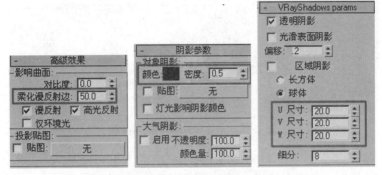

图 8-67　调整灯光阴影

Step 3　利用  工具在顶视图和前视图中调整目标平行光的位置，如图 8-68 所示。

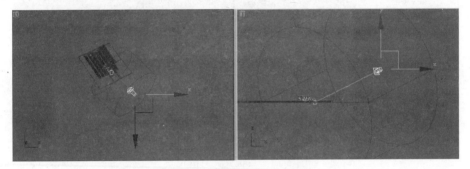

图 8-68　调整目标平行光位置

Step 4　调整透视图后单击工具栏中的 按钮，快速渲染透视图，观看设置主光灯后的渲染效果，如图 8-69 所示。

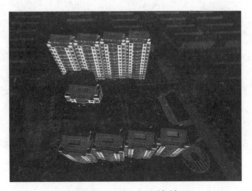

图 8-69　主灯光渲染效果

接下来创建目标聚光灯来模拟环境的漫射光线。

Step 5　在顶视图中创建一盏目标聚光灯模拟环境光。展开【常规参数】卷展栏、【加强/颜色/衰减】卷展栏和【聚光灯参数】卷展栏，参数设置如图 8-70 所示。

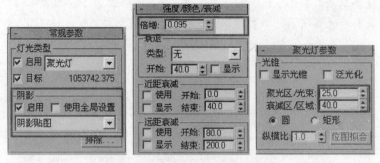

图 8-70　目标聚光灯的参数设置

Step 6　在【阴影参数】卷展栏下将阴影的"密度"设置为 0.4，在【阴影贴图参数】卷展栏下将"取样范围"设置为 50，然后利用 ⊕ 工具在前视图和顶视图中调整目标聚光灯的位置，如图 8-71 所示。

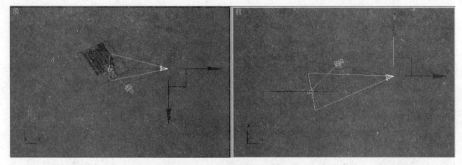

图 8-71　目标聚光灯的位置

Step 7　在顶视图中以"旋转克隆对象"的方式将创建的目标聚光灯以"实例"方式旋转克隆 7 盏，位置如图 8-72 所示。

图 8-72　复制后的目标聚光灯位置

> 提示：在复制目标聚光灯时，可以设置旋转"角度"为 45°，以目标聚光灯的目标点为旋转中心进行旋转克隆。

Step 8　继续在前视图中将创建及复制的目标聚光灯以"实例"方式沿 y 轴正方向移动复制一组，在顶视图中利用 工具对其进行缩放，形态及位置如图 8-73 所示。

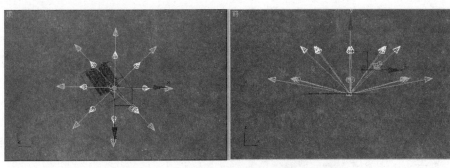

图 8-73　复制后的目标聚光灯形态及位置

Step 9　在顶视图中选择建筑背光面的灯光，如图 8-74 所示。然后在【修改】面板中单击 ![icon]"使唯一"按钮，弹出对话框，单击 否(N) 按钮，取消这些灯光与其他灯光的关联关系，但保持这组灯光之间的关联关系。

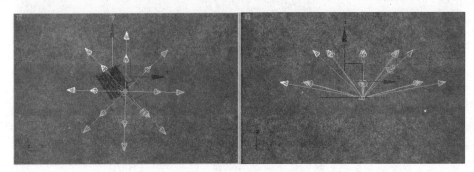

图 8-74　选择建筑背面灯光

Step 10　在修改【命令】面板中将这组灯光的"倍增"设置为 0.2，并将其右侧的色块设置为 RGB（59、74、174）。

Step 11　继续在前视图中创建一盏目标聚光灯，设置"倍增"为 0.1，灯光颜色为淡黄色 RGB（255、227、151），设置"聚光区/光束"为 40、"衰减区/区域"为 60，用于单独照亮地形，如图 8-75 所示。

Step 12　此时再次渲染透视图观看灯光效果，结果如图 8-76 所示。

图 8-75　设置目标聚光灯

图 8-76　渲染后的灯光效果

至此，场景灯光设置完毕，下面来制作天空背景和雾效果。

5. 制作天空背景和雾效果

三维场景的天空背景，可以通过直接为视图指定环境背景贴图来实现，这样做的缺陷是背景不能随摄像机的运动而变化。另一种比较实用的方法是将贴图赋予一个压扁的球体，并应用球形贴图坐标。使用的贴图最好是无缝的，这样可以保证摄像机在任何方向都可以渲染出真实的天空背景。

在本章的动画漫游中，摄像机的运动是从高空俯冲开始的，这是为了得到一个摄像机穿云夺雾向下盘旋俯冲的效果。下面就使用 3ds max 的体积雾来制作高空中翻滚的云雾。

Step 1 在顶视图中创建"半径"为 1 374 800 的球体，将其命名为"天空"，然后在前视图中利用 工具将其沿 y 轴缩小 48%，形态及位置如图 8-77 所示。

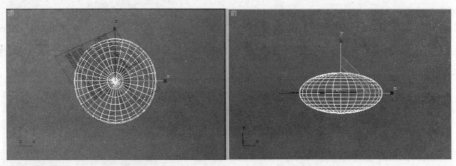

图 8-77 创建的球体形态及位置

Step 2 在修改器下拉列表中选择【法线】修改器，在【参数】卷展栏下勾选"翻转法线"选项。

Step 3 打开【材质编辑器】对话框，选择一个空白的示例球，命名为"天空"。

Step 4 在【明暗基本参数】卷展栏下勾选"双面"选项，在【Blinn 基本参数】卷展栏下为"漫反射"指定"贴图"目录下的"天空 02.jpg"贴图文件，如图 8-78 所示。

Step 5 将制作的贴图指定给创建的球体造型，然后在修改【命令】面板中为球体指定【UVW 贴图】修改器，在【参数卷展栏下勾选"球状"贴图方式，单击 操纵 下的 适配 按钮。

Step 6 在顶视图中创建一盏泛光灯，进入【修改】面板，在【常规参数】卷展栏下单击 包含... 按钮，弹出【排除/包含】对话框。

Step 7 在【排除/包含】对话框中勾选"包含"选项，然后在左边的列表中选择"天空"对象，单击 >> 按钮，将其调入右边列表中，确认后关闭该对话框，让泛光灯只照射"天空"对象。

这样，背景贴图就制作完毕了，下面来制作雾效果。

Step 8 进入 "辅助对象"【创建】面板，在其选项窗口中选择"大气装置"选项，然后激活【对象类型】卷展栏下的 球体 Gizmo 按钮。

Step 9 在顶视图中创建"半径"为 115 000 的球体线框，然后在前视图中将其沿 y 轴方向缩小到 10%，形成一个扁球形，以便使用来模拟云层的效果。

Step 10 显示隐藏的摄像机，在前视图中将创建的球体线框物体移动到摄像机的下方，如图 8-79 所示。

 提示：注意观察大气装置的位置，它应该位于比摄像机略低的位置，而摄像机基本在大气装置的边缘，这一点很重要。大气装置的中心云雾过密，摄像机在运动过程中容易产生云雾翻滚过速的情况。

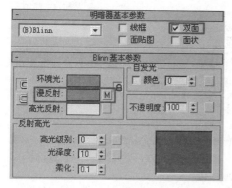

图 8-78 设置贴图文件

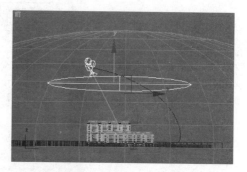

图 8-79 创建的球体线框位置

Step 11 选择创建的球体线框对象，在修改【命令】面板中展开【大气和效果】卷展栏，单击 添加 按钮，弹出【添加大气】对话框，选择"体积雾"选项，如图 8-80 所示。

Step 12 单击 确定 按钮添加大气，然后单击 设置 按钮，弹出【环境和效果】对话框，展开【大气】卷展栏，选择"体积雾"选项，如图 8-81 所示。

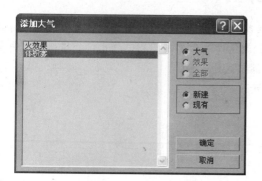

图 8-80 【添加大气】对话框

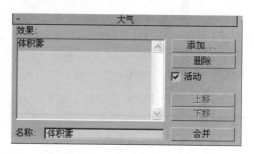

图 8-81 选择"体积雾"选项

Step 13 展开【体积雾参数】卷展栏，激活 拾取 Gizmo 按钮，在视图中单击创建的球体线框，然后设置其他参数，如图 8-82 所示。

Step 14 将时间滑块拖动 1200 帧的位置，激活 自动关键点 按钮，打开动画记录，在【体积雾参数】卷展栏下将"相位"设置为 1。

Step 15 再次单击 自动关键点 按钮，将动画记录取消。至此，雾效果制作完成。

6. 渲染输出动画文件

下面是建筑漫游动画的渲染输出阶段。3ds max 自带了多种渲染器，再加上各种外挂渲染系统，可供选择的渲染方式可谓多种多样。而就实际应用来说，3ds max 默认的线扫描渲染应该是最好的选择，因为它有最快的渲染速度，仅这一点就使它成为很多动画制作者的首选渲染设备。但由于在场景中使用了 VRay 材质，因此该动画场景将使用"V-Ray 渲染器"进行渲染。

接下来就将上面制作的建筑漫游动画渲染输出为视频文件。

Step 1 单击主工具栏中的 按钮，弹出【渲染场景】对话框，进入"公用"选项卡，展开【公用参数】卷展栏。

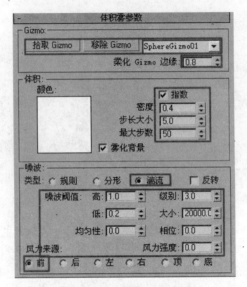

图 8-82 【体积雾参数】卷展栏

Step 2 在 "输出时间" 组中勾选 "活动时间段" 选项，在 "输出大小" 组中设置输入分辨率为 420×300，在 "渲染输出" 组中勾选 "保存文件" 选项，然后单击按钮，弹出【渲染输出文件】对话框，将文件命名为 "住宅小区动画漫游"，设置存储格式为 ".avi"。单击 保存(S) 按钮，弹出【AVI文件压缩设置】对话框，在该对话框内进行参数设置。

Step 3 单击 确定 按钮进行保存。

Step 4 展开【指定渲染器】卷展栏，选择 "V-Ray Adv1.50.SP2" 为当前渲染器。

Step 5 进入 "V-Ray" 选项卡，展开【V-Ray：图像采样器（抗锯齿）】卷展栏，在 "图像采样器" 的 "类型" 下拉列表中选择 "自适应细分" 采样器。

Step 6 在 "抗锯齿过滤器" 组中勾选 "开" 选项，然后选择 "Mitchell-Netravali" 过滤器，其他参数默认。

Step 7 设置完成后，单击 渲染 按钮进行动画渲染，渲染完成后就可以播放动画了。

动画渲染的时间一般比较长，这就需要在场景模型和材质的制作过程中进行多方面的优化，如降低模型面片精度，缩小过大的贴图等。另外，在条件允许的情况下，可以使用多台机器进行联机渲染，提高工作的效率。

 归纳总结

这一节通过制作住宅小区漫游动画，从动画基础层面为读者介绍了建筑动画的基本工作流程和基本技法，包括动画关键帧的记录、路径限制动画控制器的使用、植物模型的制作方法、动画场景灯光的创建方法、大气装置的使用和动画的最终渲染输出等。

建筑动画是一个系统工作，需要多人协同完成。在学习的初期，可以制作一些简单的场景，以便自己独立完成，而大的场景就需要一个团队协同分工合作了。读者在学习建筑动画的时候，需要着重培养自己的兴趣点，找到自己最拿手的部分，使它成为自己的一项专长。

▌8.3▌ 习题

8.3.1　单选题

01. 动画电影格式中，每秒为（　　）。

　　A．24 帧　　　　　　B．30 帧　　　　　　C．25 帧　　　　　　D．32 帧

02. 在下面的格式中，可用于存储 3ds max 动画输出文件的是（　　）。

　　A．AVI 格式　　　　B．TIF 格式　　　　C．JPG 格式　　　　D．MAX 格式

03. 在系统默认情况下，动画时间的显示格式为（　　）。

　　A．秒　　　　　　　B．分　　　　　　　C．帧　　　　　　　D．小时

04. 设置动画时间时，需要单击动画控制区中的（　　）按钮。

　　A．　　　　　　　　B．　　　　　　　　C．　　　　　　　　D．

8.3.2　多选题

01. 可用于充当动画摄像机路径的是（　　）。

　　A．样条线。　　　　B．NURBS 曲线　　C．圆柱体　　　　　D．矩形

02. 控制器是处理所有动画参数的存储和插值的插件，默认控制器包括（　　）。

　　A．位置 XYZ　　　　B．关键帧　　　　　C．Bezier 缩放　　　D．Euler XYZ

8.3.3　操作题

运用所学知识，重新对上一节中的住宅小区设置动画浏览，并渲染输出浏览动画。

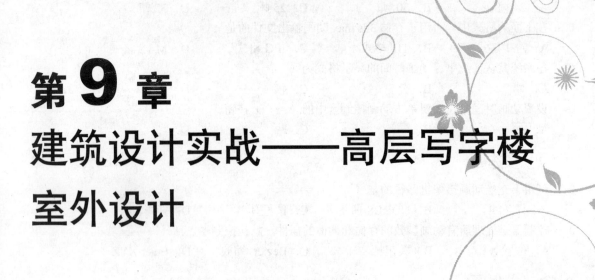

第9章
建筑设计实战——高层写字楼室外设计

在一座城市里，高层建筑象征着这个城市的繁荣和昌盛，同时也标志着社会的文明和进步。特别是在近年来，随着社会经济的迅猛发展，人们审美观念的提高和对建筑多样化的期望，高层建筑如雨后春笋般出现在各大城市中。它们或新颖别致、或雄伟挺拔、或隽秀闲静，以一种崭新的面貌，满足着人们的审美要求，记录着城市的发展和进步。

这一章将以图 9-1 所示的高层写字楼室外设计为案例，系统学习高层建筑室外设计的方法和技巧，帮助读者正确掌握高层建筑室外设计图的制作方法。

图 9-1　高层写字楼室外设计

9.1 制作高层写字楼建筑模型

与其他建筑物相比，高层建筑因为有较大的体量和较为复杂的结构形式，所以在制作模型时会有一定的难度。初学者面对这样一个高层建筑，可能会感到无从下手。其实，任何建筑物，特别是高层建筑物，在外形上都有很多重复的元素，否则在外观上就无法达到和谐统一。在制作这些建筑模型的时候要善于发现这些重复的元素，并把它们一一拆分开来并重复利用，把复杂的模型简单化，这样制作起来就容易多了。

在本章制作的高层建筑模型中，可以将模型分为标准层、建筑顶部造型和其余装饰构件等几个部分来分别制作。

9.1.1　制作标准层墙体模型

这一节首先来制作最主要的标准层部分。在已经分离的标准层模型里存在着重复的元素，这时可以只制作建筑正面的一半，然后镜像复制出另一半即可。一般情况下，建筑的侧立面都比较简单，不会有过于精彩、能够形成标志性的构件，这样能够很好地突出建筑的正立面，形成主次分明的视觉效果。在制作侧面墙体模型时，要注意处理好与正面墙体的接缝，以免影响模型的整体效果。

下面开始制作标准层模型。

Step 1 启动 3ds max 2009 程序，同时将系统单位设置为"毫米"。

Step 2 使用【导入】命令打开"CAD"目录下的"高层标准层.dxf"文件。

Step 3 弹出【AutoCAD DWG/DXF 导入选项】对话框，勾选"几何体选项"组下的"焊接附近顶点"选项。

> 提示：CAD 创建的文件属于矢量图，每一条线使用一个独立的线段。在将 CAD 文件导入到 3ds max 中时，勾选"焊接附近顶点"选项，可是使导入的 CAD 图形文件相邻的顶点进行自动焊接，使其成为一个闭合的二维图形，这样，我们就可以直接使用该图形创建三维模型。

Step 4 在命名窗口中将导入的高层标准层造型命名为"标准层墙体"，其在顶视图中的形态如图 9-2 所示。

Step 5 进入"线段"层级，选择图 9-3 所示的线段，在【几何体】卷展栏下单击 分离 按钮，弹出【分离】对话框，将其命名为"图形 01"，确认后将其分离。

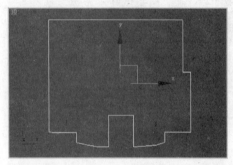

图 9-2 导入的"标准层楼板"形态

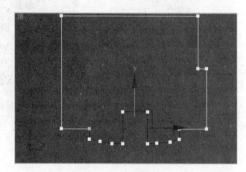

图 9-3 分离线段

Step 6 打开"捕捉开关"，设置"垂足"和"顶点"捕捉模式，如图 9-4 所示。然后进入"标准层楼板"图形的"顶点"层级，在【几何体】卷展栏下激活 创建线 按钮，如图 9-5 所示。

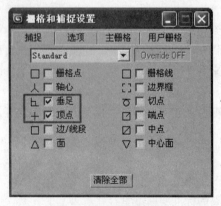

图 9-4 设置捕捉模式

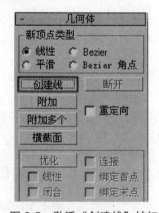

图 9-5 激活"创建线"按钮

Step 7 捕捉图 9-6 所示的顶点，继续捕捉图 9-7 所示的垂足，创建线对标准层楼板图形进行完善。

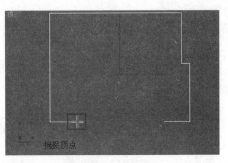

图 9-6　捕捉顶点

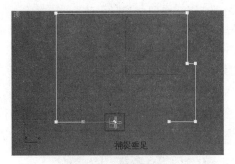

图 9-7　捕捉垂足

Step 8　使用相同的方法继续配合"顶点"和"垂足"捕捉功能，在右边创建线对标准层楼板进行完善，结果如图 9-8 所示。

Step 9　关闭捕捉开关功能，进入"顶点"层级，框选图 9-9 所示的 4 个顶点，在【几何体】卷展栏下单击 ▢焊接▢ 按钮进行焊接。

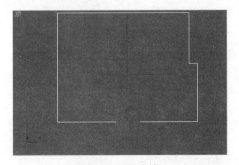

图 9-8　创建线

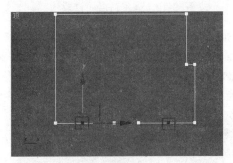

图 9-9　焊接顶点

> **提示：**"创建线"形成的线段只是原线段的一个子对象，"创建线"的顶点与原线段的顶点处于断开状态，并没有焊接在一起。因此，需要将其焊接后形成一个完整的线段，以便于后面创建三维模型。另外，虽然表面上看只有 2 个顶点，但其实每一个顶点中还重合有另一个顶点，实际上是 4 个顶点。在选择顶点时一定要使用框选的方式，而不能使用点选的方式。

Step 10　进入"线段"层级，选择图 9-10 所示的线段，展开【几何体】卷展栏，在 ▢拆分▢ 按钮旁的输入框中输入 2，然后单击 ▢拆分▢ 按钮，将选择的线段拆分，结果如图 9-11 所示。

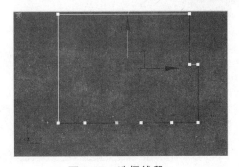

图 9-10　选择线段

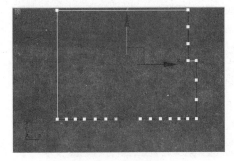

图 9-11　拆分线段

Step 11 使用相同的方法在 ▢拆分▢ 按钮旁的输入框中输入 4，将左侧的线段拆分为 5 段，然后进入"顶点"层级，分别调整各顶点，使其位于窗户的位置，以备后面编辑墙体窗户时使用，结果如图 9-12 所示。

Step 12 进入"样条线"层级，选择该样条线，展开【几何体】卷展栏，在"轮廓"按钮旁的输入框中输入–240，然后单击该按钮，为样条线设置轮廓，结果如图 9-13 所示。

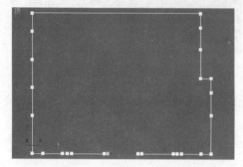

图 9-12 调整顶点的位置

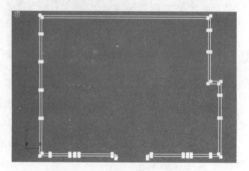

图 9-13 设置样条线轮廓

Step 13 退出"轮廓"编辑模式，在修改器列表下为该图形选择【挤出】修改器，在【参数】卷展栏下设置挤出"数量"为 3000、"分段"为 3，结果如图 9-14 所示。

Step 14 将挤出后的模型转换为多边形对象，进入多边形对象的"顶点"层级，分别框选中间的两行顶点，根据落地飘窗的高度分别向上和向下进行调整，结果如图 9-15 所示。

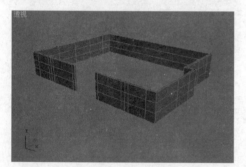

图 9-14 挤出后的结果

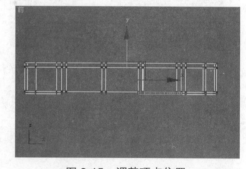

图 9-15 调整顶点位置

Step 15 进入"边"层级，在前视图中选择左右两边的窗洞线，如图 9-16 所示。然后单击【编辑边】卷展栏下的 ▢连接▢ 按钮，弹出【连接边】对话框，参数设置如图 9-17 所示。

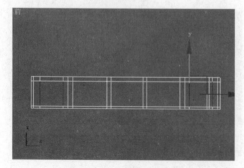

图 9-16 选择窗洞边

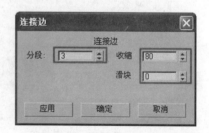

图 9-17 【连接边】对话框

Step 16　单击 确定 按钮确认，然后在前视图中分别调整连接后的线段，使其位于窗洞合适位置，结果如图 9-18 所示。

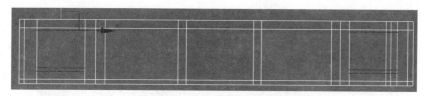

图 9-18　调整连接的线段

Step 17　选择图 9-19 所示的水平边，打开【编辑边】对话框，设置"分段"为 2、"收缩"为 85，然后确认，结果如图 9-20 所示。

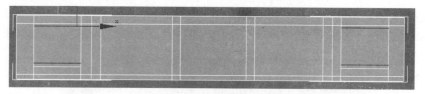

图 9-19　选择边

图 9-20　连接效果

Step 18　进入"多边形"层级，选择图 9-21 所示的多边形面，单击【编辑多边形】卷展栏下的 挤出 按钮，弹出【挤出多边形】对话框，设置"挤出高度"为–240，然后确认，结果如图 9-22 所示。

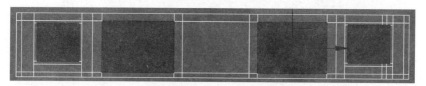

图 9-21　选择多边形面

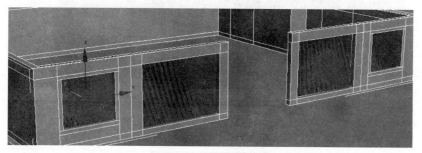

图 9-22　挤出后的效果

Step 19 确认该多边形面被选择后，按 Delete 键将其删除，然后删除透视图中该位置背面的多边形面，以制作出窗洞效果，如图 9-23 所示。

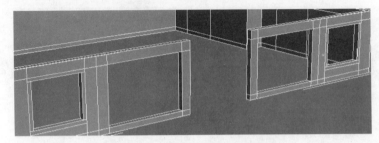

图 9-23 删除多边形面后的结果

Step 20 选择图 9-24 所示的左右两边窗洞位置的多边形面，单击 挤出 按钮，弹出【挤出多边形】对话框，设置"挤出高度"为 800，确认后挤出窗台和窗沿，结果如图 9-25 所示。

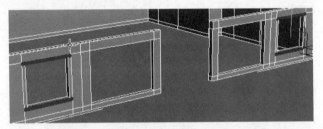

图 9-24 选择窗台和窗沿所在的多边形面

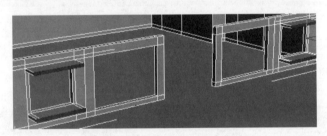

图 9-25 挤出的窗台和窗沿效果

Step 21 使用相同的方法制作出标准层墙体左右两边的窗洞，结果如图 9-26 所示。

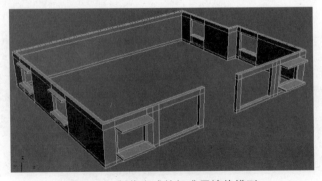

图 9-26 制作完成的标准层墙体模型

提示：按照设计图纸，标准层的后墙体上也应该有窗户，但是在一般情况下，建筑设计中只表现建筑物的正面和侧面效果，因此可以不用考虑后墙体上的窗户，这样可以减少模型的面数，有利于场景的最后渲染。

Step 22 进入"顶点"层级，激活【编辑几何体】卷展栏下的 快速切片 按钮，在前视图中捕捉图9-27所示的左侧平面窗台的上左顶点和图9-28所示的上右顶点进行快速切片。

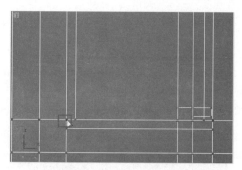

图9-27 捕捉左顶点

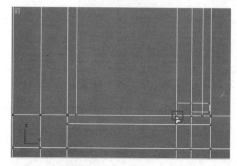

图9-28 捕捉右顶点

Step 23 使用相同的方法，继续在前视图中捕捉左侧平面窗台的下左顶点和下右顶点进行快速切片。

Step 24 进入"多边形"层级，按住Ctrl键选择切片后形成的多边形面，在【多边形：材质ID】卷展栏下设置其材质ID号为1。

Step 25 执行【编辑】/【反选】命令，选择标准层墙体其他的多边形面，设置其材质ID号为2，然后退出"多边形"层级。至此，标准层墙体制作完毕。

9.1.2 制作标准层窗户模型

标准层窗户比较复杂，主要分为弧形飘窗和平面窗，可以采用画线挤出和编辑多边形等方法来制作。

1. 制作弧形飘窗

Step 1 选择在前面操作中分离出的"图形01"对象，进入其"顶点"层级，激活【几何体】卷展栏下的 优化 按钮，在图9-29所示的位置单击，增加一个顶点。

Step 2 进入"线段"层级，选择图9-30所示的线段，依照前面的操作方法将其分离为"图形02"。

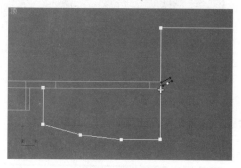

图9-29 增加顶点

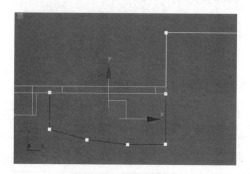

图9-30 分离线段

Step 3 选择分离出的"图形 02",将其命名为"阳台",然后将其克隆为"阳台栏杆 01"、"阳台窗户框 01"以及"阳台窗户玻璃 01"以备后用。

Step 4 将"图形 02"重命名为"阳台板 01",然后进入其"顶点"层级,激活【几何体】卷展栏上的 连接 按钮,连接顶点,使其成为一个闭合的二维图形。

Step 5 在修改器列表中为该图形添加【挤出】修改器,设置挤出"数量"为 230,结果如图 9-31 所示。

Step 6 选择克隆的"阳台栏杆 01"对象,按数字键 3 进入"样条线"层级,然后在【几何体】卷展栏下设置"轮廓"为-45。

Step 7 在修改器列表中选择【挤出】修改器,设置挤出数量为 45,然后在前视图中将其沿 y 轴以"实例"的方式向上移动并克隆 2 个,最后将其群组为"阳台栏杆",调整其位置,如图 9-32 所示。

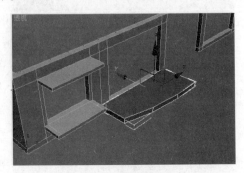

图 9-31 创建的阳台

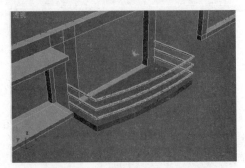

图 9-32 创建的阳台栏杆

Step 8 选择克隆的"阳台窗户框 01",进入其"线段"层级,在顶视图中选择图 9-33 所示的线段,展开【几何体】卷展栏,在 拆分 按钮旁的输入框中输入 1,然后单击 拆分 按钮,将选择的线段拆分,结果如图 9-34 所示。

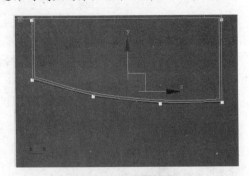

图 9-33 选择线段

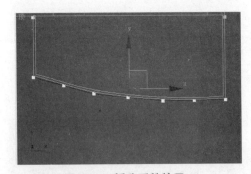

图 9-34 拆分后的效果

提示:二维图形的"连接"、"轮廓"及"拆分"等操作,请参阅第 3 章。

Step 9 退出"线段"层级,在修改器列表中选择【挤出】修改器,设置挤出"数量"为 2805.5,"分段数"为 2,结果如图 9-35 所示。

提示：在进行"挤出"前，需要将该线段中的所有顶点转换为"角点"模式，否则在下面的操作中，会出现不必要的麻烦。

Step 10　在修改器列表中选择【晶格】修改器，展开其【参数】卷展栏，参数设置如图 9-36 所示。

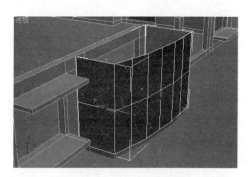

图 9-35　挤出后的结果

图 9-36　【参数】卷展栏

Step 11　将"晶格"后的图形转换为多边形对象，进入"元素"层级，在前视图中选择图 9-37 所示的元素并将其删除，然后进入"顶点"层级，选择中间的顶点，将其沿 y 轴向上移动到合适的位置，完成窗框的制作，如图 9-38 所示。

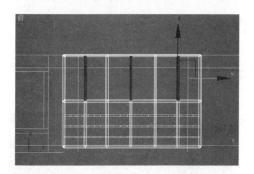

图 9-37　选择"元素"并删除

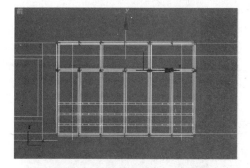

图 9-38　调整"顶点"的位置

Step 12　选择克隆的"窗户玻璃01"对象，依照前面的操作，设置其"轮廓"为20，"挤出"数量为2805.5，制作出阳台窗户玻璃，结果如图 9-39 所示。

Step 13　在前视图中选择"阳台板01"、"阳台栏杆01"、"阳台窗户框01"和"阳台窗户玻璃01"对象，使用"镜像克隆"的方法将这些对象沿 x 轴以"实例"方式镜像克隆一组，然后移动到右边位置，作为另一侧的阳台造型，结果如图 9-40 所示。

2．制作平面窗

Step 1　进入"图形"的【创建】面板，在顶视图中沿前墙两侧的窗洞位置创建二维线，将其命名为"平面窗户"，然后克隆为"平面窗玻璃"，以备后用，如图 9-41 所示。

Step 2　按数字键 2 进入"线段"层级，选择水平线段，在【几何体】卷展栏下设置"拆分"为2，将线段拆分为 3 段，如图 9-42 所示。

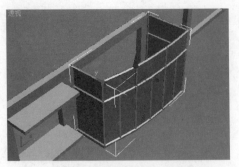

图 9-39　制作阳台窗户玻璃

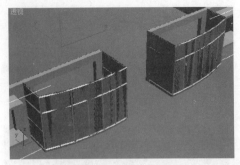

图 9-40　镜像克隆对象

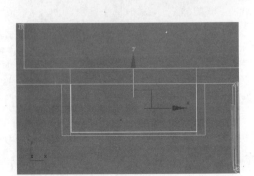

图 9-41　创建二维线

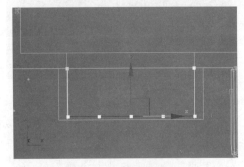

图 9-42　拆分线段

Step 3　退出"线段"层级，在修改器列表中选择【挤出】修改器，设置"数量"为 1800、"分段"为 3，如图 9-43 所示。

Step 4　继续在修改器列表中选择【晶格】修改器，其【参数】卷展栏设置如图 9-36 所示，图形结果如图 9-44 所示。

图 9-43　"挤出"效果

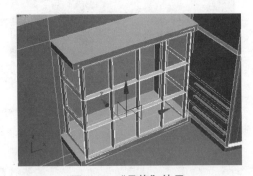

图 9-44　"晶格"效果

Step 5　将该图形转换为多边形对象，进入"元素"层级，选择图 9-45 所示的元素并将其删除。

Step 6　进入"顶点"层级，选择各顶点并进行调整，完成"平面窗户"造型的制作，结果如图 9-46 所示。

Step 7　选择克隆的"平面窗玻璃"对象，依照前面的方法设置其"轮廓"为−20，然后添加【挤出】修改器，设置"挤出"数量为 1800，结果如图 9-47 所示。

Step 8　在前视图中使用"镜像克隆"的方法，将左侧的平面窗对象沿 x 轴以"实例"方式镜像

克隆到另一侧窗户位置，结果如图 9-48 所示。

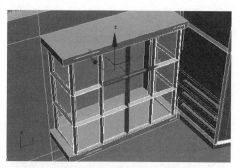

图 9-45　选择元素并删除

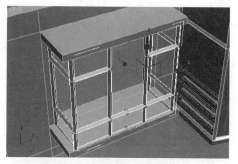

图 9-46　制作完成的"平面窗户"造型

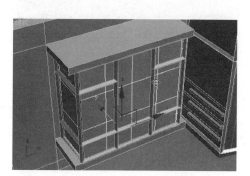

图 9-47　制作平面窗玻璃

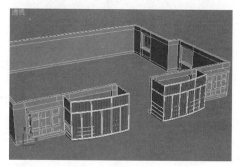

图 9-48　镜像克隆平面窗

3. 制作侧墙体窗户

Step 1　进入"图形"的【创建】面板，在左视图中沿侧墙体窗户位置创建"长度"为 1558、"宽度"为 2118、"高度"为 5 的长方体，命名为"侧窗户玻璃 01"，将其移动到侧墙窗户位置。

Step 2　在左视图中的侧墙窗户位置创建"长度"1558、"宽度"为 2118 的大矩形，并在大矩形内部创建 8 个小矩形，参数设置和布局如图 9-49 所示。

Step 3　将创建的大矩形和其内部的 8 个小矩形附加，命名为"侧窗框 01"，并对其添加【挤出】修改器，设置"数量"为 50，然后移动到侧墙体窗户洞位置，如图 9-50 所示。

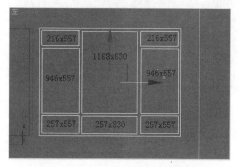

图 9-49　矩形的参数设置和布局

图 9-50　"侧窗框 01"的位置

Step 4　选择制作完成的侧窗户和玻璃对象，将其克隆到侧墙体其他窗洞位置，结果如图 9-51

所示。

Step 5 使用【导入】命令，导入 "CAD" 目录下的 "高层标准层.dxf" 文件，将其命名为 "标准层楼板"，并为其添加【挤出】修改器，设置 "数量" 为 240，结果如图 9-52 所示。

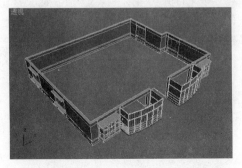

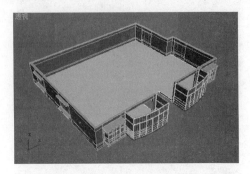

图 9-51 制作完成的侧墙窗户　　　　　　图 9-52 制作完成的标准层

9.1.3 制作高层门厅、台阶和雨棚

这一节主要制作高层的门厅、台阶和雨棚。台阶的制作比较简单，主要使用先画线后挤出的方法制作，而门厅和雨棚则采用编辑多边形的方法来制作，这样做的好处是可以使模型更紧凑、更标准。

1. 制作门厅

Step 1 隐藏除 "标准层墙体" 和 "图形 01" 之外的所有对象，选择 "图形 01" 对象，进入 "顶点" 层级，选择图 9-53 所示的顶点并将其删除。

Step 2 将右侧的顶点沿 y 轴向上移动，使其与墙体对齐，然后克隆为 "图形 02" 并隐藏。

Step 3 选择 "图形 01" 对象，进入 "线段" 层级，选择水平线段，在【几何体】卷展栏下将其拆分为 3 段，然后进入 "样条线" 层级，设置其 "轮廓" 为 240，结果如图 9-54 所示。

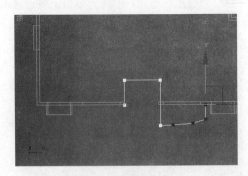

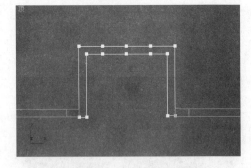

图 9-53 删除顶点　　　　　　图 9-54 拆分并设置轮廓

Step 4 在修改器列表中为其添加【挤出】修改器，设置 "数量" 为 3000、"分段" 为 4，结果如图 9-55 所示。

Step 5 将该对象转换为多边形对象，进入 "顶点" 层级，在前视图中选择中间的顶点，将其向上移动到合适位置，如图 9-56 所示。

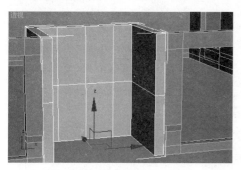

图 9-55　"挤出"效果

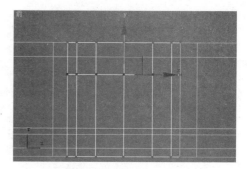

图 9-56　移动顶点位置

Step 6　进入"多边形"层级，在透视图中选择图 9-57 所示的多边形面，然后打开【插入多边形】对话框，参数设置如图 9-58 所示。

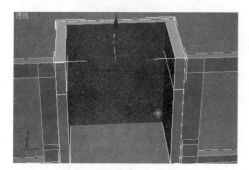

图 9-57　选择多边形面

图 9-58　设置插入参数

Step 7　单击 ▢确定▢ 按钮确认，然后打开【挤出多边形】对话框，参数设置如图 9-59 所示，单击 ▢确定▢ 按钮确认，挤出结果如图 9-60 所示。

图 9-59　设置挤出数量

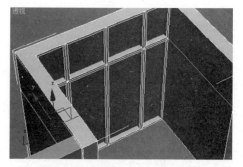

图 9-60　"挤出多边形"效果

Step 8　在左视图中创建图 9-61（左）所示的图形，为其添加【挤出】修改器，设置"数量"为 3050，制作出高层台阶，如图 9-61（右）所示。

2. 制作三层前窗

Step 1　显示隐藏的所有对象，在前视图中将除台阶之外的标准层其他模型全部选择，使用"移动克隆"的方法以"实例"方式将其沿 y 轴向上克隆为二层，如图 9-62 所示。

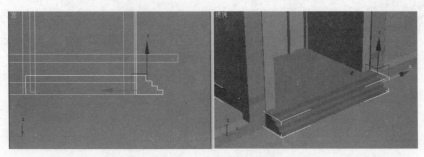

图 9-61 制作高层台阶

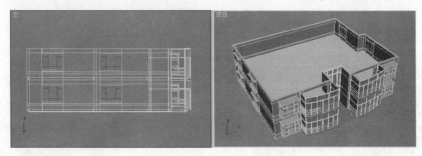

图 9-62 克隆标准二层

Step 2 继续将二层以"复制"方式克隆为三层，然后将三层门厅删除。

Step 3 在前视图中的三层门厅位置创建"长度"为 3005、"宽度"为 3060、"高度"为 240、"长度分段"和"宽度分段"均为 3 的长方体，将其命名为"三层前窗"。

Step 4 将该对象转换为多边形物体，进入"顶点"层级，在前视图中调整各顶点的位置，如图 9-63 所示。

Step 5 进入"多边形"层级，选择图 9-64 所示的多边形面，设置其材质 ID 号为 2，然后反选，设置其他多边形面的材质 ID 号为 3。

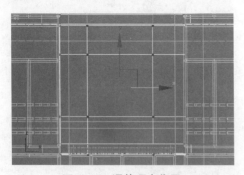

图 9-63 调整顶点位置

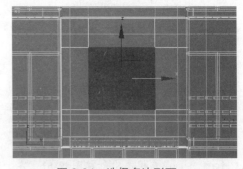

图 9-64 选择多边形面

Step 6 再次选择中间的多边形面，打开【挤出】对话框，以"按多边形"类型设置"挤出高度"为−80，然后确认。

Step 7 打开【插入多边形】对话框，以"按多边形"类型设置"插入量"为 80，确认后效果如图 9-65 所示。

Step 8　进入"边"层级，选择插入后的两条水平边，如图 9-66 所示。打开【连接边】对话框，设置"分段"为 1，然后确认。

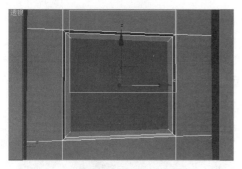

图 9-65　插入结果 1

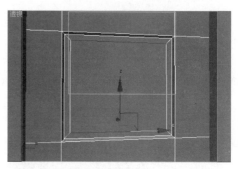

图 9-66　选择边 1

Step 9　在前视图中将连接产生的垂直边沿 x 轴负方向向左移动到合适的位置，然后按住 Ctrl 键选择图 9-67 所示的左边的垂直边。再次打开【连接边】对话框，设置"分段"为 2，确认后结果如图 9-68 所示。

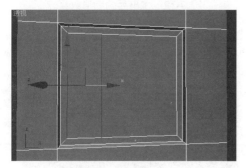

图 9-67　选择边 2

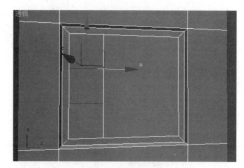

图 9-68　连接结果

Step 10　进入"多边形"层级，选择图 9-69 所示的中间的多边形面，打开【插入多边形】对话框，以"按多边形"类型设置"插入量"为 25，确认后结果如图 9-70 所示。

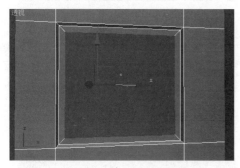

图 9-69　选择多边形面

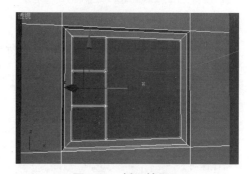

图 9-70　插入结果 2

Step 11　打开【挤出多边形】对话框，以"按多边形"的挤出类型，设置"挤出高度"为–80，然后确认。

Step 12　将挤出后的多边形面设置材质 ID 号为 1，然后选择窗户位置背面的多边形面并将其

删除，完成三层前窗户的制作。

3. 制作雨棚

Step 1 在顶视图中的台阶正前方创建"长度"为1960、"宽度"为2580的大矩形和"长度"为115、"宽度"为2340的小矩形，然后将小矩形沿 y 轴向下克隆7个，如图9-71所示。

Step 2 将大矩形与所有小矩形附加，并为其添加【挤出】修改器，设置"数量"为240，然后在前视图中将其向下移动到三层底部位置，如图9-72所示。

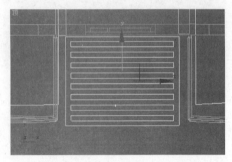

图 9-71 创建大矩形和小矩形

图 9-72 挤出后的图形效果

Step 3 在顶视图中创建两条圆弧和一段线段，如图9-73所示。进入【修改】面板，在【渲染】卷展栏下勾选"在渲染中启用"、"在视口中启用"以及"矩形"选项，然后设置"长度"为240、"宽度"为100，结果如图9-74所示。

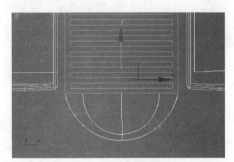

图 9-73 创建圆弧和线段

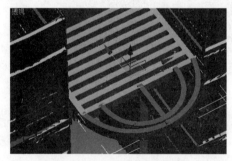

图 9-74 "渲染"设置结果

Step 4 继续在顶视图中绘制图9-75所示的线段和圆弧，将线段和圆弧的顶点焊接，然后为其添加【挤出】修改器，设置"数量"为100，在前视图中将其移动到雨棚位置，结果如图9-76所示。

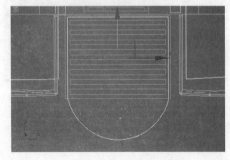

图 9-75 绘制线段和圆弧

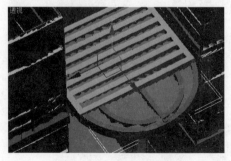

图 9-76 焊接顶点并挤出

提示：二维图形顶点焊接的操作，请参阅本书第 3 章。

Step 5　至此，雨棚制作完毕。

9.1.4　整合其他楼层模型

对于大多数的高层建筑来说，当标准层制作完成后，就等于该建筑模型已经基本全部制作完成了。这是因为高层建筑在外形上都有很多重复的元素，否则在外观上就无法达到和谐统一。当制作完标准层之后，只要将它一一拆分开来并重复利用，把复杂的模型简单化，这样就可以快速完成整个高层建筑模型的制作了。

Step 1　在前视图中选择三层所有模型（雨棚和雨棚玻璃除外），使用"移动克隆"的方法，以"实例"方式将其沿 y 轴正方向克隆 15 个，完成高层建筑模型的制作，结果如图 9-77 所示。

Step 2　在顶视图中选择第 18 层的楼板模型，将其以"复制"方式复制到第 18 层楼顶位置，然后进入"顶点"层级，选择图 9-78 所示的顶点并将其删除，修改挤出"数量"为 480，完成楼顶楼板的制作。

图 9-77　克隆创建高层其他楼层模型

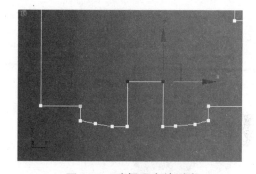

图 9-78　选择顶点并删除

下面制作顶楼模型。在现代建筑里，楼顶造型的设计越来越被人们所重视，特别是高层建筑，已经成为方案审批的重要内容。在本案例中，制作模型时应注意楼顶造型与建筑主体在形式和比例上的协调，有时为了达到更好的效果，甚至可以人为地增加或减弱楼顶的体量。

通过克隆完成高层其他楼层模型的制作后，为了加快制图速度，可使用【合并】命令来整合顶楼模型。顶楼模型的制作比较简单，其方法与标准层的制作方法相同。需要注意的是，在制作顶楼模型要为窗户和窗户玻璃设置不同的材质 ID 号，以便后面为其指定不同的材质。

Step 3　在菜单栏中执行【文件】【合并】命令，将"场景文件"目录下的"高层顶楼.max"文件合并到场景中，并将其移动到高层顶楼位置。

Step 4　调整透视图，查看模型效果，结果如图 9-79 和图 9-80 所示。

图 9-79　合并顶楼后的平视效果

图 9-80　合并顶楼后的鸟瞰效果

▌9.2▌ 为高层建筑设置摄影机、灯光和材质

　　为建筑设置材质的时候，首先要确定建筑材质的整体色调，然后根据这个色调选择合适的贴图调配材质。另外，材质还要与灯光结合起来，查看材质在受光情况下的表现。本案例中的这座高层建筑，其材质主要包括墙体涂料、裙墙、窗格、楼板以及窗户玻璃，这些材质将全部采用 VRay 材质进行制作。图 9-81 所示为高层建筑指定材质和设置灯光后的平视和鸟瞰效果。

图 9-81　指定材质和设置灯光后的效果

9.2.1　设置场景摄影机和灯光

　　由于材质受摄影机和灯光的影响较大，因此这一节先为高层建筑设置摄影机和灯光，为制作材质打基础。

1．设置摄影机

要想让场景中的高层建筑给人一种高耸挺立的感觉，就需要设置好摄影机。高层建筑的摄影机并不是根据真实人眼视角的观察范围进行设置的，因为在近距离内，人眼平视时根本无法看到整座高层建筑物，除非将摄影机放置在非常远的地方。设置摄影机的时候，人为地夸大了摄影机的镜头效果，一般设置在 20～15mm 之间，而普通的摄影机都设置在 28～24mm 之间。

 提示： 在设置摄影机前，应先在顶视图中创建一个较大的平面物体，再在前视图中将其移动到高层的标准层底部作为地面，该操作比较简单，在此不再详细讲解。

Step 1　进入【创建】面板，激活 目标 按钮，在顶视图中创建一架目标摄影机，在前视图中调整其高度，如图 9-82 所示。

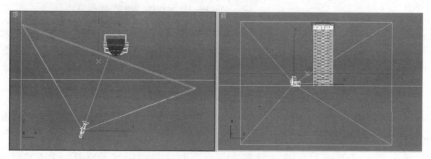

图 9-82　摄像机位置

Step 2　进入【修改】面板，在【参数】卷展栏下设置"镜头"为 15mm，然后激活透视图，按 C 键将透视图设置为摄影机视图，完成摄影机的设置，结果如图 9-83 所示。

2．设置灯光

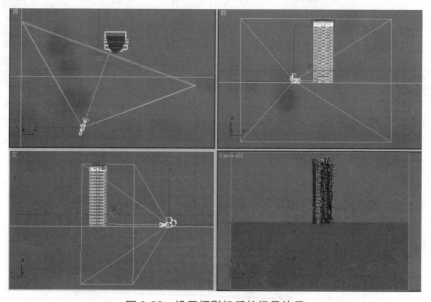

图 9-83　设置摄影机后的场景效果

　　下面设置高层场景的灯光，这样便于制作材质，查看材质效果。本案例中将采用 VRay 阳光和 VRay 天光来照明场景。VRay 阳光设置较简单，但它可以与 VRay 天光关联调节，以模拟出不同地域一天中不同时间段的日光和天空效果。需要说明的是，VRay 阳光没有精确的定位系统，但有一个小技巧，就是利用 3ds max 的太阳光定位系统来精确定位 VRay 阳光。下面开始设置灯光。

　　Step 1　进入【创建】面板，激活 ❋ "系统" 按钮，在【对象类型】卷展栏下激活 ▭ 太阳光 按钮，在顶视图中拖曳光标，创建一个太阳光，如图 9-84 所示。

图 9-84　创建太阳光

　　Step 2　进入【修改】面板，展开【常规参数】卷展栏，在 "灯光类型" 组中取消勾选 "启用" 选项，取消对太阳光的应用。

　　Step 3　进入灯光【创建】面板，选择 "VRay" 灯光类型，然后在【对象类型】卷展栏下激活 ▭ VRay阳光 按钮，在顶视图中创建一个 VRay 阳光，如图 9-85 所示。

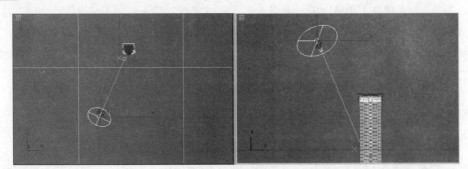

图 9-85　创建 VRay 阳光

　　Step 4　选择创建的 VRay 阳光，进入【修改】面板，展开【VRay 阳光参数】卷展栏，参数设置如图 9-86 所示。

　　Step 5　激活主工具栏中的 🔗 "选择并链接" 按钮，将 VRay 阳光拖曳到太阳光上，释放鼠标左键，将其以子物体链接到太阳光上。这样，太阳光就能带动 VRay 阳光移动了。

　　Step 6　选择 VRay 阳光，激活主工具栏中的 ◈ "对齐" 按钮，在太阳光上单击，弹出【对齐当前选择】对话框，参数设置如图 9-87 所示。

　　Step 7　单击 ▭ 确定 按钮确认，这样就可以将太阳光和 VRay 阳光对齐，使它们位置重合了。

　　Step 8　在场景中选择太阳光，进入【运动】面板，展开【控制参数】卷展栏，参数设置如图 9-88 所示。

提示：该系统遵循太阳在地球上某一个给定位置的符合地理学角度和运动规律的光照效果。用户可以选择位置、时间、日期和指南针方向等，还可以设置动画。单击 **获取位置...** 按钮，弹出【地理位置】对话框，在城市列表中选择一个城市，设置该城市的经度和维度。例如本案例选择了中国北京2009年10月1日某个时段的关照效果，如图9-89所示。

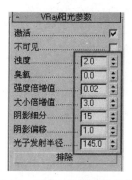

图9-86　VRay阳光参数的设置

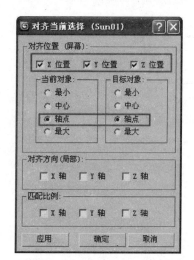

图9-87　"对齐当前选择"对话框

图9-88　【控制参数】卷展栏

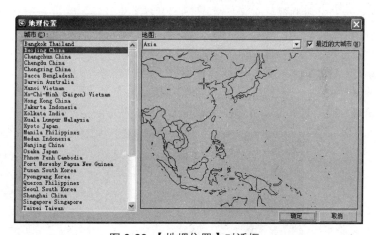

图9-89　【地理位置】对话框

下面制作天光贴图。

Step 9　按M键，弹出【材质编辑器】对话框，选择一个空的示例窗，并为其指定一个"VRay天光"的贴图。

Step 10　在【VRay天光参数】卷展栏下勾选"手动阳光节点"选项，单击"阳光节点"右边的按钮，然后按H键，弹出【从场景选择】对话框，选择"VRaySun01"选项，如图9-90所示。

Step 11 取消勾选 "手动阳光节点" 选项，使 VRay 天光参数完全与 VRay 阳光同步。改变灯光的参数和位置，"VRay 天光" 的贴图都会进行相应变化。

Step 12 打开【渲染设置】对话框，进入 "V-Ray" 选项卡，将制作的 "VRay 天光" 贴图以 "实例" 方式复制给环境，如图 9-91 所示。

图 9-90 选择 "VRaySun01" 选项

图 9-91 设置环境贴图

这样，灯光就设置好了。为了查看灯光效果，可以先为模型设置一个 VRay 替代材质，然后渲染场景进行查看。

Step 13 继续在 "V-Ray" 选项卡下展开【V-Ray: 全局开关】卷展栏，勾选 "替代材质" 选项，然后单击右边的按钮，弹出【材质/贴图浏览器】对话框，双击 "VRayMtl" 选项。

Step 14 展开【V-Ray: 颜色映射】卷展栏，将 "类型" 设置为 "指数"，"暗部倍增值" 设置为 1.0，"亮部倍增值" 设置为 1.5。

Step 15 进入 "间接照明" 选项卡，在【V-Ray: 间接照明（GI）】卷展栏下勾选 "开" 选项，打开间接照明。

Step 16 快速渲染场景，查看灯光效果，结果如图 9-92 所示。

图 9-92 灯光的整体效果和局部放大效果

通过渲染可以看出灯光效果比较理想，下面开始制作材质。

9.2.2　制作高层写字楼材质

高层建筑的主墙体一般不会使用同一个材质，而是把墙体的材质分为几段，通过不同的色调或明度来美化建筑的外观。建筑底部的材质明度应稍暗些，且向上逐渐变亮，这样才能使其产生稳定的感觉。

下面开始制作材质，首先制作标准层材质。

1.　制作标准层材质

Step 1　按 M 键，弹出【材质编辑器】对话框，选择一个空的示例窗，设置为【多维/子对象】材质。

Step 2　将该材质命名为"标准层墙体材质"，然后设置材质数量为 3。

Step 3　单击 ID1 材质按钮，为其选择 VRayMtl 材质，然后设置"漫反射"颜色为暗红色（R：71、G：35、B：5）。

Step 4　返回"多维/子材质"层级，单击 ID2 材质按钮，选择【VRayMtl】材质，设置"漫反射"颜色为暗黄色（R：156、G：111、B：63）、"反射"颜色为灰色（R：14、G：14、B：14），设置"高光光泽度"为 0.85、"反射光泽度"为 0.85。

Step 5　返回"多维/子材质"层级，单击 ID3 材质按钮，选择【VRayMtl】材质，设置"漫反射"颜色为灰蓝色（R：192、G：207、B：219）、"反射"颜色为灰色（R：16、G：16、B：16），设置"高光光泽度"为 0.85、"反射光泽度"为 0.85。

Step 6　将制作的"标准层墙体材质"指定给场景中的"标准层墙体"和"标准层墙体 01"对象，完成标准层墙体材质的制作。

2.　制作其他墙体材质

Step 1　选择一个空的示例窗，为其选择【多维/子对象】材质。

Step 2　将该材质命名为"其他层墙体材质"，设置材质数量为 2。

Step 3　单击 ID1 材质按钮，选择【VRayMtl】材质，设置"漫反射"颜色为深蓝色（R：20、G：52、B：75）、"反射"颜色为灰色（R：9、G：9、B：9），设置"高光光泽度"为 0.85、"反射光泽度"为 0.85。

Step 4　返回"多维/子材质"层级，单击 ID2 材质按钮，选择【VRayMtl】材质，设置"漫反射"颜色为灰蓝色（R：192、G：207、B：219）、"反射"颜色为灰色（R：16、G：16、B：16），设置"高光光泽度"为 0.85、"反射光泽度"为 0.85。

Step 5　将制作出的"其他层墙体材质"指定给场景中的"标准层墙体 02"～"标准层墙体 17"对象。

> 提示：场景中凡是应用了"多维/子对象"材质的模型，都应该在制作模型时根据模型的设计要求为模型不同的面指定不同的材质 ID 号。这样，在制作材质时就可以根据模型不同面的材质 ID 号来制作相对应的材质。如果没有为模型指定材质 ID 号，则制作好材质后一定要进入模型的子对象层级，为模型指定材质 ID 号，这样才能为模型不同的面赋予不同的材质，以满足设计要求。

3. 制作阳台、窗框材质

Step 1 重新选择一个空的示例窗，将其命名为"窗户框材质"。

Step 2 为该示例窗选择【VRayMtl】材质，设置"漫反射"颜色为暗蓝色（R: 192、G: 207、B: 219）、"反射"颜色为灰色（R: 24、G: 24、B: 24），设置"高光光泽度"为 0.9，"反射光泽度"为 0.85。

Step 3 选择场景中所有的"阳台窗户框"和"平面窗户"对象，将制作的材质指定给选择对象。

Step 4 重新选择一个空的示例窗，命名为"阳台材质"，并为其选择【VRayMtl】材质，然后设置"漫反射"颜色为灰蓝色（R: 192、G: 207、B: 219）、"反射"颜色为灰色（R: 16、G: 16、B: 16），设置"高光光泽度"为 0.85、"反射光泽度"为 0.85。

Step 5 选择场景中所有的"阳台"和"阳台栏杆"对象，将制作的材质指定给选择对象。

4. 制作玻璃材质

Step 1 重新选择一个空的示例窗，将其命名为"玻璃"。

Step 2 为该示例窗选择【VRayMtl】材质，然后单击"漫反射"贴图按钮，弹出【贴图/材质浏览器】对话框，双击"位图"选项，然后选择"贴图"目录下的"室外玻璃047.jpg"文件。

Step 3 返回【VRayMtl】材质层级，单击"反射"贴图按钮，弹出【材质/贴图浏览器】对话框，双击"衰减"选项，为"反射"应用"衰减"贴图。

Step 4 展开【衰减参数】卷展栏，设置"前: 侧"颜色分别为暗灰色（R: 51、G: 51、B: 51）和亮灰色（R: 212、G: 212、B: 212），其他参数默认，如图 9-93 所示。

Step 5 返回【VRayMtl】材质层级，设置"高光光泽度"为 0.9、"反射光泽度"为 0.9，然后将"反射"上的"衰减"贴图拖曳到"折射"贴图按钮上，将其以"复制"的方式克隆给"折射"贴图。

Step 6 进入"折射"的"衰减"贴图层级，设置"前: 侧"颜色分别为亮灰色（R: 219、G: 219、B: 219）和暗灰色（R: 150、G: 150、B: 150），其他参数默认。

Step 7 返回【VRayMtl】材质层级，在"折射"组中勾选"影响阴影"选项，设置"烟雾倍增"为 0.03，如图 9-94 所示。

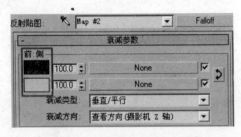

图 9-93 【衰减参数】卷展栏

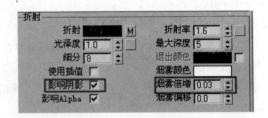

图 9-94 设置折射参数

Step 8 选择场景中所有的"阳台窗户玻璃"和"平面窗玻璃"对象，将制作的材质指定给选择对象。

Step 9 分别选择各窗户玻璃对象，在修改器列表中为其选择【UVW 贴图】修改器，选择"长方体"贴图方式，完成玻璃材质的制作。

5. 制作一层前窗材质

Step 1 重新选择一个空的示例窗，为其选择【多维/子对象】材质。

Step 2 将该材质命名为"一层前窗"，设置材质数量为3。

Step 3 单击 ID1 材质按钮，选择【VRayMtl】材质，单击"漫反射"贴图按钮，弹出【贴图/材质浏览器】对话框，双击"位图"选项，选择"贴图"目录下的"3.jpg"文件。

Step 4 返回【VRayMtl】材质层级，单击"反射"贴图按钮，弹出【材质/贴图浏览器】对话框，双击"衰减"选项，为"反射"应用"衰减"贴图。

Step 5 展开【衰减参数】卷展栏，设置"前: 侧"颜色分别为暗灰色（R: 51、G: 51、B: 51）和亮灰色（R: 212、G: 212、B: 212）。

Step 6 返回【VRayMtl】材质层级，设置"高光光泽度"为0.9、"反射光泽度"为0.9，然后将"反射"上的"衰减"贴图拖曳到"折射"贴图按钮上，将其以"复制"的方式复制给"折射"贴图。

Step 7 进入"折射"的"衰减"贴图层级，设置"前: 侧"颜色分别为亮灰色（R: 219、G: 219、B: 219）和暗灰色（R: 150、G: 150、B: 150），其他参数默认。

Step 8 返回【VRayMtl】材质层级，在"折射"组中勾选"影响阴影"选项，设置"烟雾倍增"为0.03。

Step 9 返回"多维/子材质"层级，单击 ID2 材质按钮，选择【VRayMtl】材质，设置"漫反射"颜色为灰蓝色（R: 192、G: 207、B: 219）、"反射"颜色为灰色（R: 16、G: 16、B: 16），设置"高光光泽度"为0.85、"反射光泽度"为0.85。

Step 10 返回"多维/子材质"层级，单击 ID3 材质按钮，选择【VRayMtl】材质，设置"漫反射"颜色为灰黄色（R: 156、G: 111、B: 63）、"反射"颜色为灰色（R: 14、G: 14、B: 14），设置"高光光泽度"为0.85、"反射光泽度"为0.85。

Step 11 选择场景中的"一层前窗"和"一层前窗01"对象，将制作好的材质指定给选择对象。

Step 12 分别为"一层前窗"和"一层前窗01"对象添加【UVW贴图】修改器，选择"长方体"贴图方式。

6. 制作三层前窗材质

Step 1 重新选择一个空的示例窗，为其选择【多维/子对象】材质。

Step 2 将该材质命名为"三层前窗"，设置材质数量为3。

Step 3 单击 ID1 材质按钮，选择【VRayMtl】材质，然后单击"漫反射"贴图按钮，弹出【贴图/材质浏览器】对话框，双击"位图"选项，然后选择"贴图"目录下的"室外玻璃047.jpg"文件。

Step 4 返回【VRayMtl】材质层级，单击"反射"贴图按钮，弹出【材质/贴图浏览器】对话框，双击"衰减"选项，为"反射"应用"衰减"贴图。

Step 5 展开【衰减参数】卷展栏，设置"前: 侧"颜色分别为暗灰色（R: 51、G: 51、B: 51）和亮灰色（R: 212、G: 212、B: 212）。

Step 6 返回【VRayMtl】材质层级，设置"高光光泽度"为0.9、"反射光泽度"为0.9，然后将"反射"上的"衰减"贴图拖曳到"折射"贴图按钮上，将其以"复制"的方式复制给"折射"贴图。

Step 7 进入"折射"的"衰减"贴图层级，设置"前: 侧"颜色分别为亮灰色（R: 219、G: 219、B: 219）和暗灰色（R: 150、G: 150、B: 150），其他参数默认。

Step 8 再次返回【VRayMtl】材质层级，在"折射"组中勾选"影响阴影"选项，设置"烟雾倍增"为 0.03。

Step 9 返回"多维/子材质"层级，单击 ID2 材质按钮，选择【VRayMtl】材质，设置"漫反射"颜色为灰蓝色（R: 192、G: 207、B: 219）、"反射"颜色为灰色（R: 16、G: 16、B: 16），设置"高光光泽度"为 0.85、"反射光泽度"为 1。

Step 10 返回"多维/子材质"层级，将 ID2 贴图克隆到 ID3 贴图按钮上，完成三层前窗材质的制作。

Step 11 选择场景中的"三层前窗"~"三层前窗 15"对象，将制作好的材质指定给选择对象。

Step 12 分别为"三层前窗"~"三层前窗 15"对象添加【UVW 贴图】修改器，选择"长方体"贴图方式。

至此，场景中的主要材质已经制作完毕。由于顶层材质以及装饰构件材质的制作都比较简单，在此不再一一进行讲解，读者可以解压"第 9 章线架"目录下的"高层写字楼设计（材质）"压缩包，然后打开"高层写字楼设计（材质）.max"文件进行查看。

制作完材质后就可以进行渲染输出了。

9.3 高层写字楼渲染输出设置

本节要将场景输出为位图图像，以便于进行效果图的后期处理工作。后期处理是建筑室外设计中特别重要的环节，它可以为场景添加更多的配景，从而丰富场景。需要说明的是，由于场景摄影机使用了较小的镜头值，视角很大，导致建筑物在摄影机视图中显得很小，因此在渲染输出时应该使用"区域放大"的渲染方式进行渲染。另外，在进行最后渲染输出时，可以先设置较小的尺寸以快速渲染输出光子图，最后再调用光子图，渲染输出最终的图像，这样做的好处是可以加快渲染速度。

下面开始渲染场景，首先渲染光子图。

Step 1 打开【渲染设置】对话框，在"公用"选项卡下设置出图分辨率为 800×600，同时取消勾选"渲染帧窗口"选项。

Step 2 进入"V-Ray"选项卡，在【V-Ray 帧缓冲器】卷展栏下勾选"启用内置帧缓冲区"选项。

Step 3 在【V-Ray: 全局开关】卷展栏下取消勾选"默认灯光"选项，勾选"不渲染最终图像"选项。

Step 4 展开【V-Ray: 图像采样器（抗锯齿）】卷展栏，设置"图像采样器"为"自适应细分"、"抗锯齿过滤器"为"Catmull-Rom"。展开【V-Ray: 自适应细分图像采样器】卷展栏，设置"最小比率"为 0、"最大比率"为 3。

Step 5 展开【V-Ray: 色彩映射】卷展栏，设置"类型"为"指数"、"暗部倍增值"为 1.0，"亮部倍增值"为 1.5。

Step 6 进入"间接照明"选项卡，展开【V-Ray: 间接照明（GI）】卷展栏，勾选"开"选项，设置"首次反弹"的"倍增器"为 1.0、"全局照明引擎"为"发光贴图"，设置"二次反弹"的"倍增器"为 0.9、"全局照明引擎"为"灯光缓冲"。

Step 7　展开【V-Ray: 发光贴图】卷展栏，设置"当前预置"为"高"，在"基本参数"组中设置"半球细分"为 50，在"模式"组中设置"模式"为"单帧"，在"渲染结束时"组中勾选"自动保存"和"切换到保存的贴图"选项，然后单击"自动保存"后的 浏览 按钮，将光子图命名后进行保存。

Step 8　展开【V-Ray: 灯光缓冲】卷展栏，设置"细分"为 1000、"模式"为"单帧"，在"渲染结束时"组中勾选"自动保存"和"切换到保存的缓冲"选项，然后单击"自动保存"后的 浏览 按钮，将光子图命名后进行保存。

至此，渲染光子图的相关设置已经完成。单击主工具栏中的 ▣ "渲染帧窗口"按钮，弹出【渲染帧窗口】对话框在"要渲染的区域"下拉列表中选择"放大"选项，然后在摄影机视图中调整渲染框，使高层写字楼模型完全置于该框内，如图 9-95 所示。

单击右上角的 渲染 按钮对光子图进行渲染，其结果如图 9-96 所示。

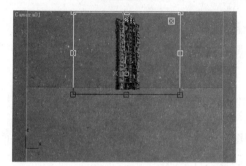

图 9-95　调整放大框

图 9-96　渲染光子图

光子图渲染完成后，开始渲染最终的图像。

Step 9　在"公用"选项卡下设置出图分辨率为 2000×1500。

Step 10　进入"V-Ray"选项卡，取消勾选"不渲染最终图像"选项，然后单击"渲染"按钮渲染最终图像，该过程需要一些时间，渲染结果如图 9-81 所示。

Step 11　渲染完成后，单击【V-Ray 帧缓冲器】对话框中的 ▣ "保存"按钮，弹出【保存图像】对话框，将文件命名后存储为".tif"格式。

Step 12　单击 保存(S) 按钮，弹出【TIF 图像控制】对话框，勾选"存储 Alpha 通道"选项，如图 9-97 所示。

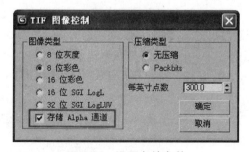

图 9-97　设置存储参数

Step 13　单击 确定 按钮将文件保存。

提示：勾选"存储 Alpha 通道"选项，可以将场景背景单独保存在 Alpha 通道中，便于在 Photoshop 中进行后期处理时快速选取场景背景图像，以替换成其他背景。

Step 14 重新设置摄影机为鸟瞰效果，再次渲染输出场景的鸟瞰效果图。有关鸟瞰效果图的摄影机的设置，请参阅第 6 章的相关内容。

9.4 高层写字楼的后期处理

建筑效果图的后期处理在建筑设计中非常重要。通过对建筑效果图进行后期处理，可以对建筑模型在 3ds max 中输出时存在的一些瑕疵进行处理，如建筑的色调、周围环境、配景等进行一系列的调整，使其更真实、更具活力，真正体现出建筑设计思想。

本案例将建筑置于繁华的都市环境中，在色调处理上使用冷色的基调，着重表现建筑的现代气息。另外，在构图、光影和质感的表现上，力求将建筑造型的原始创意和设计师的创作情感加以淋漓尽致地表现。

9.4.1 画面构图与替换背景

从三维软件中输出的渲染图，不仅没有很好的构图，无法很好地体现出建筑设计的精髓，而且不便于替换建筑物场景背景。因此，需要用户重新构图和替换背景图像。

画面构图一般应遵循的原则如下：

- 决定画面的长宽比。一般高耸的建筑适合使用立幅构图，而较扁平的建筑物则适合使用横幅构图。
- 决定建筑物在画面中的位置。在画面中，建筑物的四周最好留有足够的空间，从而保证画面的舒展和开朗。在建筑物主要面的前方，要多留一些空间，避免产生撞边和碰壁。
- 均衡。实现构图的均衡不一定是绝对的对称，可以在不同复杂程度的形体、不同明暗的色调、虚实和动态上求得均衡，使画面具有稳定感。
- 重点。在绘制效果图时，要明确画面的重点，避免平铺直述，力求使画面得到统一和集中的效果。
- 层次和空间感。要使一幅建筑效果图更具真实感，就需要有一定的空间深度。取得空间深度感除了使用透视的三度空间感外，还可以从物体的明暗、色彩和清晰程度的变化中取得。

了解了画面构图的一般原则后，下面开始替换图像背景。

Step 1 启动 Photoshop CS3 软件系统，执行【文件】/【打开】命令，打开"渲染效果"目录下的"高层写字楼设计.tif"文件。

Step 2 打开【通道】面板，按住 Ctrl 键单击 Alpha1 通道，获取已保存的建筑选区，如图 9-98 所示。

Step 3 激活工具箱中的 "多边形套索"工具，在其【选项】栏中单击 "从选区减去"按钮，将地面的选区从建筑选区中减去，如图 9-99 所示。

图 9-98　获取建筑的选区

图 9-99　减去地面选区

Step 4　选择 ⊌ "多边形套索"工具，在图像中右击，执行【通过剪切的图层】命令，将高层建筑从背景中分离为"图层 1"。

Step 5　执行【文件】/【打开】命令，打开"后期素材"目录下的"背景.psd"文件。

Step 6　使用 ⊬ "移动"工具，将打开的背景图像拖曳到"高层写字楼设计.tif"图像文件中，将新图层命名为"背景"，然后将"背景.psd"文件关闭。

Step 7　在【图层】面板中将"背景"图层拖曳到"图层 1"的下方，以调整图层顺序，结果如图 9-100 所示。

观察背景图像的光照方向与建筑物的光照方向会发现，两幅图像的光照方向不一致。下面调整背景图像，使其光照方向与建筑物光照方向一致。

Step 8　激活"背景"图层，在菜单栏中执行【编辑】/【变换】/【水平翻转】命令，将"背景"图层水平翻转，此时背景图像与建筑物图像的光照方向一致了，如图 9-101 所示。

图 9-100　调整图层顺序

图 9-101　调整背景图像方向

观察现在的画面，发现由于建筑物过大，使得画面闭塞、拥挤和压抑，因此要重新构图，使建筑周围有更多的空间。

Step 9　在菜单栏中执行【图像】/【画布大小】命令，弹出【画布大小】对话框，参数设置如图 9-102 所示。

Step 10　单击 确定 按钮确认，将画布调高 5cm，然后将"图层 1"中的建筑物向左下移动到图 9-103 所示的位置。

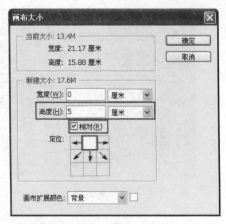

图 9-102　设置画布参数

图 9-103　调整建筑物的位置

Step 11　选择工具箱中的 "裁剪"工具，在图像中拖曳光标，创建图 9-104 所示的裁剪区。双击鼠标对画面进行裁剪，结果如图 9-105 所示。

图 9-104　创建裁剪区

图 9-105　裁剪后的图像效果

9.4.2　修饰建筑物和调整画面构图

由于该建筑模型在 3ds max 中使用了天光作为光源，同时又使用了光照定位系统，光照并非从建筑物的正面直接照射，而是从建筑的左侧面进行斜射，因此建筑物的左侧面较亮，这和背景图像的光照效果不一致。接下来对建筑物的左侧面进行亮度处理，使其结构更加突出，细节表现更加完整，从而增强建筑的体积感和光感。

Step 1　在【图层】面板中激活"图层 1"，选择工具箱中的 "多边形套索"工具，选择建筑物的左侧面，如图 9-106 所示。

Step 2　在菜单栏中执行【图像】/【调整】/【亮度/对比度】命令，设置"亮度"为–50，单击 确定 按钮调整建筑的亮度，结果如图 9-107 所示。

调整完建筑模型的亮度后，下面还需要对画面构图进行再次调整。通过以上画面可以看出，建筑主体偏左，画面右边显得太空，画面整体不够稳定。此时可以将左边的建筑模型复制并移动到画面右边，以增强画面的稳定性。但需要特别注意的是，根据背景图像的透视关系，右边的建筑应该比左边的建筑小一些，这样才符合"近大远小"的透视原理。

图 9-106 选择建筑物侧面

图 9-107 调整亮度后的效果

Step 3 打开【图层】面板，将"图层 1"复制为"图层 1 副本"。

Step 4 按 Ctrl+T 组合键为"图层 1 副本"添加自由变形框，然后按住 Alt+Shfit 组合键均匀调整图像，如图 9-108 所示。

9.4.3 丰富建筑环境

环境主要是衬托建筑，它对建筑来说也非常重要。在制作时应注意将环境和建筑的色调保持一致，这样才能将建筑融于环境。本案例的建筑环境设计中，由于篇幅所限，我们已经对建筑环境中所需的素材进行了处理，因此只要将这些素材直接移动到合适的位置即可。有关建筑环境素材的处理，读者可以参阅第 7 章的相关内容。

Step 1 打开"后期素材"目录下的"道路.psd"文件，选择工具箱中的 ▶⊕ "移动"工具，将路面拖曳到"高层写字楼设计.tif"文件中，生成"图层 2"。

Step 2 打开【图层】面板，将"图层 2"调整到"图层 1"的下方，然后执行【编辑】/【变换】/【水平翻转】命令将其水平翻转，效果如图 9-109 所示。

图 9-108 调整建筑物大小

图 9-109 添加道路图像

Step 3 打开"后期素材"目录下的"树.psd"和"远树.psd"文件,选择工具箱中的  "移动"工具,将"树.psd"和"远树.psd"拖曳到"高层写字楼设计.tif"文件中。

Step 4 将"远树"图像调整到"图层 1"和"图层 1 副本"的下方,并将其放置在右边高层写字楼的下面,如图 9-110 所示。

Step 5 将"树.psd"图像调整到"图层 1"和"图层 1 副本"的上方,将其水平翻转后放置在高层写字楼的前面,结果如图 9-111 所示。

Step 6 打开"后期处理"目录下的"人群.psd"和"汽车.psd"的文件,将其拖曳到图像中合适的位置,最终结果如图 9-112 所示。

图 9-110 远树的位置

图 9-111 树的位置

图 9-112 图像最终效果

Step 7 按 Ctrl+S 组合键,保存文件。

▌9.5▌ 小结

本章主要通过制作一幅极具现代气息的高层写字楼建筑效果图,使读者了解了制作高层建筑模型的思路、流程,以及一些精简的建模方法。在后期处理中,介绍了效果图的基本构图规律以及修饰建筑物瑕疵的相关技巧。

作为建筑室外设计,尤其是高层建筑室外设计,注重的是整体效果,而并非某一个局部。因此,读者应该将重点放在整体效果的把握和处理中,同时还要分清主次关系。在制作建筑室外模型时,要养成仔细审阅方案的好习惯,主动寻找模型制作规律。在后期处理中要把握整体效果,切记建筑设计不是建筑宣传画,不可将建筑环境设计得过于华丽,以免喧宾夺主。

第10章
建筑设计实战——别墅室内设计

在建筑设计中，建筑室内设计是建筑设计的一部分，比起建筑室外设计来说，建筑室内设计与人的关系更为密切。由于建筑室内设计其实就是对"家"的一种设计，而"家"又是一个人最基本的生活保障，也是一个人一生逗留时间最长的场所，因此可以说建筑室内设计是针对"人"的设计。

在经济不发达时期，"家"首先要满足于"居"的要求。随着人们生活水平的不断提高，"家"的意义已经不仅限于"居"，而更要求其功能齐全、设计合理、环境优美、舒适方便，使人们置身之中能够心情舒畅。同时，"家"又是一个宁静的港湾，是一个完全属于个人的私密空间。基于"家"所具有的私密性、分散性和个性化特点，在进行室内设计时，设计师不仅要兼顾不同人群的文化修养、兴趣爱好、审美情趣等不同需求，还要引导人们对室内设计不要一味追求新、奇、变，而要在最大程度上符合日常生活起居的基本要求，使"家"的风格真正体现出自己的品味与涵养。

作为室内设计人员来说，在进行室内设计时，要注意在强调局部富于变化的同时还要考虑整体趋于和谐，在求"同"存"异"的基础上，做到在变化中求统一，在丰富与简洁、对比与协调、实与虚等矛盾中达到理性的平衡。

这一章将通过图 10-1 所示的"别墅客厅设计"和图 10-2 所示的"别墅卧室设计"两个工程案例，主要学习并掌握建筑室内设计的方法和技巧。

图 10-1　别墅客厅设计

图 10-2　别墅卧室设计

▌10.1▌ 室内设计知识概述

室内设计也叫室内装潢设计，装潢原义是指"器物或商品外表"的"装饰"，是着重从外表、视觉艺术的角度来对商品进行包装。而室内装潢设计主要是针对建筑物的地面、天花、墙面等，选择不同的装饰材料对其进行处理。同时，室内装潢设计还包括对家具、灯具和装饰小品的选用、布置和设计。

室内装潢设计的内容主要包括"室内照明设计"、"室内陈设设计"以及"室内色彩设计"三大类。下面对其逐一进行介绍。

10.1.1　室内照明设计

照明设计是室内装潢设计中必不可少、且非常重要的内容。室内装潢设计能否满足人们的生活需要，能否带给居住者方便、快捷的生活方式以及高质量的生活享受，在很大程度上取决于照明设计。因此，合理的照明设计是决定室内装潢设计成败的关键。

1. 室内照明设计及其作用

室内照明即人工照明（或灯光照明），它是夜间的主要光源，同时又是白天室内光线不足时的重要补充。

在布置室内照明时，首先，必须合理地控制光照度，确保室内各项活动舒适自如地进行，同时还要避免出现光线过强或光照度不够的两个极端；其次，必须保证安全，即设计时要在技术上给予充分考虑，避免发生触电和火灾等事故；最后，照明灯光的照射应有利于表现室内空间的轮廓、结构以及室内家具的主体形象，同时有利于强调室内特殊装饰的效果。

室内照明设计的作用主要体现在以下几个方面。

- 保证室内活动的正常进行：室内照明的最根本作用是为室内活动提供足够的亮度。人们在日常的工作、学习、生活中，其各种活动只有在适当的亮度条件下才能发挥最大效力。这就要求设计人员在设计时应根据具体的要求，合理地选择和确定光源。
- 增强室内空间的感染力：增加室内照明的目的除了满足光照需求外，还要丰富室内空间和装饰室内空间。不同的光照度、光色和照射方式都会产生不同的室内效果，如暖光使室内空间产生温暖的感觉，冷光使室内空间产生清凉的感觉。
- 保障身心健康：室内光线的质量直接影响人体的健康，如暗淡的光线会使人产生心理和生理上的不良反应。因此，在设计时应尽量避免出现对人的身心健康不利的光线。
- 保证安全：室内照明是保障安全的要素之一，尤其是公共场所的照明，如果重视"安全第一"的原则，将会避免许多意外事件的发生。

2. 室内照明的方式和种类

室内照明的方式主要分为局部照明、整体照明、混合照明和成角照明等四部分。

- 整体照明：是指在设计灯具的位置时，不考虑某些部位的特殊需要，而是以室内空间的整体照明要求面布置的光照度基本均匀的照明。常用于教室和普通办公室。
- 局部照明：是指局限于特定工作面的固定或移动照明。常布置在对光照度要求高且对光线方向有特殊要求的位置，如台灯。
- 混合照明：一种整体照明和局部照明结合使用的照明方式。广泛应用于商场、医院、图书馆等场所。
- 成角照明：是指采用特殊设计的反射罩，使光线向主要方向照射的一种照明方式。

室内照明主要分为以下几类。

- 根据光源投射光量的不同分为直接照明、半直接照明、漫射照明、半间接照明和间接照明。
- 根据照明功能性质的不同分为一般照明、重点照明、装饰照明和艺术照明。
- 根据照明功能要求的不同分为工作照明、应急照明、值班照明和警卫照明。

3. 室内照明设计的基本原则

室内照明设计主要应满足实用性、舒适性、安全性的基本原则。

- 实用性：根据室内活动的特征，在设计时要考虑光源、光质、投射方向和投射角度等因素，以便取得良好的整体效果。
- 舒适性：良好的照明质量会给人们的心理和生理带来舒适感，使人们在光照度适合的空间内活动时感到心情愉快。

- 安全性：在设计时要防止漏电、触电、短路、火灾等意外事件的发生。

4. 室内照明灯具的选择

室内照明的重要组成部分是灯具。灯具作为建筑装饰的一部分，不仅要兼顾统一性，还要兼顾功能性、经济性和艺术性等特点。灯具的材料、造型和设置方式，如果能做到与室内空间紧密结合，将会创造出风格各异的室内情调。

10.1.2 室内陈设设计

室内陈设设计包括两大类：一类是生活中必不可少的日用品，如家具、日用器皿、家用电器等；一类是为观赏而陈设的艺术品，如字画、工艺品、古玩、盆景等。

做好室内的陈设设计是室内装修的点睛之笔，其前提是要了解各种陈设品的不同功能以及房屋主人的爱好和生活习惯，这样才能恰到好处地选择、陈列日用品和艺术品。

1. 室内家具设计

家具与人们的日常生活和工作密切相关。室内功能的组织在某种程度上也可以理解为如何合理地配置和安排室内家具。家具的设计不仅表现在其自身的设计方面，还表现在家具与室内环境的组织与布置两个方面。

家具自身的设计是以满足使用性和提供舒适性为目标的。由于家具在室内占有大部分的空间，因此其外观造型、设计风格在很大程度上都会影响着室内空间环境。在家具与室内环境的组织与布置方面，对室内的使用空间起着实质性的作用。因此，室内家具设计是室内设计的重要组成部分。

室内家具根据其用途不同可以分为两大类：一类是实用性家具，包括坐卧性家具、贮存性家具和凭倚性家具；另一类是观赏性家具。

2. 室内绿化设计

室内绿化是指把自然界中的植物、水体和山石等景物移入室内，经过科学地设计和组织而形成具有多种功能的人工景观。

室内绿化按其内容大致分为两个层次：一个层次是盆景和插花，这是一种以桌、几、架为依托的绿化，这类绿化一般尺度较小；另一个层次是以室内空间为依托的室内植物、水景和山石景，这类绿化在尺度上与所在空间相协调，人们既可静观又可游玩其中。

10.1.3 室内色彩设计

在建筑装饰设计中，各种物质要素与色彩是密不可分的，了解色彩的作用是做好装修设计的前提之一。色彩的作用主要表现在以下几个方面。

- 色彩的物理作用：指通过人的视觉系统带来物体物理性能上的一系列主观感觉的变化。它又分为温度感、距离感、体量感和重量感四种主观感受。
- 色彩的心理作用：主要表现在它的悦目性和情感性两个方面，它可以给人以美感，引起人的联想，影响人的情绪，因此它具有象征的作用。
- 色彩的生理作用：它主要表现在对人的视觉本身的影响，同时也对人的脉搏、心率、血压等产生明显的影响。
- 色彩的光线调节作用：由于不同的颜色具有不同的反射率，因此色彩的运用对光线的强弱有着较大的影响。

在室内装修设计中，色彩占有相当大的比例，它可以强烈而直接地影响人的感觉。在设计中合理地运用色彩，不仅会对视觉环境产生影响，还会对人们的情绪和心理产生影响。因此，色彩在装潢设计中同样占有重要地位。

1. 色彩设计的基本原则

设计师在设计色彩时要综合考虑功能、美观、空间、材料等因素。由于色彩的应用对人的心理和生理会产生较大的影响，因此在设计时首先应考虑功能上的要求，如医院常用白色或中性色，商店的墙面应采用素雅的色彩，客厅的色彩宜用浅黄、浅绿等较具亲和力的浅色，卧室常采用乳白、淡蓝等着重安静感的色彩，等等。

2. 色彩的界面处理

不同的界面采用的色彩各不相同，甚至同一界面也可以采用几种不同的色彩。如何使不同的色彩交接自然，这是一个很关键的问题。

- 墙面与顶棚：墙面是室内装修中面积较大的界面，色彩可以明快、淡雅为主；而顶棚是室内空间的顶盖，一般采用明度较高的色彩，以免产生压抑感。
- 地面与墙面：地面的明度可以设计得较低，这样能使整个地面具有较好的稳定性；而墙面的色彩较亮，这时可以设置踢角来进行色彩的过渡。

10.1.4　装饰材料的选择

在进行室内装修时，正确选择不同的装饰材料，会直接影响建筑装饰的使用功能、形式表现、耐久性等诸多方面。那么对于专业的设计人员和非专业的人员而言，如何把握材料的选择呢？

1. 装饰材料的特性

不同的建筑装饰材料具有不同的特性，如金属具有其本身的光泽度与色彩、玻璃具有透明度、木材具有弹性等，一般将装饰材料的特性归纳为以下几类。

- 光泽：许多经过加工的建筑装饰材料都具有良好的光泽度。这种表面光泽的材料易于清洁，在厨房、卫生间得到普遍应用。
- 质地：是指建筑装饰材料表面的粗糙程度。
- 弹性：弹性材料由于其本身具有弹性的反力作用，从而使人感到省力舒适。这种材料一般用于地面、墙面和坐面。
- 肌理：一些建筑装饰材料本身具有天然的肌理和纹理，这些纹理有水平的、垂直的、斜纹的、曲折的，等等。而这种天然形成的肌理是人工无法制作出的。

2. 装饰材料的组合方式

装饰材料的组合与色彩的组合一样，也是为了给人们的生活创造出美丽的空间。装饰材料的组合主要分为以下几种。

- 粗质材料的组合：该材料组合能给人带来粗犷豪放、刚毅的感觉。例如在室内装修中采用天然的石材，会给人一种自然的美感。
- 细质材料的组合：细质材料本身不具有材料的质感，缺少变化，但是比较容易协调。在设计时可以通过色彩的强烈对比，在调和中求变化，以丰富整个空间的装饰效果。

- 异类材料组合：将两种不同质地、肌理的材料进行组合，可具有粗中有细、细中有粗的对比效果，从而创造出生动活泼的室内空间气氛。
- 同类材料组合：同一种装饰材料使用不同的方式进行排列组合，可以产生出丰富多彩的艺术效果。

10.2 别墅客厅设计

上一节介绍了室内设计的基本知识，这一节将制作欧式别墅客厅室内设计的工程案例。

客厅是家人进行聚集、交谈、会客、视听等活动的重要场所，因其使用频率较高，所以装饰效果的好坏直接影响着整个设计的成败。因此，客厅在室内设计中占有重要地位。

在进行室内设计时，不管是客厅、卧室，还是厨房等，设计师都必须恪守"室内设计是针对人的设计"这个理念。这个"人"其实就是房屋主人，设计师要尽量引导房屋主人在符合日常生活起居基本要求的基础上，使"家"的风格真正体现出主人的品味与涵养。千万不可将自己的设计思想强加给房屋主人，只有房屋主人满意了，设计师的设计才算成功。设计师的自以为是，可能会导致整个设计项目以失败告终。

本工程案例是一个现代风格的欧式客厅，面积为 20 平方米左右，客厅主人是一位年轻有为的私企老板，不仅爱好广泛，善于社交，而且思想品味也较高，与其他大多数老板不同，该房屋主人生活较低调。主人对设计的要求是：不求奢华，只求舒适。

根据主人对设计的要求，可对该欧式客厅做以下设计规划。

- 界面设计：客厅墙面和吊顶将采用最能体现欧式风格的浅浮雕石膏装饰线进行处理，使平坦的墙面和顶面富于变化，表面使用白色高档环保防水乳胶漆涂层；客厅地面选用浅色实木地板铺装，既利于清洁又利于保温，同时浅色也和墙面上的白色乳胶漆相协调，使光线更充足。
- 陈设设计：根据主人的爱好和性格，一排三人高档布艺沙发、一个半卧式沙发、四个真皮座墩和一个超大高档实木茶几是客厅中的主要陈设，方便主人会客和聚会。另外根据主人的特殊爱好布置了一些附属装饰小品，例如石膏头像、墙面的油画等，以营造浓厚的艺术气息。至于电视机、家庭影院等视听设备，由于主人专门有一间视听室，因此客厅中将不布置这些设备。
- 照明设计：根据本案例中主人对客厅功能的要求，客厅白天采光将完全依靠自然光，因此窗户上没有设置窗帘；而晚上将采用客厅顶部的豪华欧式吊灯进行照明。墙面两侧的壁灯可以作为光线不足时的补充。由于客厅没有设置视听设备，因此听音乐时低照度的间接光和看电视时的微弱光可以不用考虑。

- 绿化设计：本案例中的绿化设计比较简单，在客厅适当的位置布置一些绿色盆栽植物即可。

以上是对别墅客厅的设计规划，其最终设计结果如图 10-3 所示。

图 10-3 欧式客厅设计结果

下面开始进行设计，主要步骤包括：制作模型、为模型制作材质、设置照明以及渲染输出。

10.2.1　制作客厅墙体和窗户模型

1. 制作客厅墙体模型

客厅墙体模型的制作方法很多，此处将采用画线然后挤出的方法来制作，这样做的好处是便于修改。

Step 1　启动 3ds max 2009 程序，设置系统单位为"毫米"。

Step 2　使用【导入】命令，导入"CAD"目录下的"别墅一层平面.dxf"文件。

Step 3　打开"捕捉开关"，设置"垂足"和"顶点"捕捉模式，捕捉别墅一层平面图中客厅墙线的顶点，创建客厅墙体线，如图 10-4 所示。

Step 4　将该墙线命名为"客厅墙体"，然后为其使用【挤出】修改器，设置挤出"数量"为 300，结果如图 10-5 所示。

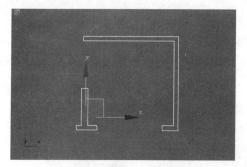

图 10-4　捕捉顶点创建墙线

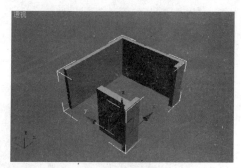

图 10-5　制作墙体模型

2. 制作窗台和窗户模型

窗户模型的制作相对比较复杂，此处使用二维线放样和编辑多边形的方法来完成窗台和窗户的制作。

Step 1　在顶视图中依据 CAD 图纸绘制图 10-6（左）所示的路径。在前视图中依据窗台绘制图 10-6（右）所示的截面。

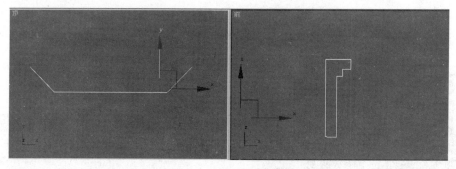

图 10-6　绘制路径和截面

Step 2　选择路径，进入几何体【创建】面板，在【复合对象】列表中激活 放样 按钮，在【创建方法】卷展栏下激活 获取图形 按钮，在前视图中单击截面，放样创建窗台模型，如图 10-7 所示。

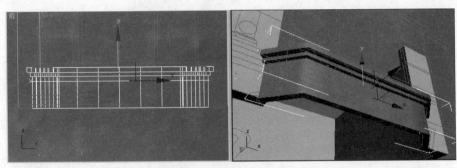

图 10-7　创建多边形窗台

提示:"放样"建模时,有时会出现模型翻转的情况,这时可以进入截面图形的"样条线"层级,使用"镜像"功能对其进行镜像翻转,以校正模型。有关"放样"建模的具体操作,请参阅第3章。

Step 3　继续使用【线】命令在顶视图中沿多边形窗绘制图 10-8(左)所示的图形。在修改列表中选择【挤出】修改器,设置挤出"数量"为 200,制作出多边形窗的基本模型,如图 10-8(右)所示。

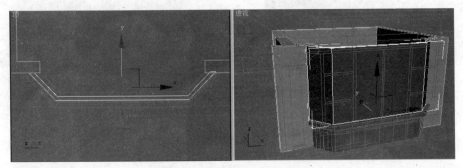

图 10-8　制作窗户的基本模型

Step 4　将墙体模型暂时隐藏,将窗户模型转换为多边形物体,进入"边"层级,按住 Ctrl 键在透视图中选择图 10-9 所示的右边两条垂直边。

Step 5　在【编辑边】卷展栏下单击 连接 按钮,弹出【连接边】对话框,参数设置如图 10-10 所示。

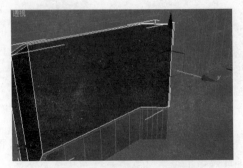

图 10-9　选择两条垂直边

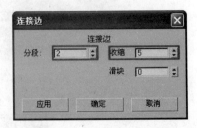

图 10-10　【连接边】对话框

Step 6　确认后进行连接，然后使用相同的方法选择左边两条垂直边将其进行连接，结果如图10-11所示。

Step 7　继续选择中间两条水平边，使用【连接】命令，设置"分段"为1，将两条边进行连接，结果如图10-12所示。

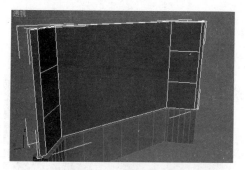

图 10-11　连接垂直边

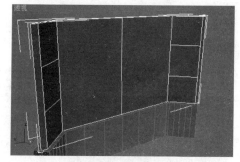

图 10-12　连接水平边

Step 8　进入"多边形"层级，在透视图中选择窗户的多边形面，打开【插入多边形】对话框，以"按多边形"的方式设置"插入量"为5，确认后关闭该对话框，结果如图10-13所示。

Step 9　打开【挤出多边形】对话框，以"按多边形"的方式设置"挤出高度"为–5，确认后关闭该对话框，结果如图10-14所示。

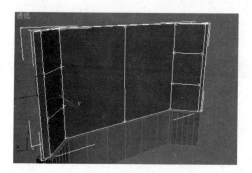

图 10-13　插入多边形

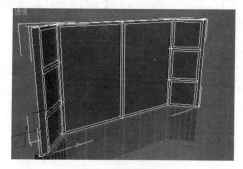

图 10-14　挤出多边形

Step 10　按住Ctrl键在透视图中加选择窗户背面的多边形面，如图10-15（左）所示，展开【多边形：材质ID】卷展栏，设置当前挤出多边形面的材质ID号为1，如图10-15（右）所示。

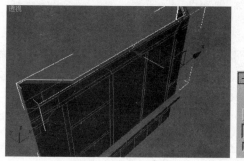

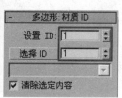

图 10-15　加选择背面多边形面和设置材质ID号

提示: 在此一定要将挤出的多边形面和窗户背面的多边形面同时选择, 然后再为其设置统一的材质 ID 号, 这样, 最后的窗户玻璃才能完全透明。

Step 11 执行【编辑】/【反选】命令, 选择窗户其他的多边形面, 如图 10-16 所示。设置其材质 ID 号为 2, 完成窗户模型的制作。

Step 12 在顶视图中沿客厅墙体创建一个长方体作为地面, 完成客厅墙体和窗户的创建, 在透视图中调整视角, 结果如图 10-17 所示。

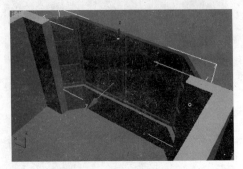

图 10-16 反选多边形面

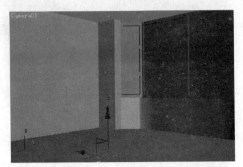

图 10-17 创建地面模型

10.2.2 制作客厅吊顶和墙面装饰模型

1. 制作吊顶装饰线

吊顶装饰线是欧式建筑设计的重要标志, 也是欧式客厅设计中的重要模型。此处将采用二维线放样的方法创建吊顶装饰线, 以便后面进行修改。

Step 1 将导入的 CAD 图纸全部隐藏。

Step 2 在顶视图中沿墙体绘制图 10-18 (左) 所示的路径, 将其命名为 "吊顶路径"。在前视图中绘制图 10-18 (右) 所示的截面图形, 将其命名为 "吊顶截面"。

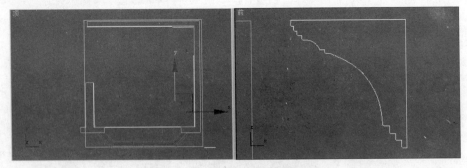

图 10-18 创建路径和截面图形

Step 3 依照前面制作窗台的方法, 使用【放样】命令创建吊顶装饰线, 结果如图 10-19 所示。

Step 4 将 "吊顶路径" 和 "吊顶截面" 分别以 "复制" 的方式克隆为 "墙体路径" 和 "墙体截面", 选择 "墙体截面" 图形, 进入其 "顶点" 层级, 调整截面, 结果如图 10-20 所示。

Step 5　依照前面制作窗台的方法，使用【放样】命令创建墙体装饰线，然后将其在前视图中拖曳到窗台位置，如图 10-21 所示。

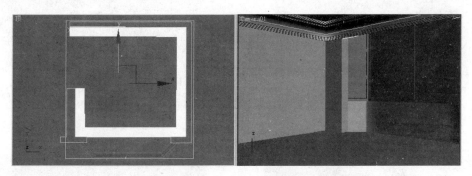

图 10-19　创建吊顶装饰线

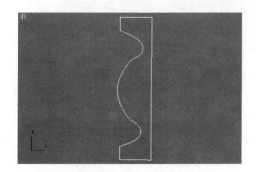

图 10-20　修改墙体截面

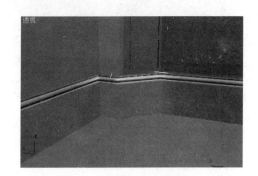

图 10-21　放样创建墙体装饰线

Step 6　在前视图中将墙体装饰线以"实例"方式沿 *y* 轴向下克隆到地面位置，将其命名为"踢脚线"。

2. 制作墙面装饰模型

墙面装饰模型也是欧式客厅设计中不可缺少的模型。通过对墙面进行装饰，可以对平坦的墙面赋予变化，产生丰富的艺术情调。此处将采用创建长方体，然后使用编辑多边形的方法来创建墙面装饰模型。

Step 1　在左视图中沿吊顶装饰线和墙体装饰线之间创建"长度"为 170、"宽度"为 200、"高度"为 5 的长方体，命名为"墙面装饰"，并将其转换为多边形对象，如图 10-22 所示。

Step 2　进入多边形的"多边形"层级，选择多边形面，在【编辑多边形】卷展栏下打开【倒角多边形】对话框，设置"轮廓量"为-20、"高度"为 0。

Step 3　单击　应用　按钮，设置"轮廓量"为 0、"高度"为-3，单击　应用　按钮；设置"轮廓量"为-10、"高度"为 0，单击　应用　按钮；设置"轮廓量"为 0 、"高度"为-2，单击　确定　按钮确认，结果如图 10-23 所示。

Step 4　进入"边"层级，在透视图中选择图 10-24 所示的"边"子对象，然后在【编辑边】卷展栏下打开【切角边】对话框，设置"切角量"为 1，单击　应用　按钮，再次设置"切角量"为 0.35，单击　确定　按钮确认，结果如图 10-25 所示。

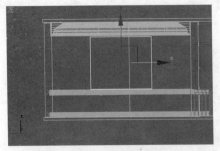

图 10-22　创建长方体

图 10-23　编辑多边形

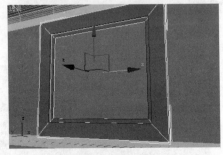

图 10-24　选择边

图 10-25　切角边

Step 5　将编辑完成的"墙面装饰"以"复制"方式分别克隆到墙面左侧、右侧和下方位置，然后进入"顶点"层级，在左视图中调整各顶点，编辑出墙面的其他装饰效果，如图 10-26 所示。

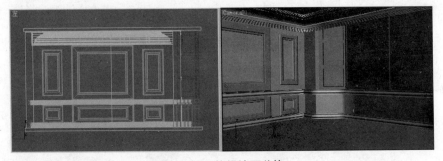

图 10-26　编辑墙面装饰

10.2.3　制作壁炉和茶几模型

1．制作壁炉模型

壁炉是欧式建筑中常见的建筑模型之一。在过去，壁炉主要用于室内采暖，但现在常作为一个室内装饰构件，在欧式设计中不可缺少。在制作壁炉模型时，将采用创建长方体然后编辑多边形的方法来创建，这种方法操作比较简单，制作出的模型不仅便于修改，而且模型的面数较少，利于后期的渲染输出。

Step 1　在顶视图中的前墙位置创建"长度"为 45、"宽度"为 160、"高度"为 5、"圆角"为 2、"圆角分段"为 3 的切角长方体，将其命名为"壁炉"。

Step 2　将"壁炉"模型转换为多边形对象，进入"多边形"层级，在透视图中选择切角长方

体的下多边形面，然后在【编辑多边形】卷展栏下打开【倒角多边形】对话框，参数设置如图 10-27
（左）所示。

Step 3　单击 应用 按钮，然后重新设置各参数，如图 10-27（右）所示。

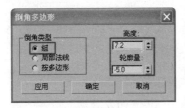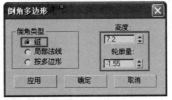

图 10-27　设置倒角参数 1

Step 4　单击 应用 按钮，重新设置各参数，如图 10-28（左）所示。单击 应用 按钮，
重新设置各参数，如图 10-28（右）所示。

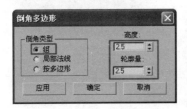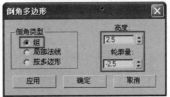

图 10-28　设置倒角参数 2

Step 5　单击 应用 按钮，重新设置各参数，如图 10-29（左）所示。单击 应用 按钮，
重新设置各参数，如图 10-29（右）所示。

图 10-29　设置倒角参数 3

Step 6　单击 应用 按钮，重新设置各参数，如图 10-30（左）所示。单击 应用 按钮，
重新设置各参数，如图 10-30（右）所示。

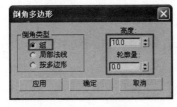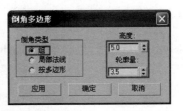

图 10-30　设置倒角参数 4

Step 7　单击 应用 按钮，重新设置各参数，如图 10-31（左）所示。单击 应用 按钮，
重新设置各参数，如图 10-31（右）所示。

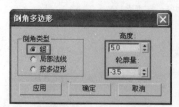

图 10-31　设置倒角参数 5

Step 8　单击 确定 按钮确认，结果如图 10-32 所示。

Step 9　进入"顶点"层级，在左视图中将左边顶点向左移动到墙体位置，如图 10-33 所示。

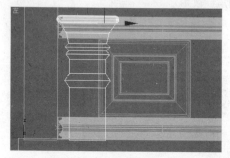
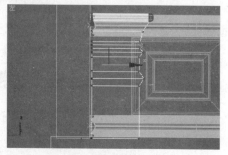

图 10-32　制作的壁炉模型　　　　　　　　　图 10-33　调整顶点

Step 10　进入"边"层级，在透视图中选择图 10-34 所示的边，然后在【编辑边】卷展栏下打开【切角边】对话框，设置"切角量"为 1.5，单击 应用 按钮，重新设置"切角量"为 0.5，单击 确定 按钮确认，结果如图 10-35 所示。

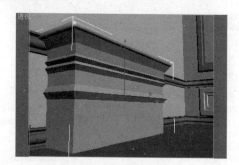
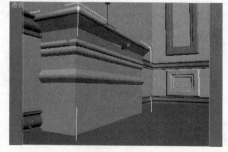

图 10-34　选择边　　　　　　　　　图 10-35　切角边

2.　制作茶几模型

这一节继续来制作茶几模型，同样采用创建长方体然后编辑多边形的方法来创建。这种方法操作比较简单，创建的模型面数较少，利于后期的渲染输出。

Step 1　在顶视图中创建"长度"为 200、"宽度"为 200、"高度"为 8、"圆角"为 2、"圆角分段"为 3 的切角长方体，将其命名为"茶几"。

Step 2　将"茶几"模型转换为多边形对象，进入"多边形"层级，在透视图中选择切角长方体的上多边形面，在【编辑多边形】卷展栏下打开【挤出多边形】对话框，设置"挤出高度"为 0.3，单击 确定 按钮确认。

Step 3　在透视图中选择切角长方体的下多边形面，打开【切角长方体】对话框，设置"高度"为 0、"轮廓量"为–8。

Step 4　单击 应用 按钮，重新设置"高度"为 10、"轮廓量"为 0，单击 应用 按钮；重新设置"高度"为 15、"轮廓量"为 8.5，单击 确定 按钮确认。

Step 5　进入"顶点"层级，在【编辑几何体】卷展栏下激活 快速切片 按钮，在前视图中图 10-36 所示的位置进行垂直切片，然后切换到左视图，在图 10-37 所示的位置进行垂直切片。

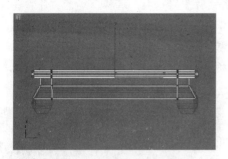

图 10-36　在前视图中切片

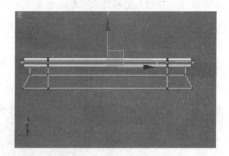

图 10-37　在左视图中切片

Step 6　进入"多边形"层级，在透视图中选择切片后形成的 4 个多边形面，如图 10-38 所示。再次打开【切角长方体】对话框，设置"高度"为 8、"轮廓量"为 1。

Step 7　单击 应用 按钮，重新设置"高度"为 9、"轮廓量"为–5，单击 确定 按钮确认，挤出茶几的 4 条腿，结果如图 10-39 所示。

图 10-38　选择多边形面

图 10-39　制作茶几腿

Step 8　进入"边"层级，在透视图中选择图 10-40 所示的茶几腿的边，在【编辑边】卷展栏下打开【切角边】对话框，设置"切角量"为 3，单击 应用 按钮。重新设置"切角量"为 1.2，单击 确定 按钮确认，完成茶几的制作，结果如图 10-41 所示。

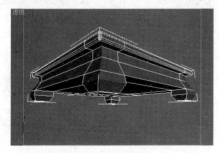

图 10-40　选择边

图 10-41　茶几的最终效果

10.2.4 合并客厅其他模型

上一节制作了客厅中的墙体、窗户模型、墙面装饰模型以及壁炉和茶几模型。除了以上模型之外，客厅中还包括沙发、座墩、吊灯等其他模型，这些模型的创建比较简单，不再对其进行一一创建。这一节使用【合并】命令合并这些模型。

Step 1 执行【文件】/【合并】命令，弹出【合并文件】对话框，选择"场景文件"目录下的"别墅客厅合并文件.max"文件，弹出【合并：别墅客厅合并文件】对话框，选择"灯"、"雕像"、"植物"和"植物 01"对象，将其合并到场景，并移动到合适位置，如图 10-42 所示。

Step 2 继续执行【文件】/【合并】命令，选择"场景文件"目录下的"别墅客厅合并文件（家具）.max"文件，将其合并到场景，并移动到合适位置，如图 10-43 所示。

图 10-42　合并植物、壁灯和雕像对象

图 10-43　合并家具对象

10.2.5 制作场景材质

这一节主要为别墅客厅制作材质。根据设计规划，该客厅材质比较简单，主要包括：墙面乳胶漆材质、窗户玻璃材质和塑钢材质、沙发、躺椅布艺材质、地面木地板材质、茶几木纹材质、座墩皮材质以及其他材质等，这些材质将全部使用 VRay 材质来制作。

1. 制作墙面乳胶漆材质

Step 1 确保当前渲染器为"VRay 渲染器"，打开【材质编辑器】对话框，选择一个空的实例窗，将其命名为"乳胶漆"，然后为其选择【VrayMtl】材质。

Step 2 展开【基本参数】卷展栏，设置"漫反射"颜色为乳白色（R: 233、G: 233、B: 229）、"反射"颜色为深灰色（R: 16、G: 16、B: 16），设置"高光光泽度"为 0.9、"反射光泽度"为 0.65，其他参数默认。

Step 3 将制作好的材质指定给场景中的"顶"、"客厅墙体"、"吊顶装饰线"、"墙面装饰 01~墙面装饰 05"、"窗台"、"墙体装饰线"、和"踢脚线"对象。

Step 4 重新选择一个空的示例窗，将其命名为"墙体装饰"，然后选择【多维/子对象】材质，设置材质数量为 2。

Step 5 为 1 号材质选择【VRayMtl】材质，然后为"漫反射"指定"贴图"目录下的"油画.jpg"文件。

Step 6 展开【贴图】卷展栏，将"漫反射"贴图通道上的贴图以"实例"方式复制到"凹凸"

贴图通道，同时设置"凹凸"参数为 100。

Step 7　进入 2 号材质，为其选择【VRayMtl】材质，制作乳胶漆材质，其参数设置与"乳胶漆"材质参数设置相同。

Step 8　将制作好的"墙面装饰"材质指定给场景中的"墙体装饰"对象，然后为该对象添加【UVW 贴图】修改器，并选择"长方体"贴图方式。

2. 制作窗户玻璃和塑钢材质

Step 1　重新选择一个空的示例窗，将其命名为"窗户材质"，然后选择【多维/子对象】材质，设置材质数量为 2。

Step 2　为 1 号材质选择【VrayMtl】材质，设置"漫反射"颜色为黑色（R：0、G：0、B：0）、"反射"颜色为灰色（R：31、G：31、B：31）、"折射"颜色为亮灰色（R：237、G：237、B：237），勾选"影响阴影"选项。

Step 3　为 2 号材质选择【VRayMtl】材质，设置"漫反射"颜色为灰色（R：179、G：179、B：179）、"反射"颜色为深灰色（R：34、G：34、B：34），设置"反射光泽度"为 0.8，其他参数默认。

Step 4　将制作好的"窗户材质"材质指定给场景中的"窗户"对象。

> **提示**：由于场景中的"墙面装饰"和"窗户"模型不同的面都被指定了不同的材质 ID 号，因此只要制作好【多维/子对象】材质，直接将其指定给模型对象即可。如果这两个模型对象没有指定材质 ID 号，那么还需要重新为其指定，否则材质的指向将会出现错误。

3. 制作布艺沙发材质

Step 1　重新选择一个空的示例窗，将其命名为"靠垫"，然后选择【多维/子对象】材质，设置材质数量为 2。

Step 2　为 1 号材质选择【VrayMtl】材质，然后为"漫反射"指定"贴图"目录下的"枕头 01.jpg"文件。

Step 3　为 2 号材质选择【VrayMtl】材质，然后为"漫反射"指定"贴图"目录下的"枕头 02.jpg"文件。

Step 4　将制作好的"靠垫"材质指定给场景中的"靠垫"～"靠垫 03"对象，然后为其分别添加【UVW 贴图】修改器，选择"长方体"贴图方式。

Step 5　重新选择一个空的示例窗，命名为"沙发"，为其选择【VrayMtl】材质，然后为"漫反射"指定"贴图"目录下的"枕头 02.jpg"文件。

Step 6　将制作好的"沙发"材质指定给场景中的所有沙发对象，然后为其分别添加【UVW 贴图】修改器，选择"长方体"贴图方式。

至此，场景中的主要材质制作完毕。还有其他材质，读者可以解压"第 10 章线架"目录下的"别墅客厅设计（材质）"压缩包，打开"别墅客厅设计（材质）.max"文件进行查看。需要说明的是，凡是场景中使用了【多维/子材质】的模型对象，在制作模型时都要为这些模型的不同面设置不同的材质 ID 号。所有材质制作完成后的客厅效果如图 10-44 所示。

图 10-44　制作材质后的客厅效果

10.2.6　客厅摄影机、灯光和渲染设置

这一节将为别墅客厅设置摄影机、灯光并进行渲染输出。摄影机的设置比较简单，使用目标摄影机即可。灯光也并不复杂，使用 VRay 灯光和目标平行光两个光源，结合环境光即可。场景的最终渲染输出将使用 VRay 渲染器进行渲染。

1. 设置摄影机

Step 1　进入【创建】面板，激活 **目标** 按钮，在顶视图中创建一架目标摄影机，在前视图中调整其高度，如图 10-45 所示。

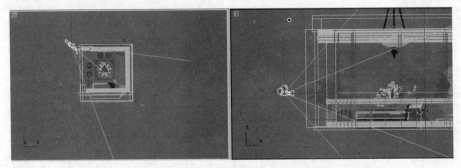

图 10-45　摄像机位置

Step 2　进入【修改】面板，在【参数】卷展栏下设置"镜头"为 30mm，然后在"剪切平面"组中勾选"手动剪切"选项，设置"近距剪切"为 180.7、"远距剪切"为 1079.1。

Step 3　激活透视图，按 C 键，将透视图设置为摄影机视图，完成摄影机的设置。

2. 设置灯光

Step 1　进入灯光【创建】面板，激活 **VRay灯光** 按钮，在前视图中依照窗户大小创建一盏 VRay 灯光。

Step 2　进入【修改】面板，展开【参数】卷展栏，在"强度"组中设置"倍增器"为 30，在"选项"组中勾选"投影"和"不可见"选项。

Step 3　再次进入灯光【创建】面板，激活 **目标平行光** 按钮，在顶视图中创建一盏目标平行光，在前视图中调整其位置，如图 10-46 所示。

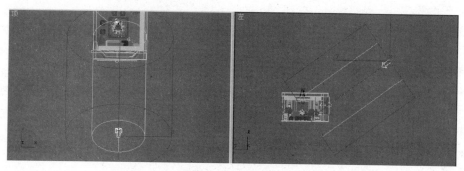

图 10-46　设置目标平行光

Step 4　进入【修改】面板，展开【常规参数】卷展栏，在"阴影"组中勾选"启用"选项，在下拉列表中选择"VrayShadow"选项，在【强度/颜色/衰减】卷展栏中设置"倍增"为 2.0，在【平行光参数】卷展栏中设置"聚光区/光束"为 271，其他参数默认，完成灯光的设置。

3. 渲染设置

设置好灯光后，需要多次快速渲染以查看灯光效果，直到灯光达到满意效果。该过程是一个既费神又费时的工作，读者一定要有耐心。灯光设置好后，就可以进行最后的渲染输出了。在进行最后渲染输出时，可以先设置较小的尺寸以快速渲染输出光子图，最后再调用光子图，渲染输出最终的图像，这样做的好处是可以加快渲染速度。本例已经对灯光效果做了很好地调整，渲染输出光子图后再渲染输出最后的场景效果。

Step 1　打开【渲染设置】对话框，进入"公用"选项卡，设置出图分辨率为 800×600，取消勾选"渲染帧窗口"选项，然后进入"V-Ray"选项卡，展开【V-Ray：帧缓冲器】卷展栏，勾选"启用内置帧缓冲区"选项。

Step 2　展开【V-Ray：全局开关】卷展栏，取消勾选"默认灯光"选项，然后勾选"不渲染最终图像"选项。

Step 3　展开【V-Ray：图像采样器（抗锯齿）】卷展栏，设置"图像采样器"为"自适应细分"、"抗锯齿过滤器"为"Catmull-Rom"；展开【V-Ray：自适应细分图像采样器】卷展栏，设置"最小比率"为 0、"最大比率"为 3。

Step 4　展开【V-Ray：环境】卷展栏，在"全局照明环境（天光）覆盖"组中勾选"开"选项，设置"倍增值"为 0.2。

Step 5　展开【V-Ray：色彩映射】卷展栏，设置"类型"为"指数"、"暗部倍增值"和"亮部倍增值"均为 1.5。

Step 6　进入"间接照明"选项卡，展开【V-Ray：间接照明（GI）】卷展栏，勾选"开"选项，设置"首次反弹"的"倍增器"为 1.0、"全局照明引擎"为"发光贴图"、"二次反弹"的"倍增器"为 0.9、"全局照明引擎"为"灯光缓冲"。

Step 7　展开【V-Ray：发光贴图】卷展栏，设置"当前预置"为"高"，在"基本参数"组中设置"半球细分"为 50，在"模式"组中设置"模式"为"单帧"，在"渲染结束时"组中勾选"自动保存"和"切换到保存的贴图"选项，然后单击"自动保存"后的 浏览 按钮，将光子图保存。

Step 8　展开【V-Ray：灯光缓冲】卷展栏，设置"细分"为 1000、"模式"为"单帧"，在"渲染结束时"组中勾选"自动保存"和"切换到保存的缓冲"选项，然后单击"自动保存"后的 浏览 按钮，将光子图保存。

这样，渲染光子图的相关设置就完成了。单击"渲染"按钮渲染光子图，其渲染结果如图 10-47 所示。

光子图渲染完成后，开始渲染最终图像。

Step 1 进入"公用"选项卡，设置出图分辨率为 2000×1500，在"渲染输出"组中勾选"保存文件"选项，然后单击 文件... 按钮，弹出【渲染输出文件】对话框，选择存储路径并将文件命名为"别墅客厅设计"，设置文件格式为".tif"，关闭该对话框。

Step 2 进入"V-Ray"选项卡，取消勾选"不渲染最终图像"选项，单击"渲染"按钮渲染最终图像，最终结果如图 10-48 所示。

图 10-47　客厅光子图

图 10-48　客厅最终渲染效果

▌10.3▐ 别墅卧室设计

卧室是供人们睡眠、休息的场所，又是居室中相对私密的空间。因此，在进行卧室设计时要尽量营造一个舒适、静谧和温馨的空间环境。

本工程案例是一个极具现代风格的欧式卧室，面积与客厅面积相当，约 20 平方米，与客厅同属于一位主人。因此，设计风格应该与客厅风格相同，都以舒适为主，其设计规划如下：

- 界面设计：卧室墙面同样采用最能体现欧式风格的浅浮雕石膏装饰线进行处理，这样即可以使平坦的墙面和顶富于变化，同时又能与客厅墙面协调统一。墙面使用白色高档环保防水乳胶漆涂层，既利于清洁，又能防水防潮。地面选用与客厅地面相同的浅色实木地板铺装，既利于清洁又利于保温，同时浅色也可以与墙面白色乳胶漆相协调，反光效果也较好。

- 陈设设计：由于卧室的主要功能是用来休息，因此床是较为重要的家具，同时，床头柜、休闲沙发等家具也是必不可少的。另外，在卧室中也可适当布置一些家庭生活中带有感情色彩的陈设品、艺术品及插花等。例如，在床的正上方布置主人夫妇的大幅亲密照片，以增添更为舒适、浪漫的生活空间；在床上随意放置靠枕；在床沿斜搭兽皮垫；在床尾拖地的毛毯；等等，这些物件的随意摆放，无不营造出更为真实的生活气息。

- 照明设计：为了营造一种宁静、安详的气氛，卧室的灯光不宜过于明亮。灯具的色彩应与室内色彩基调相协调，式样也应与卧室的风格相一致。因此，在床头柜布置两个台灯作为局部

照明，正面墙上的两盏壁灯用于为卧室的整体照明。

- 绿化与其他设计：本案例中绿化设计也比较简单。在卧室的适当位置布置一些盆栽绿色植物即可。另外，橘红色窗帘也是卧室中的亮点，它可以使卧室在更具私密性的同时，为卧室增添一丝暖意，也可为色彩过于单调的卧室增添些许跳跃的色彩。

以上是对别墅卧室的设计规划，其最终设计结果如图 10-49 所示。

图 10-49　别墅卧室设计效果图

10.3.1　创建卧室墙体模型

本案例中的卧室位于二层，其建筑结构和面积与一层的客厅建筑结构和面积相当，因此卧室的墙体设计与客厅墙体设计方法相同。此处可以依照制作客厅墙体模型的方法，快速制作出卧室的墙体模型，也可以对客厅墙体模型进行修改，作为卧室的墙体模型。为了加快制图速度，在此将采用修改客厅墙体的方法，快速完成卧室墙体模型的制作。

1. 修改客厅墙体模型

Step 1　将"第 10 章线架"目录下的名为"别墅客厅设计.max"场景文件另存为"别墅卧室设计.max"文件。

Step 2　删除场景中除墙体、地面、顶和窗户模型之外的所有家具模型，结果如图 10-50 所示。

Step 3　选择名为"墙面装饰"的模型对象，进入其"顶点"层级，在左视图中选择图 10-51 所示的顶点。

图 10-50　删除多余模型

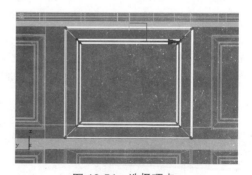

图 10-51　选择顶点

Step 4 在左视图中将选择的顶点沿 y 轴向上移动到图10-52所示的位置。

Step 5 使用相同的方法在左视图中继续选择中间其他的顶点，并向两边调整，完成对"墙面装饰"模型的修改，结果如图10-53所示。

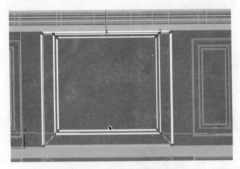

图10-52 调整顶点位置

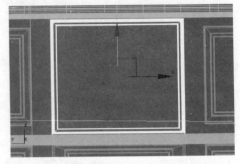

图10-53 修改完成的模型效果

Step 6 进入右边的"墙面装饰01"对象的"顶点"层级，使用相同的方法对其调整后向右移动到右边墙体位置，如图10-54所示。

Step 7 删除左边的"墙面装饰02"对象，将右边调整后的"墙面装饰01"对象以"实例"方式克隆到左边墙体位置，结果如图10-55所示。

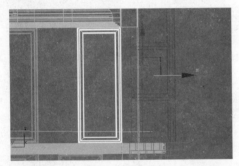

图10-54 修改"墙面装饰01"对象

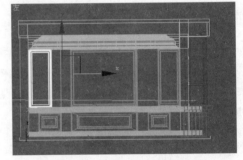

图10-55 克隆"墙面装饰01"对象

Step 8 将下方左右两边的墙面装饰对象分别移动到左右墙面位置，完成对客厅墙体的修改。

2. 创建卧室墙面装饰

Step 1 显示被隐藏的"吊顶截面"图形对象，在前视图中将"吊顶截面"以"复制"方式克隆为"卧室墙面装饰截面"对象。

Step 2 进入该对象的"样条线"层级，在前视图中选择样条线，在【几何体】卷展栏下激活 "水平镜像"按钮，然后单击 镜像 按钮对其子对象进行水平镜像，如图10-56所示。

Step 3 隐藏场景中除"卧室墙面装饰截面"对象之外的所有对象，在顶视图中创建"长度"为55、"宽度"为20、"角半径"为0的矩形，命名为"卧室墙面装饰"，如图10-57所示。

Step 4 选择矩形对象，在修改列表中为其选择【倒角剖面】修改器，在【参数】卷展栏中激活 拾取剖面 按钮，在前视图中单击"卧室墙面装饰截面"对象，创建卧室墙面装饰对象，如图10-58所示。

Step 5 显示被隐藏的所有对象，在顶视图中将其移动到右墙面位置，在前视图中将其移动到吊顶装饰位置，使其与吊顶装饰对齐，如图 10-59 所示。

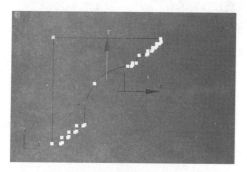

图 10-56　镜像样条线子对象

图 10-57　创建矩形

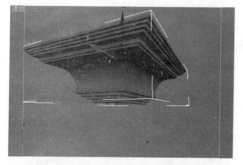

图 10-58　创建的卧室墙面装饰

图 10-59　调整卧室墙面装饰位置

Step 6　将该对象转换为多边形对象，进入"多边形"层级，在【编辑多边形】卷展栏中打开【挤出多边形】对话框，设置"挤出高度"为 255，单击 确定 按钮确认。

Step 7　选择图 10-60 所示的多边形面，打开【插入多边形】对话框，设置"插入量"为 10，插入后的结果如图 10-61 所示。

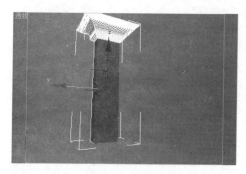

图 10-60　选择多边形面 1

图 10-61　插入多边形面 1

Step 8　单击 应用 按钮，设置"插入量"为 3，单击 确定 按钮确认，结果如图 10-62 所示。

Step 9　继续选择图 10-63 所示的多边形面，打开【挤出多边形】对话框，设置"挤出高度"为 3，单击 确定 按钮确认。

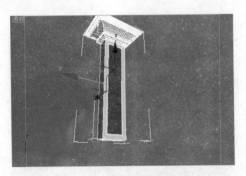

图 10-62　插入多边形面 2

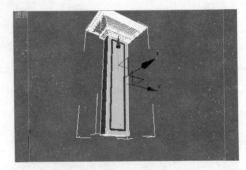

图 10-63　选择多边形面 2

Step 10　继续选择图 10-64 所示的多边形面，打开【插入多边形】对话框，设置"插入量"为 3。

Step 11　再次打开【挤出多边形】对话框，设置"挤出高度"为–3，单击 确定 按钮确认，结果如图 10-65 所示。

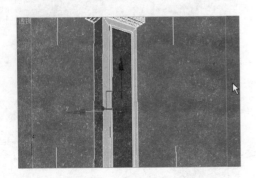

图 10-64　选择多边形面 3

图 10-65　挤出多边形面

Step 12　进入"边"层级，选择图 10-66 所示的边，在【编辑边】卷展栏下打开【切角边】对话框，设置"切角量"为 1，单击 应用 按钮，设置"切角量"为 0.37，单击 确定 确认，结果如图 10-67 所示。

图 10-66　选择边

图 10-67　切角边

Step 13　在左视图中将"卧室墙面装饰"以"实例"方式克隆到另一边，然后打开【材质编辑器】对话框，将名为"乳胶漆"的材质指定给"卧室墙面装饰"对象，结果如图 10-68 所示。

图 10-68　制作完成的卧室墙面效果

10.3.2　制作卧室床模型

卧室床是卧室中的主要家具，卧室床主要包括床头、床垫、床挡头以及脚蹬等部分。这一节主要来制作卧室床的模型。

1. 制作床头模型

Step 1　在左视图中的"卧室墙面装饰"之间创建"长度"为130、"宽度"为180、"高度"为15、"长度分段"和"宽度分段"均为15、"圆角"为2、"圆角分段"为5的切角长方体，将其命名为"床头"。

Step 2　将长方体转换为多边形对象，进入"多边形"层级，在左视图中选择图 10-69 所示的多边形面。

Step 3　在【多边形材质：ID号】卷展栏下设置该多边形面的材质 ID 号为 1，然后执行【编辑】/【反选】命令，设置其他多边形面的材质 ID 号为 2。

Step 4　再次执行【编辑】/【反选】命令，然后在【编辑多边形】卷展栏下打开【挤出多边形】对话框，设置"挤出高度"为–2，单击 确定 按钮确认。

Step 5　确认多边形子对象被选择后，在修改器列表中选择【FFD 长方体】修改器，设置"长度"点数为10、"宽度"点数为15，然后进入【FFD 长方体】修改器的"控制点"层级，在左视图中框选除周围一圈控制点之外的中间所有控制点，如图 10-70 所示。

图 10-69　选择多边形面

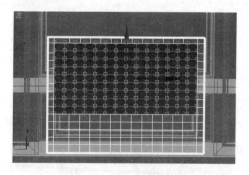

图 10-70　选择中间控制点

Step 6 在前视图中将选择的控制点沿 x 轴向左移动，对选择的面进行变形修改，如图 10-71 所示。

Step 7 按住 Alt 键在左视图中使用框选的方法减去周围一圈控制点，然后继续在前视图中将所选中的控制点向左移动进行变形，制作出床头的软包效果，如图 10-72 所示。

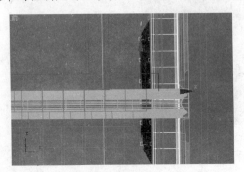

图 10-71 变形操作

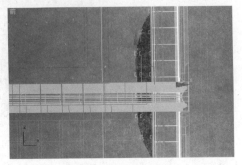

图 10-72 继续变形操作

Step 8 依照相同的方法继续一边减选控制点一边调整变形，直到制作出满意的床头软包效果为止。

Step 9 退出"控制点"层级，将变形后的对象转换为多边形对象。

2. 制作床垫模型

Step 1 在顶视图中创建"长度"为 180、"宽度"为 200、"高度"为 50、"长度分段"和"宽度分段"均为 15、"圆角"为 3、"圆角分段"为 2 的切角长方体，将其命名为"床垫"。

Step 2 将除"床垫"和"床头"模型之外的所有对象隐藏，然后将"床垫"模型转换为多边形对象。

Step 3 进入多边形对象的"顶点"层级，在【选择】卷展栏下勾选"忽略背面"选项，在顶视图中框选图 10-73 所示的顶点，然后为其添加【FFD 长方体】修改器，设置"长度"点数为 10、"宽度"点数为 15。

> 提示：勾选"忽略背面"选项后，可以使操作者只能选择上面的顶点而不会选择背面的顶点，在变形时也只会影响上面的多边形面。

Step 4 展开【FFD 长方体】修改器列表，进入其"控制点"层级，在顶视图中框选所有控制点，然后在左视图中按住 Alt 键，将除最顶层控制点之外的所有控制点减选，如图 10-74 所示。

图 10-73 框选顶点

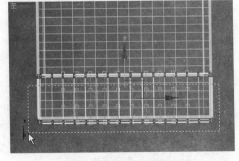

图 10-74 减选控制点

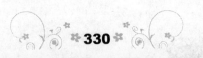

Step 5　在左视图中将最顶层控制点沿 y 轴向上移动，对"床垫"进行变形，如图 10-75 所示。

Step 6　在顶视图中减选周围一圈控制点，然后在前视图中将被选控制点沿 y 轴向上移动，继续对床垫进行变形，结果如图 10-76 所示。

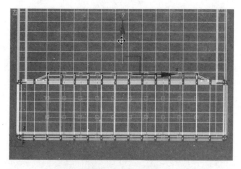

图 10-75　调整控制点 1

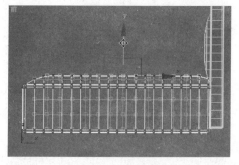

图 10-76　调整控制点 2

Step 7　使用相同的方法继续减选控制点并将其向上调整，对床垫进行变形，直到满意为止。最后，将变形后的床垫再次转换为多边形对象。

3．制作被子模型

Step 1　进入多边形对象的"顶点"层级，在【编辑几何体】卷展栏下激活 快速切片 按钮，在左视图中对床垫进行快速切片，如图 10-77 所示。

Step 2　退出快速切片模式，进入"多边形"层级，在左视图中框选图 10-78 所示的多边形面，在【多边形：材质 ID】卷展栏设置其材质 ID 号为 1。

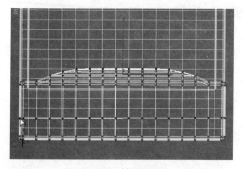

图 10-77　快速切片

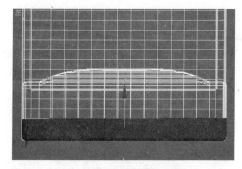

图 10-78　选择多边形面

Step 3　执行【编辑】/【反选】命令，设置材质 ID 号为 2。在顶视图中按住 Alt 键单击左右两边的多边形面，设置材质 ID 号为 3，如图 10-79 所示。

Step 4　展开【编辑多边形】卷展栏，打开【挤出多边形】对话框，参数设置如图 10-80 所示。

Step 5　单击 确定 按钮确认，然后进入"顶点"层级，在透视图中分别调整挤出多边形面的上顶点，使其产生一定的皱褶，如图 10-81 所示。

> 提示：顶点可随意调整，这样才能产生很自然的皱褶。如果刻意去调整某些顶点，则产生的皱褶会不自然。

Step 6　进入"边"层级，在透视图中选择图 10-82 所示的边。

图 10-79　减选多边形面

图 10-80　【挤出多边形】对话框

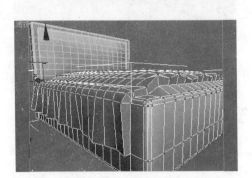

图 10-81　调整顶点

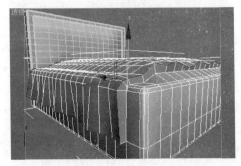

图 10-82　选择边

Step 7　在【编辑边】卷展栏下打开【切角边】对话框，设置"切角量"为 2.5，单击 `应用` 按钮；设置"切角量"为 0.85，单击 `应用` 按钮；设置"切角量"为 0.43，单击 `确定` 按钮确认，结果如图 10-83 所示。

Step 8　退出"边"层级，进入"多边形"层级，系统会自动选择挤出的多边形面。展开【编辑几何体】卷展栏，单击 `网格平滑` 按钮对多边形面进行平滑处理，结果如图 10-84 所示。

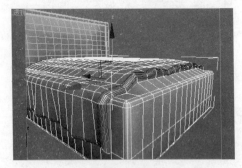

图 10-83　切角边

图 10-84　平滑多边形面

Step 9　再次进入"多边形"层级，系统会自动选择挤出的多边形面。按住 Alt 键在顶视图中单击图 10-85 所示的多边形面、在前视图中单击图 10-86 所示的多边形面。

Step 10　在【多边形：材质 ID】卷展栏下设置材质 ID 号为 4，然后在修改器列表中选择【噪波】修改器，参数设置如图 10-87 所示，结果如图 10-88 所示。

Step 11　在左视图中创建"长度"为 60、"宽度"为 180、"高度"为 10 的切角长方体，将其

移动到床脚位置，并命名为"床挡头"，完成床模型的制作。

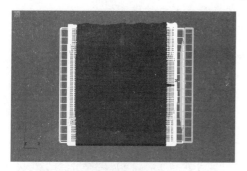

图 10-85 减选多边形面 1

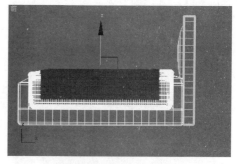

图 10-86 减选多边形面 2

图 10-87 "噪波"处理结果

图 10-88 制作完成的被子模型

10.3.3 整合卧室其他模型

床模型制作完毕后，卧室中还包括床头柜、台灯、壁灯、休闲椅、毛毯、靠枕以及脚蹬等模型。下面使用【合并】命令合并这些模型，以完成卧室模型的布置。

Step 1 执行【文件】/【合并】命令，选择"场景文件"目录下的"别墅卧室合并文件.max"文件，在【合并：别墅卧室合并文件】对话框中选择图 10-89 所示的文件进行合并。

Step 2 在场景中选择要合并的模型，分别调整到图 10-90 所示的位置。

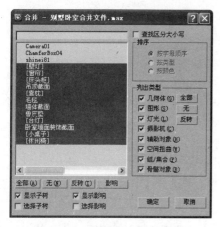

图 10-89 选择要合并的文件 1

图 10-90 调整模型的位置 1

Step 3 继续执行【文件】/【合并】命令，选择"场景文件"目录下的"别墅客厅合并文件.max"文件，在【合并: 别墅客厅合并文件】对话框中选择图 10-91 所示的文件进行合并。

Step 4 在场景中选择要合并的模型，分别调整到合适位置，如图 10-92 所示。

图 10-91 选择要合并的文件 2

图 10-92 调整模型的位置 2

10.3.4 制作卧室材质

由于卧室墙体模型是在客厅模型的基础上进行修改的，因此卧室的墙体、地面、吊顶以及窗户模型本身已经带有了客厅中的材质，这样，在制作卧室材质时，这些模型的材质可以不用再去制作了，可以加快制图速度。

下面来制作卧室中其他模型的材质。

1. 制作墙面装饰材质

Step 1 打开【材质编辑器】，选择名为"墙面装饰"的示例窗，这是一个【多维/子对象】材质。

Step 2 单击 1 号材质进入其【VrayMtl】材质层级，单击"漫反射"材质按钮，进入"位图"层级，在【位图参数】卷展栏下单击"位图"贴图按钮，选择"贴图"目录下的"照片.jpg"文件。

2. 制作床材质

Step 1 重新选择一个空的示例窗，命名为"床靠背"，然后为其选择【多维/子对象】材质，设置材质数量为 2。

Step 2 单击 ID1 材质按钮，选择【VRayMtl】材质，然后单击"漫反射"贴图按钮，选择"贴图"目录下的"布纹.jpg"文件。

Step 3 返回"【多维/子对象】材质"层级，单击 ID2 材质按钮，选择【VrayMtl】材质，设置"反射"颜色为灰色（R: 36、G: 36、B: 36）、"高光光泽度"为 0.85、"反射光泽度"为 0.9。

Step 4 单击"漫反射"贴图按钮，选择"贴图"目录下的"木纹 01.jpg"文件。

Step 5 将制作的"床靠背"材质指定给场景中的"床靠背"对象和"脚蹬"对象。

Step 6 重新选择一个空的示例窗，命名为"床"，然后为其选择【多维/子对象】材质，设置材质数量为 4。

Step 7 单击 ID1 材质按钮，选择【VrayMtl】材质，设置"反射"颜色为灰色（R: 36、G: 36、

B: 36)、"高光光泽度"为 0.85、"反射光泽度"为 0.9。

Step 8 单击"漫反射"贴图按钮，选择"贴图"目录下的"木纹 01.jpg"文件。

Step 9 返回"【多维/子对象】材质"层级，单击 ID2 材质按钮，选择【VrayMtl】材质，然后单击"漫反射"贴图按钮，选择"贴图"目录下的"床垫.jpg"文件。

Step 10 返回"【多维/子对象】材质"层级，单击 ID3 材质按钮，选择【VrayMtl】材质，然后单击"漫反射"贴图按钮，选择"贴图"目录下的"枕头 01.jpg"文件。

Step 11 返回"【多维/子对象】材质"层级，单击 ID4 材质按钮，选择【VRayMtl】材质，然后单击"漫反射"贴图按钮，选择"贴图"目录下的"被子.jpg"文件。

Step 12 展开【贴图】卷展栏，将"漫反射"贴图通道中的"被子.jpg"贴图文件以"实例"方式复制到"凹凸"贴图通道中，设置数量为 100。

Step 13 将制作的"床"材质指定给场景中的"床"对象，然后在修改列表中为其选择【贴图缩放器绑定（WSM）】修改器。

3. 制作靠枕和休闲椅材质

Step 1 重新选择一个空的示例窗，命名为"靠枕"，为其选择【多维/子对象】材质，设置材质数量为 2.

Step 2 单击 ID1 号材质，选择【VRayMtl】材质，然后单击"漫反射"贴图按钮，选择"贴图"目录下的"枕头 01.jpg"文件。

Step 3 返回"【多维/子对象】材质"层级，单击 ID2 号材质，选择【VRayMtl】材质，然后单击"漫反射"贴图按钮，选择"贴图"目录下的"枕头 02.jpg"文件。

Step 4 将制作的该材质指定给场景中的"靠枕"~"靠枕 03"对象和"枕头"对象，并为其分别添加【UVW 贴图】修改器，选择"长方体"贴图方式。

Step 5 重新选择一个示例窗，选择【VRayMtl】材质，并将其名为"休闲沙发"，然后单击"漫反射"贴图按钮，选择"贴图"目录下的"枕头 02.jpg"文件。

Step 6 将该材质指定给场景中的休闲沙发对象，然后分别为休闲沙发的每一个构件添加【UVW 贴图】修改器，并选择"长方体"贴图方式。

4. 制作台灯材质

Step 1 重新选择一个空的示例窗，命名为"台灯"，然后为其选择【多维/子对象】材质，设置材质数量为 4。

Step 2 单击 ID1 材质按钮，选择【VRayMtl】材质，设置"漫反射"颜色为灰色（R: 96、G: 96、B: 96)、"反射"颜色为浅灰色（R: 210、G: 210、B: 210)、"反射光泽度"为 0.85。

Step 3 返回"【多维/子对象】"层级，单击 ID2 材质按钮，选择【VRayMtl】材质，设置"反射"颜色为灰色（R: 36、G: 36、B: 36)、"高光光泽度"为 0.85、"反射光泽度"为 0.9。

Step 4 单击"漫反射"贴图按钮，选择"贴图"目录下的"木纹 01.jpg"文件。

Step 5 返回"【多维/子对象】"层级，单击 ID3 材质按钮，选择【标准】材质，然后勾选"自发光"组中的"颜色"选项，设置颜色为白色（R: 255、G: 255、B: 255)。

Step 6 返回"【多维/子对象】"层级，单击 ID4 材质按钮，选择【VRay 材质包裹器】材质，在【VRay 材质包裹器参数】卷展栏下设置"产生全局照"为 0.9、"接受全局照"为 0.9，然后单击"基

本材质"按钮,选择【VRayMtl】材质,单击"漫反射"贴图按钮,选择"贴图"目录下的"窗帘.jpg"文件。

Step 7 将制作的该材质指定给场景中的两个台灯对象,然后为其添加【UVW贴图】修改器,并选择"长方体"贴图方式。

至此,卧室中的主要材质制作完毕。其他材质的制作比较简单,读者可以解压"第 10 章线架"目录下的"别墅卧室设计(材质)"压缩包,然后打开"别墅卧室设计(材质).max"文件查看其他材质的制作。需要说明的是,凡是场景中使用了【多维/子对象】材质的模型对象,都应在制作模型时为这些模型的不同面设置不同的材质 ID 号。卧室的材质最终效果如图 10-93 所示。

图 10-93　别墅卧室的材质效果

10.3.5　卧室摄影机、灯光和渲染设置

这一节为别墅卧室设置摄影机、灯光并进行渲染输出。摄影机的设置比较简单,使用目标摄影机即可;灯光也不复杂,使用 VRay 灯光和目标平行光两个光源即可。总之,在设置灯光时不要在乎光源的多少,应以能很好地表现场景效果为目的进行设置。场景的最终渲染输出将使用"VRay 渲染器"进行渲染。下面开始制作。

1. 设置摄影机

Step 1 进入【创建】面板,激活 [目标] 按钮,在顶视图中创建一架目标摄影机,在前视图中调整其高度,如图 10-94 所示。

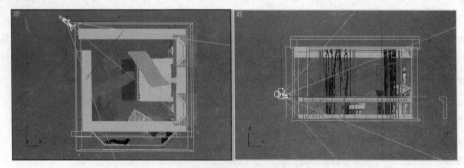

图 10-94　摄影机位置

Step 2 进入【修改】面板,在【参数】卷展栏下设置"镜头"为 30mm,在"剪切平面"组中

勾选"手动剪切"选项，设置"近距剪切"为 235.117、"远距剪切"为 1079.1。

Step 3 激活透视图，按 C 键，将透视图设置为摄影机视图，完成摄影机的设置。

2. 设置灯光

Step 1 进入灯光【创建】面板，激活 VRay灯光 按钮，在前视图中依照窗户大小创建一盏 VRay 灯光。

Step 2 进入【修改】面板，展开【参数】卷展栏，在"强度"组中设置"倍增器"为 30，在 "选项"组中勾选"投影"和"不可见"选项。

Step 3 再次进入灯光【创建】面板，激活 目标平行光 按钮，在顶视图中创建一盏目标平行光，在前视图中调整其位置，如图 10-95 所示。

图 10-95　设置目标平行光

Step 4 进入【修改】面板，展开【常规参数】卷展栏，在"阴影"组中勾选"启用"选项，在下拉列表中选择"VrayShadow"选项，在【强度/颜色/衰减】卷展栏中设置"倍增"为 2.0，在【平行光参数】卷展栏中设置"聚光区/光束"为 234，其他参数默认，完成灯光的设置。

3. 渲染设置

与客厅灯光设置相同，设置好卧室灯光后，需要进行多次快速渲染以查看灯光效果，直到灯光达到满意效果。该过程是一个既费神又费时的工作，读者一定要有耐心。灯光设置好后，就可以进行最后的渲染输出了。在进行最后渲染输出时，可以先设置较小的尺寸以快速渲染输出光子图，最后再调用光子图，渲染输出最终的图像，这样做的好处是可以加快渲染速度。本例已经对灯光效果做了很好地调整，渲染输出光子图后再渲染输出最后的场景效果。

Step 1 打开【渲染设置】对话框，进入"公用"选项卡，设置出图分辨率为 800×600，取消勾选"渲染帧窗口"选项，然后进入"V-Ray"选项卡，在【V-Ray 帧缓冲器】卷展栏中勾选"启用内置帧缓冲区"选项。

Step 2 展开【V-Ray: 全局开关】卷展栏，取消勾选"默认灯光"选项，勾选"不渲染最终图像"选项。

Step 3 展开【V-Ray: 图像采样器（抗锯齿）】卷展栏，设置"图像采样器"为"自适应细分"、"抗锯齿过滤器"为"Catmull-Rom"，展开【V-Ray: 自适应细分图像采样器】卷展栏，设置"最小比率"为 0、"最大比率"为 3。

Step 4 展开【V-Ray: 色彩映射】卷展栏，设置"类型"为"指数"、"暗部倍增值"为 1.0、"亮部倍增值"为 1.5。

Step 5 进入"间接照明"选项卡，展开【V-Ray：间接照明（GI）】卷展栏，勾选"开"选项，设置"首次反弹"的"倍增器"为1.0、"全局照明引擎"为"发光贴图"、"二次反弹"的"倍增器"为0.9、"全局照明引擎"为"灯光缓冲"。

Step 6 展开【V-Ray：发光贴图】卷展栏，设置"当前预置"为"高"，在"基本参数"组中设置"半球细分"为50，在"模式"组中设置"模式"为"单帧"，在"渲染结束时"组中勾选"自动保存"和"切换到保存的贴图"选项，然后单击"自动保存"后的 浏览 按钮，将光子图命名后保存。

Step 7 展开【V-Ray：灯光缓冲】卷展栏，设置"细分"为1000、"模式"为"单帧"，在"渲染结束时"组中勾选"自动保存"和"切换到保存的缓冲"选项，然后单击"自动保存"后的 浏览 按钮，将光子图命名后保存。

这样，渲染光子图的相关设置就完成了。单击"渲染"按钮渲染光子图，其渲染结果如图 10-96 所示。

渲染完光子图后，开始渲染最终的图像。

Step 8 进入"公用"选项卡，设置出图分辨率为2000×1500，在"渲染输出"组中勾选"保存文件"选项，然后单击 文件... 按钮，弹出【渲染输出文件】对话框，选择存储路径，将文件命名为"别墅卧室设计"，设置文件格式为".tif"，然后关闭该对话框。

Step 9 进入"V-Ray"选项卡，取消勾选"不渲染最终图像"选项，单击"渲染"按钮渲染最终图像，结果如图 10-97 所示。

图 10-96 卧室光子图

图 10-97 卧室最终渲染效果

▮10.4▮ 小结

本章通过"别墅客厅设计"和"别墅卧室设计"两个工程案例，以实战的形式向读者展示了建筑室内设计的全过程，具体包括模型的创建、材质的制作、灯光设置以及渲染输出等。希望通过本章工程案例的学习，使读者能够掌握建筑室内设计的方法与技巧，并培养出仔细审阅方案、主动寻找模型制作规律以及把握整体效果的好习惯，最终成为一名优秀的建筑室内设计师。

习题答案

本书习题中的单选题与多选题的答案如下表所示。

		01	02	03	04
第1章	单选题	A	B	C	B
	多选题	01	02	03	04
		ABD	BC	BC	AB
第2章	单选题	01	02	03	04
		B	A	A	A
	多选题	01	02	03	04
		ACD	ACD	ABC	AC
第3章	单选题	01	02	03	04
		A	D	A	A
	多选题	01	02	03	04
		ABD	ABC	ABCD	ABC
第4章	单选题	01	02	03	04
		A	C	A	B
	多选题	01	02	03	04
		BC	ABCD	AD	AD
第5章	单选题	01	02	03	04
		B	C	D	D
	多选题	01	02	03	04
		BC	ABCD	AC	ABC
第6章	单选题	01	02	03	04
		C	A	A	D
	多选题	01	02	03	04
		AD	AC	AC	
第7章	单选题	01	02	03	04
		A	A	A	A
	多选题	01	02	03	04
		ABCD	AC	AC	ABD
第8章	单选题	01	02	03	04
		A	A	C	B
	多选题	01	02	03	04
		AB	ACD		